大学团体心理辅导实操指南编委会

主　　任　曾　峥

副 主 任　叶峥嵘　李俊勤　叶深南

主　　编　罗京滨　曾　峥

副 主 编　慕容居敏　邓红力　黄伟伟　黄　华

编委会成员　曾　峥　罗京滨　慕容居敏　邓红力

叶深南　黄伟伟　黄　华　张　莹

佘玉虹　郑铎源　辜艳萍　张滔华

大学
团体心理辅导
实操指南

罗京滨　曾　峥◆主编

暨南大学出版社
JINAN UNIVERSITY PRESS
中国·广州

图书在版编目（CIP）数据

大学团体心理辅导实操指南/ 罗京滨，曾峥主编．—广州：暨南大学出版社，2009.7

ISBN 978－7－81135－151－4

Ⅰ．大…　Ⅱ．①罗…②曾…　Ⅲ．大学生—心理卫生—健康教育—指南
Ⅳ．B844.2－62

中国版本图书馆 CIP 数据核字(2009)第 003734 号

出版发行：暨南大学出版社

地　址：中国广州暨南大学
电　话：总编室（8620）85221601
营销部（8620）85225284　85228291　85220693（邮购）
传　真：（8620）85221583（办公室）　85223774（营销部）
邮　编：510630
网　址：http：//www.jnupress.com　http：//press.jnu.edu.cn

排　版：广州市天河星辰文化发展部照排中心
印　刷：肇庆市端州报社印刷厂

开　本：787mm×1092mm　1/16
印　张：18.25
字　数：348 千
版　次：2009 年 7 月第 1 版
印　次：2009 年 7 月第 1 次
印　数：1—10000 册

定　价：36.00 元

前 言

据对全国12.6万大学生的抽样调查显示：我国大学生心理问题的发生率为20.23%，心理问题已成为近年来导致大学生休学、退学的首要原因，大学生对心理辅导的需求日趋强烈。

个体心理辅导由于受其工作方式的制约，可以提供帮助的学生毕竟是少数，而团体心理辅导的特殊优势在一定程度上解决了个体心理辅导“一对一”的不足，并且，在针对大学生的一些共性问题和共同需要等方面，团体心理辅导往往会取得比个体心理辅导更好的效果。

为了推进高校心理健康教育工作更广泛、全面、有效地开展，提高大学生的心理健康水平，我们采取了以团体心理辅导（以下简称“团辅”）带动、推进其他心理辅导及教育的方式来开展工作。

首先，我们从辅导员的团辅抓起，通过对辅导员的团辅达到促进其自身心理成长及提高对学生心理辅导能力的目的；继而，我们从新生入手，通过团辅缩短新生入学适应的过程，使新生学会自我心理调适以及人际交往的一些技巧和方法，从而预防、避免一些处于萌芽阶段的心理问题到高年级进一步发展和加重；同时，我们还对其他年级有需求的学生开展了不同主题的团辅。在积累了一年多的实践经验以后，我们成立了学生团辅工作室，让一批通过培训而掌握了团辅操作技能的学生骨干参与实际工作。让学生辅导学生，可以拉近团辅成员之间的距离，使其更大程度地开放自我，同时也让更多的学生能够有条件得到心理辅导；在此基础上，我们还开展了对班级心理委员的团辅工作，通过班级心理委员这根纽带把学校心理健康教育中心与学生联系起来，本着“星星之火，可以燎原”的指导思想，通过班级心理委员这一颗颗火种，燃起学校团辅的大火，从而让更多的大学生感受到心理辅导的温暖。

本书是我们两年多来团辅工作的经验总结。我们试图把在团辅过程中成功和失败的经验及教训总结并呈现出来，希望能给有意于从事团辅工作的读者以启发和借鉴。

本书分为上编和下编两部分。上编为基础篇，简明扼要地概括了团体心理辅导的基础理论和方案设计；下编为实操篇，包括辅导员团辅篇、新生团辅篇、学生团辅工作室及心理委员团辅篇。其中，有我们在团辅过程中的一些资料记录，如相关的报纸报道及团辅活动过程中的一些照片等。

本书编写的具体分工如下：曾峥，负责编写第一章；张莹，负责编写第二章；辜艳萍、叶深南，负责编写第三章；慕容居敏、张滔华，负责编写第四章；佘玉虹，负责编写第五章；罗京滨，负责编写第六章；黄伟伟，负责编写第七章；郑铎源、邓红力，负责编写第八章；黄华，负责编写第九章。

由于我们的水平有限，书中难免会有不少疏漏及错误之处，欢迎广大读者批评指正！

编者

2009 年 3 月

目　录

下　编

上　编

第一章　团体心理辅导概述

第一节　什么是团体心理辅导

一、团体心理辅导的概念

团体心理辅导是从英文 group counselling 翻译而来的。group 译为小组、团体、集体，counselling 较多地译为咨询、辅导。目前，在我国心理辅导界出现了团体咨询、集体咨询、小组辅导、团体心理辅导等多种概念，其含义基本相同。我们认为，在推行学校心理辅导的过程中，“团体心理辅导”的叫法更为通俗，更易让教师们接受，故将 group counselling 译为“团体心理辅导”。

团体心理辅导是在团体的心理环境下为成员提供心理帮助与指导的一种辅导形式，即以团体为对象，运用适当的辅导策略或方法，通过团体内人际的交互作用，促使个体在交往中通过观察、学习、体验等认识自我、探讨自我、接纳自我，调整和改善与他人的关系，学习新的态度与行为方式，提高适应能力，以预防或解决问题并激发个体潜能的心理辅导过程。从定义上看，我们可以从两方面对其加以理解：

第一，它是心理辅导的一种形式；

第二，它是通过“团体”的方式去辅导他人。

在团体中，个人实际上改变了平时的生活规则，转而进入一个新的角色，发掘真实的自我，此时的交流是真实自我之间的交流。团体是社会的缩影或反射，被一些学者称为“微型社会”。团体可作为社区、家庭或组织的临时替代物。在团体相对安全的氛围里，情感、人类行为以及一些态度如对抗、严厉、恐惧、愤怒、怀疑、沮丧以及妒忌都可以被辨别出来并加以讨论（Ed E. Jacobs，Masson，Harcill，2000）。在一个团体环境中暴露这些性格因素，可使个体学会表述及应对的方法，并扩展到他们的日常生活中。个体也可以在团体中进行交流的整个阶段，对不适当的行为和情感进行仔细的观察和处理。

人是社会关系的总和，人的本质在于其社会性。人走进团体就是为了通过团体更好地认识自己，改变自己，发展自己，最后能够健康地走出团体。分享、体验、感受应是所有团体活动的主题，也是团体辅导较之于个体辅导的巨大优势。团体心理辅导能够发挥团体所特有的多维人际互动作用，产生去个性化的效果，很容易使个人“融化”在团体中，个人同时也可以在团体中获得一种安全感和归属感。团体中成员之间的分享，可以促使成员从多元的角度认识问题、分析问题和解决问题，“和别人一样”的体验使得团体成员不会感到孤独、无助和另类，从而消除一些心理压抑行为，合理宣泄情感，在互动中碰撞、交流并成长。

团体心理辅导十分关注团体氛围的营造和控制，自由与安全的氛围是一个有效运作的团体所必须具备的。任何形式的团辅都应将人本主义理念贯穿始终，营造自由安全的团体氛围，给予每个成员无条件的积极关注。只有这样，每个成员才能积极而全身心地参与团辅，消除心理防御，展现自我，进行深层次的经验分享与自我反思。否则，团辅只会停留在一个很肤浅的层次，而达不到使团体成员成长的最终目的。

团体活动的安排是为达到团体目标而服务的，因此，不能使一些团体活动看上去精彩充实，而活动结束后却没有任何实质性的作用。团辅的目标不在于对活动的设计，而在于活动后所要达到的效果，在活动中要体现促进个人成长是关键。因此，要注重团体活动中每一个总结、引导、分享的环节。从这个角度说，团辅的活动不是僵化的，而是一个变化发展，产生新发现的过程，也是一个助人、自助的学习和交往的过程。

二、团体心理辅导的特点

作为心理辅导的两种形式，团体心理辅导与个体心理辅导在许多方面有相似的地方：①目标相似：均是帮助求助者自我指导与自我发展，即“助人自助”；②对象相似：都是有正常发展问题的个人，针对个人的兴趣、要求与经验；③对辅导人员的要求相似：都要求辅导人员掌握心理辅导的各种技术。但由于团体心理辅导强调团体成员的相互作用，因此，团体心理辅导与个别辅导相比具有其独特的效果，具体如下：

（一）省时省力，效率高

个体心理辅导是心理辅导员与求助者一对一的帮助与指导，每次面谈需要

45 分钟至 1 小时的时间，而团体心理辅导是将有共同需求的人或心理困扰者集合在一起，以团体的方式实施辅导，即一个辅导员同时面对多个求助者，这样既节省了时间，也节省了人力。

（二）感染力很强，影响也较为广泛

团体心理辅导是以心理辅导理论及团体成员间的相互作用为基础的，其过程是多向沟通的。团体的形成突破了个体心理辅导中以心理辅导员为中心的单一影响，使每个成员都会对其他成员产生影响，在团体中，通过彼此的交流与互动，团体的其他成员就像一面镜子，使自己有了一个可以比较的对象，作为反思、了解自己的参考，同时每个成员不仅自己接受他人的帮助，也可以帮助其他成员。这种互相影响的方式是立体的、交互式的，其效果也是非常显著的。但当这个团体的凝聚力尚未形成时，这样的团体对团体成员产生的负面影响和感染力也是巨大的，这就提醒团体辅导人员要对团体的凝聚力予以关注并作出全面的评估。

（三）团体心理辅导的最大优势在于其资源的多元化

任何心理辅导人员的理论及经验都是有限的，但是团体成员在交流信息、解决问题、探索个人价值等方面都可相互提供和分享丰富的资源，同时成员还可以学习模仿其他成员的适应行为，从多个角度洞察自己。团体经验既能够提供一定的社会内涵，也能扩大成员对精神世界的认识，以及对一些行为或现实的认识，从而在分享交流中得到更大的收获。另外，团体反馈比个人反馈更有力量，团体活动类似于真实生活，成员在这里进行间接学习，并可将习得的成果扩展到日常生活中去。

三、团体心理辅导的功能

（一）团体心理辅导的教育功能

团体心理辅导的过程是一个借助成员之间的互动以实现自我发展的学习过程。团体心理辅导重视成员的主动学习、自我评估和自我改善，有利于进行自我教育。团体心理辅导的领导者针对参与者遇到的成长问题，有计划地进行辅导单元活动设计，帮助他们在辅导活动中领悟、反思和进行自我教育。诸如在一些职业学校开展的团体心理辅导，目的是帮助学生正确地认识自我，了解自

己的人格特点、价值观、优势与缺点；学会识别、调节控制情绪，掌握应对压力的技巧，化解内部压力和处理外部压力；学会合理进行生涯规划，学会管理时间，合理分配时间；学会交往并运用人际交往沟通技巧，与他人建立融洽、协调的人际关系。团体心理辅导的过程还有利于培养参与者的社会性，学习社会规范以及适应社会生活的态度与习惯。团辅促进成员相互交换学习经验，在彼此互动中接受教育。一个人的社会适应程度及心理健康水平在很大程度上与他们的认知有关，片面的、错误的认知和非理性的信念往往是个体产生抑郁、自卑、焦虑、恐惧、痛苦等不良情绪的原因。在团体心理辅导中，团体成员通过讨论、交流，彼此传递、交换有关资料和各自解决问题的经验，发现共同的情感，这非常具有教育意义。

团体为成员提供了一个多元的社会角色模范，使团体成员有机会进行模仿性学习，尝试模仿适应行为。在学校的个体心理辅导中，学生只能模仿辅导老师一个人，但在团体心理辅导中，学生除了模仿团体指导老师外，还可以模仿或参考其他成员的行为。个人可以根据自己的需要，有选择地寻找模仿对象。如通过观察别人是如何与人交往、如何谈话、如何倾听等，从而有效地学习交往技能。

（二）团体心理辅导的发展功能

团体心理辅导的积极目的在于发展，重视个体的内在需要，促使人的全面发展，这是心理辅导遵循人的发展模式的直接体现。通过团体心理辅导，纠正成员错误的认识与行为，培养其健全的人格，清除其成长中的障碍，使成员的潜能得到充分发挥，以促进其心理健康的发展。

在学生的成长过程中，诸如新生入学适应问题、早恋问题、性的问题、与父母的代沟问题、交友问题、升学与就业的问题、如何合理消费的问题、同学之间的攀比问题等都会不断出现，这些成长性问题如果长期得不到解决，将会严重阻碍他们的发展。团体心理辅导能够给予个体正确的启发和引导，满足其社会需要，促进他们对自我的了解与接纳，形成积极应对问题的人生态度，从而对自己充满信心，对未来充满希望，并逐步迈向自我完善。

（三）团体心理辅导的预防功能

团体心理辅导是学校预防学生心理问题发生的最佳途径。处于青春期的学生，其“闭锁”的心理特征往往使他们陷于孤独苦闷中无法排遣，很多学生由于不善于人际交往而导致产生了交往障碍等心理问题，严重者甚至影响到身心健康。团体心理辅导为学生创造了一种被保护的心理环境，团体成员可以在活动过程中宣泄情绪，释放精神压力，得到其他成员的关心与安慰，感受来自团体的亲密感和安全感，形成对他人的信任，增加与他人建立良好关系的愿望与信心。在团体心理辅导的过程中，当团体凝聚力形成并逐渐增强时，会让团体成员产生强烈的归属感和认同感，满足了学生的归属需要和被认同的需要，有利于学生的心理健康发展。

团体心理辅导为成员之间交换彼此的意见提供了更多的机会，互相倾诉心声，讨论以后可能遇到的困难及解决的策略，增进对问题处理能力的培养，从而有效地预防心理问题的发生和减少心理问题发生的概率。同时，领导者可以从中发现需要进行个别辅导的成员，及时给予其帮助，以防止个别成员心理问题的恶化和扩散。

（四）团体心理辅导的治疗功能

团体心理辅导具有治疗的功能，它可以有效减轻或消除成员已经表现出来的、外在的不正常行为。人的行为具有社会相互作用的特征，由于团体情境比较接近日常生活与现实状况，有偏差行为及情绪困扰的成员在团体的作用下，有机会从其他成员身上发现与自己类似的问题、经历与遭遇，共同的困难与体验会使其减少心理的阻抗与防御，从而缓解了心理压力，改变把自身问题看得很严重的错误认识。他们会勇敢地面对个人问题，借助团体成员的力量认清问题，获得信息反馈，并与团体成员互相帮助，共同面对问题，对问题的解决充满希望，从而矫正问题行为。当成员抱着改变自己的希望而参加团体心理辅导时，这种行动本身就具有积极的治疗价值。

四、团体心理辅导的类型

根据团体的功能、内容、时间等不同性质，可以将团体心理辅导划分为不同的类型。

根据功能可分为成长性团体、训练性团体和治疗性团体。成长性团体是通过成员间的相互作用，协助成员自我认识、自我探索，从而自我接纳和自我肯定，促进个人成长的团体；训练性团体是注重成员生活技能的充实与正向行为建立的团体，如人际关系训练团体、身心松弛工作坊等；治疗性团体是注重经验的解析、人格的重塑与行为的重组的团体。

根据团体成员的问题性质，可分为同质性团体和异质性团体。同质性团体是指团体成员的年龄、学历、生活经历、心理的困扰、需要解决的问题相似。如未婚青年团体、减肥团体、压力适应团体、学习困难儿童团体、情绪调控训练团体等，其特点是成员间容易沟通、理解、凝聚力强、支持性较高；异质性团体是指团体成员的某些背景或个人特质不大相同，其特点是成员间能取长补短，相互学习，从而有利于个体学习行为的建立。

根据团体活动有无设计和目标，可分为结构性团体和非结构性团体。结构性团体是为了帮助成员学习，根据团体所要达到的目标设计活动，引导成员参与学习，其特点是目标明确、角色分明、活动内容安排有序，但会使成员的自主性和自发性行为减少；非结构性团体强调团体成员的自主性，领导者配合成员的需要、团体动力的发展与成员彼此的互动关系来决定团体的目标、过程和运作程序。领导者的主要任务是促进成员的互动，对团体的目标与方向则很少介入。

另外，根据人数来分有大团体（35 人以上）、中团体和小团体（20 人以下）；根据成员参与的固定程度来分有开放式团体和封闭式团体。开放式团体是指成员不固定，可以进行调整，可以随时加入新成员，但往往会对团体的氛围产生影响。封闭式团体是指从活动开始到结束，成员人数保持不变，成员的相对稳定使团体更容易营造和谐一致的氛围。

第二节　为什么要开展团体心理辅导

一、团体心理辅导的意义

青少年时期是个人社会化的重要时期，也是个人性格形成、人格完善、自我意识统一的关键时期。此时的心理健康教育工作，无论是立足于发展性层面，还是治疗性层面，都具有重大意义。个人的发展和成长离不开朋辈群体、家庭、学校等支持系统，对于青少年学生来说尤其如此。团体心理辅导模式的优势在于其能够提供模拟社会情境，对于学生心理问题的解决和他们的长远发展具有双重意义。

学生心理问题主要集中在学习、发展与成长（自我认识、人际关系等）以及障碍的治疗等领域。无论从理论层面还是实践层面，团体心理辅导作为一种逐渐兴起的、能有效解决学生个人发展问题的辅助教育形式，在促进学生心理健康、优化学生心理素质、改善学生情感体验等方面效果显著。

此外，对于一些情感性问题、人际交往问题、创造性思维的培养等心理辅导主题，团体心理辅导也具有很大优势。现代心理学家与教育学家尝试着将团体心理辅导应用于更广泛的领域，包括近几年出现的青少年网络成瘾障碍问题。

二、团体心理辅导的目标和原则

（一）团体心理辅导的目标

团体心理辅导是一种有计划的心理辅导活动，为了取得预期的辅导效果，因而必须有明确的目标。团体心理辅导的目标具有以下功能：①导向性，团体目标引领着团体活动过程的方向，是领导者与成员经过努力要实现的状态；②聚焦性，团体目标可以协助成员将自己的注意力集中在团体主题上；③激励性，团体目标有助于调动成员的积极性，努力克服困难，最终达到目标；④评估性，团体目标为领导者评价带领团体的效果，并为及时调整团体活动主题提供了一个参照标准。领导者在进行团体心理辅导前，首先应确定团体辅导的目标，并在团体建立初期向成员说明，使成员明确参加辅导的意义。同时，应确定自己要达到的辅导目标，团体心理辅导的终极目标是自我实现、自我认识和促进自我成长。领导者在设计辅导活动的时候，应通过有计划的系列辅导活动，通过一个个子目标、直接目标、间接目标的完成，最终达到终极目标。

无论是哪一种类型的团体辅导，在活动过程中都应包含一般目标与过程目标。一般目标具体内容包括：通过自我探索，帮助成员认识自己，接纳自己，形成更为客观的自我认识；通过与成员沟通交流，学习社交技巧和加强人际交往的能力；学会信任他人，帮助每位成员培养责任感；学会关心他人，理解他人，提高对他人感受与觉察的敏锐性；增强每位成员的归属感与安全感，使其更有信心面对生活中的挑战；增加成员独立解决问题和决策的能力；帮助成员形成自己的价值观，协助他们作出评估，并加以修正和改进。团体心理辅导是一个发展的过程，需要分阶段完成，而每一阶段都有着不同的目标。成立初期的目标：让成员相互认识，了解团体的整体概况，建立起团体的规定，确保成员顺利进行以后的活动。过渡期的目标：协助成员之间的相互交流，分享彼此的感受与经验，巩固团体成员之间融洽的关系。工作期的目标：对成员的自我反省与领悟加以引导，促进彼此的学习与模仿，促进自我的改变与个人的成长。结束期的目标：肯定成员的积极改变的结果，并鼓励制订辅导活动结束以后的成长计划，强化习得的适应性行为并将其应用到现实生活中去。

（二）团体心理辅导的原则

在团体心理辅导的过程中，领导者必须遵循一些基本的原则，才能发挥出团辅的作用。具体如下：

1. 民主原则

民主原则要求领导者以一名成员的身份参与到辅导的活动中，尊重每一位成员，鼓励成员自由发言，平等共处，共同关心团体的发展。

2. 共同原则

团体是针对成员的共同问题而组成的，所以在整个辅导的过程始终要围绕着这些共同问题开展活动，让成员关注着彼此共同的目标和利益，以及共同的参与信念。

3. 启发原则

在团体心理辅导的过程中，领导者应本着启发、引导的原则，激发成员进行独立思考和相互交流，并给予适当的解释和干预，以达到成员有充分的机会思考自身问题，形成分析解决问题的能力，以应对今后生活中的问题。

4. 发展原则

一些新的领导者，常会过于关注在辅导过程中出现的某些问题，导致整个辅导停滞不前，失去了发展的意义。在辅导过程中，领导者要以发展变化的观点看待成员中可能出现的问题，动态、整体地把握好团体的发展过程中对问题的解决、辅导结果的预测等方面的问题。

5. 综合原则

在团体心理辅导过程中，心理学理论流派的应用和策略应用是必不可少的，但领导者要清楚认识到局限于某一理论的观点和方法，往往难以很好地完成辅导任务，使成员获得满意的效果。因此，领导者应根据团体的本质和特点，综合采用各种理论中有效的方法和技术，以达到辅导的最终目标。

6．保密原则

团体心理辅导中的基本原则是尊重每一位成员的权利和隐私。保密原则要求领导者在辅导开始之前，向全体成员说明保密的重要性并督促其遵守保密规定，在没有经过当事人同意之前，不在任何场合透露当事人的隐私，以确保当事人的利益不受侵犯。只有在团体成员中形成相互的信任和尊重，彼此能够放心地暴露自己，才能使辅导具有良好的治疗效果和发展意义。

三、团体心理辅导对人的心理行为的影响

奥地利心理学家阿德勒强调个人心理和行为的偏差是由错误的自我观念与生活方式造成的，如果改变了当事人的自我观念，就能改变他们的行为和情感。其后的认知行为疗法也持有相同的观点。在团体的情境中，成员之间的分享、体验、感受能够促进他们认知、情感以及行为模式的改变，模拟的社会情境更有助于学习及实践有效的行为模式。

团体的发展大致可经由初始阶段、中期阶段和结束阶段。初始阶段的团体往往是困惑的、混乱的。团体成员由于缺乏相互信任，抗拒个人表达和探索。为此，领导者要对小组成员予以关注，认真倾听他们的言行所要表达的心理感受，营造一个平等、信任的人际氛围，建立起良好的辅导关系。

建立了相互信任后，团体便进入自我探索和领悟阶段。这一阶段重在帮助团体成员了解他们自身现有的生活方式所造成的困惑与烦恼，团体成员通过探索自己的目标、生活方式等更深入了解自己。同时，领导者鼓励成员充分表达自己的真实情感，显露出那些平时未曾显露的态度，使每个成员如实地面对其他成员，并从其他成员的反应中得到关于自己的肯定或否定的反馈，以便更真实地认识自我。领导者对他们所表达的各种心理感受要作出适当的回应，协助他们作深入的自我探索，从而增进自我悦纳感。另外，给予成员恰当的引导，让他们考虑替代性的态度、信念、目标和行为，作出新的抉择，为自己确定任务，针对自己的问题采取具体行动。

经过一个完整的团体心理辅导过程，每个成员都能够在认知、情感上得到不同程度的改善，从而促进他们行为的改变。同时，通过一些行为模式的观察和实践，成员们也可能会在新行为中反省以往的认知及情感，从而努力加以转变。

四、团体心理辅导、团体咨询与团体心理治疗的异同

团体心理辅导、团体咨询与团体心理治疗三者在理论建构和使用的方法上都有着相似的方面，但在参加的对象和对领导者的要求等方面却存在着区别。

（一）团体心理辅导

团体心理辅导主要强调的是在认知或知识层面的功能，主张用间接的方法来改变人的思想或行为。团体心理辅导的主要目标在于资料的提供或知识的获得，以作为个人确定改进计划或决定的参考，以预防和发展为主，因此适用于学校心理健康教育。学校团体心理辅导多以专业班级为单位，辅导的内容围绕心理健康知识与方法的教育和学生个人发展与职业选择等。阿勃克（D. S. Arbuckle）曾列举出团体心理辅导的10项特征：①团体经常具有共同的目标；②讨论多半是属于知识性的，通常并不与个人有关联，而是与团体的重要课题有关；③重点放在讨论内容上；④特别注重团体本身的利益与学习；⑤由实行评鉴及判断任务的领导者加以评价；⑥团体成员对于他人的态度不会有很大的改变；⑦团体的主要目的是知识的增加与掌握；⑧团体活动通常是以领导者为中心；⑨团体活动将会决定形式和组织的类型；⑩团体心理辅导的人数可以相对多些。

与个体心理咨询不同的是，团体心理辅导不仅运用咨询者和来访者之间的人际互动达到协助来访者自我成长的目标，更重要的是运用了团体成员之间的互动，形成团体中个体成长的动力，从而促进团体成员的成长。

（二）团体咨询

与一般的社会团体或自然人群不同，团体咨询中的团体是以心理障碍的消除和心理的成长与发展为目标，有意识地组织起来的。咨询的对象一般是具有精神困扰的人，所以该活动主张用直接的方法，不仅强调在认知或知识层面的辅导，还要运用咨询技术、团体动力学等帮助其进行深入的自我探索，促进人格的成长，改善人际关系和增强适应能力。团体咨询对领导者的专业要求较高，参与人数一般控制在6～8人，以短期活动为主。

（三）团体心理治疗

治疗性团体的成员属于有严重心理问题的群体：如神经官能症患者，因此

必须由经过正规培训的心理治疗师来担任领导者。治疗的目的是让患者再度去经历过去痛苦的情境或创伤性的事件，帮助他们重建外在的支持系统及培养适应性的行为。治疗的技术偏重于挖掘过去潜意识隐藏的内容和对行为心理进行深入剖析，所耗用的时间也是最长的，以人数少为原则控制团体的规模。

第三节　团体心理辅导中的理论应用

20 世纪 60 年代以来，人本主义心理学家罗杰斯（C. R. Rogers）开办的会心团体（encounter group）受到社会各方面的欢迎，团体辅导理论从此受到社会上越来越多的关注。该理论被广泛应用于人的潜能开发、学生学习的适应、人际关系的处理、企业员工的培训等方面的团体辅导中。本章节只选取现今应用较多、范围较广的理论作简单的介绍。

一、心理分析理论

精神分析的鼻祖弗洛伊德（S. Freud）创立的心理分析治疗理论，主要是探讨个人在发展的过程中适应各种冲突的历程，从心理层面分析造成现实行为的原因。首先把心理分析原理和技术应用于团体中的是沃尔夫，他强调在团体中的心理分析并非治疗整个团体，而是将着眼点放在与其他个体相互交往的每一个成员上，使团体成员之间形成一种能够重新体验早期家庭关系的氛围。

（一）人性观

受决定论、生物论的影响，弗洛伊德认为性本能与攻击本能（又称死亡本能）是决定人类行为的重要因素，根据享乐和避免痛苦这两个原则，六岁以前的性心理事件决定了成人以后的行为，人基本是消极的、负面的和机械的。

（二）人格与人格发展

弗洛伊德非常重视人在幼年时期的生活经验对人格的影响，他将人格分为本我、自我、超我三部分。本我（Id）以享乐为原则，以降低紧张、逃避痛苦、寻求满足为目标；自我（Ego）根据现实原则以理性思考的方式，平衡本我与超我之间的冲突，既与现实世界保持接触，同时满足个人需要；超我（Superego）根据来自父母的教导，以道德原则来管制个人行为。他以性本能的发展把人格的发展分为口欲期、肛门期、性蕾期、潜伏期、生殖期五个阶段。

（三）潜意识理论

潜意识的概念及意识的层次论是弗洛伊德学说的最大贡献，潜意识指储存了许多经验、希望、冲动及记忆没有知觉的状态下运作的心理功能，这包括本能和一些不被意识所接纳和控制的需求、动机、未完成的事件等，潜意识虽不能表现为意识，但在一定程度上主宰着人的精神活动和行为。帮助求助者将潜意识进行意识化本身就是心理分析治疗的过程。

（四）焦虑

本我、自我和超我之间争夺有限的心理能量而相互冲突，结果就产生了焦虑。在团体历程中，当成员袒露自己的防御机制时，就会体验到焦虑，但焦虑同时也是一种最终能导致建设性改变的促进力量。

（五）自我防御机制

由于本我、自我和超我的冲突，产生焦虑状态时，自我往往会以非合理的方式如自我防御机制来消除焦虑，从而达到自我保护、免于发生身心疾病的目的。正因为自我防御机制有着积极的作用，因而它在临床心理学中具有很高的价值。

（六）阻抗与移情

在团体过程中，可以把成员的阻抗看作是阻止团体成员处理潜意识材料，使得团体无法进展的行为，如总是迟到或缺席，漠不关心的态度等。移情是指将自己过去生活里对他人的重要感情、态度等，不自觉地转移向治疗者。移情的出现使成员重新经历以前不敢面对的情感，通过对移情的分析可以协助成员从此时此刻的体验中去领悟过去对现在的影响，从而化解某些固有的情感和情节，使其惯有的行为模式得以改变。

与之对应的精神分析团体，一般由 8 ~ 10 人组成，每周辅导一次，每次 1.5 ~ 2 小时，主要适应于神经症和人格障碍人群。辅导目的是揭示团体每个成员的核心冲突，促进成员的自我认识，提高自我悦纳和正确看待各种被压抑的冲动与愿望，最终消除症状，从而使成员更好地适应生活。

二、以来访者为中心理论

（一）罗杰斯的人性观

以来访者为中心的理论建设在罗杰斯的人性观的哲学基础之上，认为人具有自我实现的内在动力。罗杰斯认为人类的本性是我们可以依据对现实的知觉来建构我们自己，他的理论始终贯彻着积极乐观的人性观：如果在尊重和信任的气氛中，人都有一种以积极及建设性态度发展的倾向，可以发现自己心理上的适应不良反映，并通过自身的改变来寻求心理的健康。这一人性观对心理咨询与治疗产生了深刻的影响，在咨询的过程中，咨询中心开始由咨询师转向当事人。

（二）促进人格成长的条件

1957 年，罗杰斯发表了《人格变化治疗的必要和充分条件》一文。1961 年，他又出版了《论人的成长——一个治疗者的心理治疗观》一书，充分阐述了他通过大量实践而总结出的促进人格成长的条件。罗杰斯认为，人格改变的必要及充分条件有六种：

（1）两个人在心理上的接触。

（2）当事人处在一种无助、焦虑与混乱状态中，表现出不一致。

（3）治疗者在治疗关系中是一位一致或统一的人，处在真挚、和谐协调的状态中。

（4）治疗者对当事人无条件地积极关注，接纳，关怀，尊重当事人。

（5）治疗者对当事人产生共情，不再从自己的观念立场来看对方。

（6）当事人能够体会感受到治疗者对自己的尊重与共情。

罗杰斯相信，如果这六种条件同时存在，建设性的人格改变就会发生，而且适用于所有的人际关系。同时，构成这种尊重、平等、协调的治疗关系的核心是领导者的三种个人特质：真诚、无条件积极关注、共情。真诚就是要求领导者尊重成员作为独立的个体，与成员坦诚相对，并充分知觉和了解自己的内在体验，如实地流露在团体的过程中；无条件积极关注就是领导者没有任何条件地关心和接纳每一位成员，不对其思想、情感、行为作出评判；共情是能设身处地从成员角度出发，理解和体会他们的感受，并作出适当的回应，这与同情要作出区分。

以其理论为基础的会心团体（encounter group）是由罗杰斯倡导并首创的，

团体辅导可以集中组织或分散进行，每周集中1～2次，每次2～2.5小时，在既定地点进行指定时间的活动，过程强调个人感受及经验，一般需要经历困惑探索阶段、信任接受阶段、自我探求阶段、变化成长阶段等。

三、人际沟通理论

人际沟通是指人与人之间运用语言或非语言符号系统交换意见、传达思想、表达感情和需要的交流过程，是个体适应环境和社会生活，承担社会角色，形成健全人格的基本途径。因此，人际沟通既承担传递信息和维护心理平衡的功能，还具有增强自我认识和协调人际关系的功能。

（一）团体内的沟通形式

从20世纪50年代开始，团体辅导和咨询的方式和方法已经得到广泛的关注并开始了相关研究，其中人际沟通理论的代表是莱维特的以五人小群体为研究对象，包括四种形态的沟通形式。

分析莱维特的四种团体沟通形式，可以得出以下结论：

（1）从信息传递速度看，轮型（wheel）沟通最快，圆型（circle）沟通其次，链型（chain）沟通因为需要把信息一个接一个地传，会由于速度变慢而使成员之间产生隔膜。

（2）从团体的气氛看，圆型成员之间地位平等，能够相互自由沟通，沟通达到的满意程度最高，轮型以一人为中心，中心成员会使团体的民主气氛降低，链型成员的满意程度最低。

（3）从团体领导者的作用看，轮型的中心成员作用最为显著，常是团体的领导者或核心人物，链型次之，圆型则没有中心。

（4）在Y型沟通中，在整个过程中，C是特殊的中介媒体。外界信息从A和B经C才能到达D和E，而D和E的信息也只有经过C才能传递到A和B。

（5）在全通道沟通中所有成员都有相互间的沟通联系，处于平等的地位，有利于调动全体成员的积极性。

（二）人际沟通的渠道与有效沟通的方法

人际沟通的渠道包括语言及非语言，语言在沟通中是最有效、最便捷的媒介及渠道，但面部表情、目光接触、体态动作等非语言信息也是沟通的重要渠道。这些细微的变化同样应当在团辅的过程中引起关注。

国外的管理心理学家认为，有效的沟通通常包含四大步骤：注意、理解、接受、行动。具体如下：

（1）注意：认真倾听沟通的信息。注意程度与沟通效果呈正向关系。

（2）理解：掌握信息的含义。理解的程度受个人认知和主观价值观的影响。

（3）接受：接受经人同意或遵循信息的要求。

（4）行动：根据信息的要求采取措施。

四、其他理论的简介和应用

除了上述的几个理论依据以外，群体动力学和社会学习理论同样为团体心理辅导提供了理论参考。

群体动力学的理论基础是勒温的场论（field theory），把人的心理和行为视为一种场的现象，用函数公式 $B = f(PE)$ 表示，B 是行为，P 是个体，E 是环境，强调个体与环境的相互作用。其中，勒温与利皮特在 20 世纪 30 年代中期所进行的关于群体气氛的实验研究提出了民主型领导方式和专制型领导方式，并且证明，在群体中，民主的领导可以激发团体的创造力，提高工作的效率；而专制的领导虽能保证一定的工作效率，但会造成成员之间充满敌意或者发生冲突。

群体内聚力是群体动力学中另一个重要概念，群体内聚力是指群体对其他成员的吸引力和群体成员之间的吸引力，以及群体成员的满意程度。社会心理学家费斯廷格指出，群体内聚力是“为使群体成员留在群体内而施加影响的全部力量的总和”。群体内聚力是群体巩固与稳定的社会心理特征，对群体的存在、活动、效率有重要的作用。群体内聚力受群体内部及外部因素的影响。内部影响因素包括群体的规模、成员的相似性、信息沟通状况、成员对团体的依赖程度、领导者与成员关系等；外部影响因素主要是来自外部的刺激和群体间的竞争。

最早由米勒和多拉德提出的社会学习理论是以行为主义刺激——反应的学习理论为基础发展起来的，主张个人的行为由个人与环境的交互作用决定，同时受个人的认知与需要的影响。该理论还认为人的大部分社会性行为是通过注意、保持、动作再现以及动机激励四个过程完成观察学习，观察他人行为的结果得到替代强化，模仿他人的行为而习得的，其中个人对行为的认识起到自我强化的作用。在观察学习中，环境起到决定性的影响，对榜样的观察是学习新行为的条件，而榜样也具有替代性的强化作用，所以社会榜样等客观条件可以促使个人的社会行为朝向社会预期的方向发展。

将行为主义理论与疗法应用于团体的心理辅导具有四个特征：①用具体的行为主义的术语来阐述问题，并确定辅导的目标；②所有的方法与技术都是针对成员的外部行为或症状本身；③对适应不良行为和新行为进行客观的测量与评定；④采用学习原则促进团体成员的行为变化。

第四节 大学团体心理辅导

一、国内外大学团体心理辅导的现状

20 世纪 90 年代初，团体心理辅导传入我国内地，内地一些高校心理咨询工作者通过实践研究，证实了它在治疗大学生心理问题方面的有效性和针对性。在高校的心理健康教育中，许多心理学工作者从不同角度探讨了心理辅导对大学生心理素质的影响。如中南大学湘雅二医院医学心理学中心彭纯子等人对 22 名大学生进行社交团体治疗训练；广东外语外贸大学刘春燕对实验组 14 人进行团体应对方式训练；河北石家庄师范专科学校邢秀茶等对 34 名大学生进行人际交往训练；天津中医学院的李力生对 18 名贫困大学生进行心理训练的研究；清华大学心理研究所樊富珉对 10 名大学生人际交往困难学生进行团体训练等。结果表明，团体心理训练在短期内改善大学生各种心理问题都取得了良好的效果，在加深了解每个学生的基本情况的同时，也对该团体的内部变化产生了显著的效果。

大学生团体心理辅导是指团体领导者运用团体动力的作用，针对大学生的不同特点和需要，依据基础心理学和心理咨询理论的支持进行的不同层面和深度的心理辅导，以促进团体成员心理障碍的消除、问题的解决以及个人的成长与发展。大学团体心理辅导主要是以班级团体心理辅导为载体。班级团体心理辅导，是指以大学自然班级为单位，在心理辅导人员或班主任、辅导员主持下，全班同学都参加的短期团体心理辅导课。班级团体心理辅导的特点是：①对象为具有相同问题或在某方面有共同成长意愿的学生组成的有共同目标和凝聚力的有序组织；②通过活动的形式给予辅导；③以人的成长、发展为中心，强调助人发展的功能，相信被辅导者的潜能，相信他人有能力帮助自己，辅导者所起的作用为助人自助；④强调团体动力，重视团体活动中人际交往与

互动对人的影响。

我国内地从20世纪90年代引入团体心理辅导这种形式，无论理论指导或者实践操作都还处于起步阶段，各种规范的训练小组和合格的训练主持者相对较少，这与人们的巨大需求形成了矛盾。

二、大学开展团体心理辅导的意义

大学生进入了成人阶段，生理发育已基本成熟，但心理发育还处于从不成熟走向成熟的发展阶段。一直生活在家庭与学校的保护下有可能造成他们适应能力薄弱，“天之骄子”们在经历了高考（人生第一次严峻的考验）后，走出了家门，走进了独立自由的大学校园，两者之间形成的落差是大学新生心理问题的重要诱因之一。另外，自上学以来学生一直面对着来自社会、家庭、学校及自身的各种压力，积累了各种不良的想法，精神负担过重，思想容易走向偏激。再者，大学生群体是备受社会关注的特定对象，社会给予了他们极高的期望，造成大学生容易出现角色混乱，甚至难以给自己一个明确的定位。近年来大学校园因心理问题所酿造的悲剧事件时有发生，这都为我们敲响了警钟，如何对大学生进行有效的心理教育与辅导是高校思想政治工作与学生管理工作的重要组成部分，也是每一所高校必须予以重视，不断改进的校建工程。

团体心理辅导对于个人的影响是深远的。自由、安全的氛围，人本主义的理念，真诚互助的模式，不但能够对每一位参与者产生重大影响，而且能够使他们对周围的人产生一定的影响。这不仅是一种理念上的深层次改变，也可以作为现代人缓解心理压力，构建社会支持系统，协调生活的方法推广开来。团体心理辅导的优点适用于大学生人群，并且易于广泛应用和长期进行，校园的条件也有利于团体辅导活动的开展。大量的实验结果表明：班级团体心理辅导有助于激发新生学习动力，提高学习效率；有助于促进新生良好个性的形成；有助于提高新生适应能力；能够改变大学新生入学适应的自然进程，缩短入学适应时间；对解决大学新生入学适应过程中的心理问题具有积极意义。

三、大学团体心理辅导的定位和注意事项

大学心理健康教育或班级团体心理辅导一般都是以心理辅导与教育为主，心理咨询为辅助，组成的人数较多，有规定的阶段性时间，活动内容是探讨发展性的成长课题，引导个人对自身建设的思考，培养解决问题与适应社会的能

力，以完善人格、促进个人成长为最终目的。大学团体心理辅导多以班级团体心理辅导为主要形式。应用班级团体心理辅导改善大学新生入学适应状况时，除遵循团体心理辅导的一般规则外，还要注意以下几个方面：

（一）班级团体心理辅导的适用对象

一般团体心理辅导的成员是面临共同心理问题或心理需求而自愿加入的个体，班级团体心理辅导的成员则是有共同成长意愿的整个班集体的所有成员。班级团体心理辅导成员数量一般应在20到40人之间，班级过大的应分为两个团体进行。由于班级团体心理辅导活动是学校教育的一种形式，因而所有班级成员都要参加，因此，在团体心理辅导开始前，辅导员要和每个学生面谈，通过面谈发现是否有学生确实不适合参加团体心理辅导的。另外，个人的求助需求越强烈，团体指导者就越容易发挥作用，辅导效果也就越为显著。

（二）班级团体心理辅导应用的时间与频率

班级团体心理辅导的形式有两类：一类是持续式团体辅导，班级团体心理辅导是大学新团体的定期活动，持续一段时间；另一类是集中式团体辅导，团体成员集中住宿，利用节假日休息时间组织活动。解决大学生入学适应中的心理问题，宜采用持续式团体心理辅导。针对班集体形成和新生入学适应的关键期，班级团体心理辅导的起止时间应在新生入学后2周至10周内完成，班级团体心理辅导原则上每周一次，总计不少于8次，每次2小时，每次活动的时间要保证讨论的问题能够深入而又不会让学生感到厌倦。辅导的具体时间，如安排在晚上还是周末，由团体领导者视具体情况而定，不能影响学生正常的学习和休息。

（三）班级团体心理辅导的目标与内容

以班级为单位，在团体心理辅导开始之前对参与的团体成员详细说明团体规则、内容、运作和要求。班级团体心理辅导的总体目标是帮助新生克服入学适应中的心理问题和成长成才过程中的发展性问题，以尽快适应大学生活，提高心理素质，为今后的学习生活打下良好的心理基础。具体目标包括：帮助新生尽快熟悉新环境；增进新生的自我认识；帮助新生获得适应新环境所需要的技巧；引导新生确立新的目标，对自己的未来拟订更合适的计划；帮助新生将获得的经验和技巧应用于生活实践，改善学习生活状况。团体指导者根据团体心理辅导的目标的规定，按照学校性质与专业特点，设定的班级团体心理辅导内容可以各有不同。

（四）班级团体心理辅导领导者角色

班级团体心理辅导领导者可以由心理辅导员、政治辅导员和班主任担任。担任领导者一般必须具备以下条件：有良好的人格特质，能以身作则；接受过系统的团体心理辅导培训，对团体咨询理论有充分的理解，掌握并能够熟练运用团体心理辅导技术；具备建立良好人际关系的能力；具有丰富的学生工作经验；遵守职业道德，尊重学生的隐私权，保守秘密。由班主任和政治辅导员担任团体领导者时，要特别注意自身角色的转换。在日常的学习生活中，班主任和政治辅导员行使的是学校赋予的权利，以领导者、教师的身份面对学生，并对学生、班级进行教育和管理。在班级团体心理辅导过程中，成员依靠团体动力和集体经验促进自己成长，而不是靠教师的说教和思想政治工作。他们在团体辅导中的角色具有多重性，如领导者、调解员、教育家、好朋友、治疗师、代理人等。班主任和思想政治辅导员在团体中的基本职责是调动团体成员参与的积极性，适度参与并引导，提供恰当的解释，创造融洽的气氛。对学生的基本态度应当是共情，真诚，无条件地积极关注。

（五）班级团体心理辅导的评估

评估是班级团体心理辅导组织工作的重要内容，尤其对非专业的心理辅导人员担任团体领导者的团体，更需要系统全面地进行评估。班级团体心理辅导的评估至少应包括三个方面：准备性评估、过程性评估和总结性评估。准备性评估是辅导前评估，包括对团体领导者、团体成员、辅导方案等内容的评估；过程性评估是在团体辅导进行过程中班级团体心理辅导的内容所做的评估，通过观察和根据大学新生入学适应问卷等方式，了解成员在团体内的表现和团体特征，根据评估情况，决定团体辅导应该终结还是应该延续，以及选择更有效的措施改善团体过程中的心理问题；总结性评估是指在团体结束时所做的评估，分为团体内评估和团体外评估。团体内评估通常采用团体指导者事先设计好的评估表或者事先选定的测验量表，在团体活动结束时让成员填写，也可以请团体成员写总结、感想，了解团体成员对团体的满意程度、对团体活动的看法、感受以及行为变化状况。团体外评估是与该团体接触密切的人对团体辅导效果的评价，如该班级的任课教师、党团组织负责人等对该班学风、班风等的评价。通过团体内、团体外评估可以客观评定团体辅导的效果，以便总结经验，改进工作。

第二章　领导者和参与者

第一节　领导者与领导行为

在团体心理辅导的过程中，一个组织指挥和引导团体的领导者的作用是十分重要的，尤其是带领一种特殊功能的团体，领导者与成员的关系也构成了咨询者和来访者的独特关系。因此，这样一个领导者一定要在具备基础心理学以及心理咨询学的理论背景的基础上，与成员建立良好的咨询关系，并善于运用团体的动力，创设团体氛围，及时觉察成员的心理变化，运用正确的成员间互动方式等，才能够有效地带领团体发展，促进成员的成长。

一、团体领导者的角色定位

在团体心理辅导的过程中，团体的领导者应该扮演的角色是什么？如何处理好角色之间的矛盾和转换？这是领导者在辅导活动开始之前所必须了解和解决的事情。台湾学者蔡坤荣和王淑卿认为成长团体的领导者必须处理好三对角色：①团体领导者必须扮演专家的角色，也需要扮演成员的角色；②团体领导者必须扮演“局外人”的角色，还要扮演“局内人”的角色；③团体领导者既是团体中的中心人物，又要做到以团体成员为中心。

根据团体类型特点，领导者所扮演的角色也是多变的，大体可以概括成六类：领导者、调解员、老师、朋友、咨询师和代理人。具体如下：

（一）领导者的角色

在团体创建之前，为团体确立辅导的目标和设计活动的计划，发挥团体中舵手的作用，把握好团体发展的方向，掌控团体的情境，提供成员之间的交流机会，鼓励和引导成员对自身问题进行探索。

（二）调解员的角色

当在辅导过程中，成员之间产生矛盾冲突时，领导者须及时进行干预，以协调好成员之间的关系。

（三）老师的角色

领导者应以身作则，为成员树立模范榜样，鼓励他们学习与讨论，在一些成员的学习积极性高涨的团体，领导者还可以用讲授的方式向成员灌输新的理念，并提供适当的学习方法。

（四）朋友的角色

领导者与成员之间是平等、相互尊重的，所以领导者也应以团体内一名普通成员的身份参与团体活动，认真倾听每一位成员的表达，观察他们的情绪变化，适当、真诚地表露自己，与成员形成良好的互动。

（五）咨询师的角色

在一些治疗性团体中，领导者更多的是扮演咨询师或者治疗师的角色。领导者运用澄清、移情等心理治疗方法帮助成员了解发生事情背后的深层含义以及原因，给予成员无条件的积极关注，与成员建立起咨询师与来访者的关系。

（六）代理人的角色

在团体心理辅导的过程中，领导者常要代表团体的整体利益跟外界接触，管理辅导期内的常规事务。团体领导者只有根据团体的性质和进展的阶段情况，灵活地、准确地把握好角色的扮演与转换，才能更好地带领着团体有效地开展辅导活动。

二、团体领导者的素质和专业训练

合格的团体心理辅导人员应从理论、技术、自我成长、团体经验、职业道德、被督导的经验等六方面努力，应接受以下课程培训：①团体心理辅导人员的个人成长；②团体心理辅导理论知识；③团体心理辅导的技巧与方法；④参与团体心理辅导；⑤接受专业团体心理辅导的督导；⑥团体心理辅导的专业伦理道德。目前，我国关于团体领导者的培训内容大致包括两部分：①采取讲授的方式，介绍团体心理辅导的阶段、团体领导者与成员影响机制、团体的评估等基础知识；②以体验为主要方式，经历团体成员、观察者、领导及督导等多个层次。

在一个团体中，对成员影响最大的不是领导者所说的话，而是领导者示范的行为，因此，要促进团体发展，带领成员成长，领导者自身也要不断成长。团体领导者的个人成长至少应该探索以下三个方面：

（一）了解自己的人格

团体领导者了解自己的态度、价值观、偏见、情感偏向以及可能会对团体成员所造成的影响，有利于调整团体中客我的关系，有助于团体的进展。如自我觉察（Self－awareness）：觉察自己的长处，从而树立自信心，认识自己的局限性；察觉自己在别人心目中的角色地位和形象；觉察团体成员的需求以及对领导者行为的反应等。

（二）了解自己的需求

领导者应该清楚了解自己的需求，以及注意成员的需求和需求满足情况，另外，还要了解哪些激励因素可以成为有效的奖赏，而哪些因素不能产生激励的作用。

（三）了解过去的经验及其影响

团体领导者总是带着个人过去的经验参与到团体中，产生的正面与负面影响难以避免，只有充分了解自己的过去，并且克服或避免把这些经验带到带领的团体中，才能让团体自由健康地成长。

我国从事团体心理辅导研究的专家——清华大学的樊富珉教授，根据其十多年对团体领导者的培训实践及个人带领团体的经验，总结了一名成功的领导者所应具备的条件。具体如下：

（1）良好的人格特质。有勇气和自信心，关怀他人，平易近人，热情开朗，不自我防卫，拥有充分的想象力和判断力，有幽默感，真诚、坦率、友善。具备建立良好人际关系的能力。对团体成员信任、理解，创设尊重和自由的团体气氛，接纳每一个人。

（2）对团体咨询理论有充分的理解。了解各种理论、学派的观点及其独特之处，并能择取精华，融会贯通成为自己的东西，并尝试建构自己的团体心理咨询理论。

（3）掌握基本的领导才能与专业技巧。接受过专业训练，善于运用支持、指导、鼓励、同理、关怀、接纳、尊重等技巧，参与和影响团体的发展，并能妥善处理团体中发生的各种问题，带领团体顺利发展。

（4）丰富的团体咨询经验。团体领导者不仅要有个别心理咨询的经验，也要有带领团体心理咨询的经验。熟知团体发展的各个阶段及领导者的角色与职责，有作为团体成员参与团体心理辅导的体验。

（5）遵守职业道德。美国心理学协会和美国团体治疗协会特别制定了团体领导者的道德规范。团体领导者要以成员的利益为重，保守秘密，尊重成员的隐私权。

为此，培训合格的胜任的团体领导者，必须包括：团体领导者个人成长；团体咨询的理论知识；团体咨询的技巧与方法；参加团体心理辅导的经验；督导下的团体心理辅导实操；领导者的专业伦理等方面。

三、团体领导者的功能

在团体心理辅导中，领导者的基本功能可以分为内容和过程两类，内容是指团体的任务或目的，而过程是指成员之间的关系以及成员们在集体中的参与情况。两者在整个团体心理辅导中都占有同等的地位，其中过程的功能可以概括为以下四项：

（一）注意调动团体成员的参与积极性

团体领导者在辅导的过程中积极关注每一位成员，认真观察他们的心理变化，激发成员大胆表达自己的意见，鼓励成员之间的相互交流，引发大家对团体心理辅导活动的兴趣。

（二）适度的参与和引导

领导者在团体中应把握好舵手的角色，在初期，领导者要以成员的身份参与其中，为成员作出榜样。另外，对个别成员的言行要给予适当的鼓励或制止，引导成员朝着辅导的共同目的进行活动。

（三）提供合理的解释和干预

在团体心理辅导活动的过程中，当成员对某些问题存在着分歧而影响到活动的进行时，领导者有必要提供有针对性的合理解释和干预意见。但在辅导活动的过程中，领导者应把握好解释与干预的时机和形式，不适宜解释过多，以免影响成员的独立思考。

（四）创造融洽的团体气氛

在团体心理辅导活动的过程中，领导者需要为成员创造温暖、理解、安全、尊重的交往气氛，使成员能够在团体中开放自我，在相互接纳的气氛中获得成长。

四、协同领导者

与一位或多位同事共同领导团体，即在团体中出现协同领导，这种方式具有许多优越性，特别对于刚开始做领导者的新手尤其如此。一个协同领导者可以在为团体制订计划时提供另外的想法并可以在辅导的过程中分担领导责任；协同领导者彼此可以提供支持和救助；如果一位领导者陷入困境、离职或是中途退出了，另外一位领导者就可以在一段时间内取代其进行领导工作。协同领导的另一个优越性是领导者可以从另一位领导者那里得到反馈信息，并且取得相互学习的效果。

协同领导者经常可以为团体带来不同的观点和生活经历，为成员们提供关于某问题的看法和多个信息来源。协同领导者人际交往风格上的差异也可以影响团体的发展过程，使得团体更有趣味性和变化性。协同领导者也可以作为团体成员的学习的榜样。出色合作的领导者可以向成员们演示有效的相互作用技巧和协同工作方法。同性或异性的协同领导者还可以充当角色扮演，在夫妻团体或有婚姻家庭问题等类似的团体中尤为有效。

（一）协同领导的不足和问题

对某些特殊的团体而言，协同领导的不足在于会增加团体心理辅导所需要的时间，加大领导者与成员之间的活动量，从而给已经负荷很重的活动安排增加了压力。因此，协同领导必须考虑时间利用最佳的问题。

协同领导不可调和的问题主要来自于领导者在态度、风格和目标上的差异。当两个领导者不以相同方式和目标领导团体，或者在过程中协作程度不够时，协同领导就变成了团体发展的阻碍因素。正如 Corey 和 Rey（1992）所说：“对合作领导者的选择很重要，如果两个领导者不相容，他们的团体注定要受到消极的影响。”协同领导中常会出现的具体问题有：每个领导者都想掌管权力；两位领导者明显地互不相容；两位领导者以完全不同的方式领导团体。

协同领导策略的采用要求协同领导者必须参与到每次活动的计划中来和分

享反馈上一次活动的意见与建议。研究表明，未曾共同准备就试图协同领导团体的协同领导者会冒着比平常高的不能和谐运作的风险进行团体辅导，最终可能会在辅导中导致冲突和不良感受的发生。

（二）协同领导模式

协同领导的模式可分为以下三种：交替领导模式、分担领导模式和新手模式。应用哪一种模式决定于团体的目的和目标、两位领导者的经验、领导者的个人风格，以及协同领导者认为他们可以协调而努力的程度。具体如下：

1. 交替领导模式

交替领导模式是一种协同领导者交替担当主要领导角色的模式。交替的角色通常是在为活动作计划的过程中决定的。例如，一位合作领导者可能负责本周的会面而另一位合作领导者负责下一周的会面，或者一位领导者负责会面的前半部分而另一位负责后半部分。随着合作经验的增长，出色协同的领导者们可以顺利进行角色的转换。

采用交替领导模式的另一优点是可以从反面推动团体的发展，一位领导者可在一段特定时间内承担辅导团体的主要责任而不受其他协同领导者的干扰。其他协同领导者则作为一名旁观者在辅导的另一时段作出一些对团体很有帮助的支持性评论、澄清或总结。

2. 分担领导模式

分担领导模式中，协同领导者分担领导工作，在一个特定时间段内并没有哪一个被指定为主要领导者，而是共同领导完成。尽管在此模式中他们没有主次之分，但在某些时候，其中一位领导者要负主要责任，比如指导一项练习或与一个个体共同工作。同时，另外一位领导者要准备好在任何适宜的时刻介入并在大致相同的方向上继续推进团体的发展。

当应用分担领导模式时，协同领导者应当避免对彼此的话做回声式的回应，也就是说，一位领导者说了几句话，然后另一位领导者再说几句和第一位领导者的发言非常相似的话。此外，还要注意领导者们不要变成另一种一位领导者发言，然后另一位回答的模式，这会造成只有领导者之间对话，而把成员们完全排除在外。

3. 新手模式

该模式的采用适宜于经验较少的新手领导，在这个模式中，一位领导者比另一位的实战经验要丰富得多，团体主要是由更有经验的领导者来领导。另一位协同的领导者在场通过观察，学习和模仿领导者的行为，并在某时机下参与到辅导中去。此外，资深的领导者也可以和新手共同计划活动的内容并在活动后一起进行总结工作。

无论选择的协同领导模式是哪一种，对协同领导者们而言，重要的是要在团体中保持前后一致的基调，向着共同的目标而努力。这要求他们相互尊重和信任，仔细地倾听彼此的讲话内容，同时意识到彼此的非语言线索提供的信息。另外，协同领导者们还应当通过观察成员，以明确他们协同领导所产生的影响效果，以及找出存在问题的原因。

第二节　难以处理的参与者

一个团体的领导者必须准备随时应对不同的情形和各种问题。一般而言，参加团体的成员或多或少，或重或轻都会带着个人的问题到团体中去，这必然对团体造成一定的影响。遇到类似的情况时，领导者必须正确认识到他们可能存在的问题，引导他们更好地参与到团体的活动中去，进而更好地处理个人问题，促进自身的成长和发展。然而，也有成员因为本身的问题特殊，性格特别，他们的言行会对团体带来干扰，阻碍着团体的发展。成员在团体中应有的共同角色包括受助者、协助者、榜样和客观评价者，同时也会出现其他类型的角色，团体的领导者必须对此做好充分的了解和准备。

一、个性张扬型

（一）顽固的谈话者

顽固的谈话者说话通常喜欢东拉西扯和重复。由于谈话者没完没了的闲聊会妨碍其他想要讨论的成员，团体的成员要么对顽固的谈话者感到厌恶，要么对谈话失去了兴趣，并且会对领导者没有打断顽固谈话者的闲聊感到不满。根据顽固谈话者多话的原因，可将他们分为三类：紧张型、闲扯型和卖弄型。

紧张型成员说话是为了减轻焦虑或把说话作为自我控制的一种方法。他们常常是第一个回答领导者问题的，并且抢着最先完成一些任务。闲扯型成员会支配讨论的节奏，因为他们就是那种健谈的人，而且一点也不注意自己的闲聊会对别人产生什么影响。他们会讲很拖沓的故事，并且常会重复。这些故事经常是琐碎的、无意义的、使人感到乏味的。卖弄型成员说话多是源于他的不安全感，他们总是似乎想要显示出自己无所不知，问一些不相关的问题以引起领导者和成员的注意，同时会给其他成员提出各种建议，这样容易使团体的主题发生转移。

对多话的成员的处理有几种方式。举例来说，在认出这样一个成员的基础上，领导者可让大家两人一组结成对子，并让自己和这个成员一组。在小组中，领导者可以试着让该成员谈谈他的“多话”。这种策略的优点在于直接快捷，让多话的成员只从一个人那里知道自己是多嘴的，因而减少了尴尬。还有两种涉及整个团体的策略：一种是不点名地提醒大家希望这个多话的成员能明白，另一种是让别的成员给予反馈意见。领导者只有在确信有相当多成员想要表露对多话成员的不满与反感时，才可以用这种方式作出反馈。如果领导者觉得成员们不敢大胆地表达开来，那么这种反馈就可能变成由领导者一个人给闲聊的成员提反馈意见。有的时候成员们在没有被要求提反馈意见的时候也有可能会主动提供反馈，当这种情况发生时，领导者需要使用缓和的解释技巧加以说明，让多话的成员感到是在接受反馈而不是被其他成员排斥或攻击。

领导者还可以使用另一种较为间接的策略，即如果领导者正在让成员们进行书面练习，并要给予书面评语的话，就可以用文字的形式给那名成员反馈。成员们经常收到这样的信息是有益的，这样可以逐渐对自己多说话的行为有更多的认识。另外，这种类似的批注常会帮助成员们在团体之外更自如地与领导者交谈。这是一种无威胁的提供反馈的方法，它的缺点是不能保证成员们在接受反馈后就按照领导者期望的方向作出反应，并且如果成员是在团体之外的某处读到批注，他就没有机会处理反馈意见。

如果领导者正准备向团体提一些问题，并感到多话的成员会又一次大声回答并试图支配讨论时，领导者可以这样说，“我会提一个问题，我希望听听那些还没有发过言的成员的想法”。领导者这样说的时候不要与多话的成员有目光接触。这一技术不仅可以阻止想支配谈话的成员，同时也可以引导沉默的成员发言，不知不觉地鼓励其他成员说话。对多话的成员进行干预的最好时间是在会谈后或在下次会谈之前。

（二）支配成员

支配成员是指试图控制团体的成员。这样的成员与滔滔不绝的谈话者不同，因为这种人想要做一些事情并且逐步掌握控制权。这样的成员在社会环境和学校团体中是十分常见的。对支配成员的处理得采用在私下会见的策略，跟他讨论在团体中的言行。当他不愿把控制权交给领导者时，领导者应当要求他离开团体。

（三）带有攻击性的成员

在主持一个团体时，领导者有可能会遇到带着攻击性，故意破坏领导者在团体中的言行，想难倒领导者的成员。他们可能会不同意领导者的话，不按照领导者的指导行事，提出无法回答的问题使领导者难堪，或者在领导者说话时与其他成员交头接耳。这一类型的成员与消极抵触成员不同，因为前者的内心里想得到领导者的注意，而消极的成员则反之，对团体没兴趣或者感到愤怒。

成员们为什么对领导者带有攻击性的可能原因有很多。领导者的一些行为可能致使成员觉得恼火或尴尬，如把一个成员置于全组人的注视之下，不适当地打断成员（甚至包括适当打断），没有给予成员说话的机会或没有觉察到成员想要发言。还有其他可能的原因：缺乏团体归属感的成员有时会把他们的挫折感和怒火发泄到领导者身上，有的时候成员会把处于团体中引起的恐惧投射到领导者身上，一些成员有时想成为领导者关注的焦点，而当这个目的没有实现时就会作出激烈的反应。

领导者在意识到某个成员对他带有攻击性时，应该从其他成员那里间接了解情况。一般来说，这个成员会把不满的想法告诉他的伙伴而不是直接跟领导者反映。如果领导者从别的成员那里了解情况，他必须注意保证不让成员们因为说了本不该说的事情而感到有压力。如果领导者与该成员的谈话没有效果，该成员坚持跟领导者过不去，这时领导者可以请求团体的帮助，让他们对该成员的抱怨和行为提供反馈意见，但领导者必须确定得到至少绝大部分成员的支持和理解时才能这么做。大部分刚入门的领导者很难察觉、辨认出“想难倒领导者”的行为，而把它误认为是阻抗或消极情绪，领导者实际上是可以通过自身行为和应对方式的调整而改变与该成员之间的关系。

（四）捣乱的成员

捣乱的成员是指那些寻求注意或是避免审视自己的成员，他们试图通过无关的话题或提不相干的问题使团体脱离原来的任务。私下与这类成员沟通，或者在团体中不去理会他所说的和所做的，对其不给予关注常会使捣乱者的影响大为降低。但如果这种行为是某种成员固定的行为模式，则应对其进行个别辅导。在他加人团体之前，先对其进行个别辅导将更为有益，甚至如果他是自愿加入团体的，领导者有权在必要之时让其离开，并且必须向整个团体作出解释。如果该成员必须呆在组内，那么领导者可以让这个成员坐着不出声或是坐在其他成员围成的圈外。

二、个性内敛型

（一）消极的成员

消极的成员会一直对团体抱怨，或总是不同意别的成员的意见。他们的态度和行为与领导者要维持团体积极工作的氛围和目标相抵触，他们带给团体的影响是不容忽视的。如果一两个成员是消极的，并且总是抱怨，那么别的成员就会逐渐被感染也变得同样消极。对付消极的成员有三种可行的策略：①在团体外和消极成员进行单独谈话，并试着弄清其消极的原因，寻求干预的切入点。②领导者可以请求成员的合作和帮助，明确团体中的积极成员，并且把问题和意见导向他们。让这些成员多说，使团体成员变得富有生气，而让消极者少说，这样会有助于在团体中营造更积极的氛围。③有的时候，这种成员只是想让领导者注意自己或在团体中发挥自己的作用，因此可以为其提供一个可以发挥作用的角色。

当在团体中发问时，领导者应避免与消极者有目光接触，以免给予其错误的鼓励性信息，引导他的发言。领导者容易犯的最严重的错误就是在其他团体成员面前与消极成员发生正面冲突，这会演变成领导者和消极成员间的争论。如果领导者发现自己处在争论之中，最好的办法是把焦点转移到其他成员或话题上，然后在团体结束后再与该成员单独面谈。

值得清楚指出的是，团体中难免会有消极的成员，尤其是在团体辅导的开始阶段，如果成员是非自愿参加团体的话更是如此。很多时候，当团体辅导变得更有趣时，消极情绪就会减少，然而有时无论领导者采取任何策略或团体作任何努力，某些成员的消极情绪仍然不会减退。在极端的情况下，领导者有必要让这些成员离开团体或安静地坐着。领导者常会花费过多的时间试图去影响消极成员，却把对团体心理辅导感兴趣的那些成员冷落在一边，这对于其他团体成员会产生不良的影响。

（二）抵触的成员

有些成员由于是被迫加入团体的，因而会产生抵触的情绪，他们会不配合领导者的工作，故意与领导者较劲，对活动不关心，甚至在团体中表达消极或愤怒的情绪。领导者遇到这种情况很难处理，因为如果成员只是抱怨的话，会给团体蒙上消极的阴影，但如果这些成员只是为了发泄愤怒情绪的话，适不适宜让其情绪在团体中释放则值得领导者对此给予密切的关注。对团体产生抵触情绪，主要表现为：成员在第一次活动开始时说他不知道为什么必须出席，而且不相信团体能对他有所帮助；双手抱胸坐在一边，袖手旁观尽可能地不说话；总是想把团体的焦点转到与团体无关的话题上；并不抵触团体，却对改变自己十分抵制，所以极力避免谈论自己的情况。

成员对团体的有效性持悲观的态度，不相信团体的作用，拒绝以合作的态度参与到团体中去。如果领导者面对这种抵触的成员，他可以让成员表达自己在团体中的感受，或者一对一地与他面谈，或者在会谈结束之后努力帮他改变引起这种抵触情绪的不正确认知。如果所有这些努力都失败了而这个成员由于外界的原因仍然必须留在团体中，领导者可以把那个成员排除在团体的焦点之外。一般来说，刚入门的领导者会容易产生一种误区，即将每次活动或会谈的一半时间花在打消抵触情绪上。如果因为帮助抵触者而影响了其他团体成员的效率的话，就不要在抵触的成员身上花费太多的时间。这一点非常重要。

对于领导者来说，区别哪些成员是抵制团体的帮助，哪些成员是因为不想改变自己或自身的处境而有抵触，是非常重要的。有时候抵触成员反对的是领导者帮助他的企图，而对成员们的帮助却不抵触。如果是这种情况，领导者可以采用不用领导者指导参与的结对、三人一组和小组讨论等形式完成情境，或者让抵触的成员成为团体的焦点，这样抵触的成员可以与团体的其他成员交流而不是被领导者引导，从而使其抵触的情绪减低，领导者则可以在一旁做主要的帮助工作。相反，如果抵触的成员反对的只是团体帮助他的企图，而不是反对领导者，在这种情况下，在团体内的个体咨询或单独面谈是解决问题的最佳选择。

在很多团体中，另一种处理抵触的办法是间接地把团体的焦点集中到抵触的成员身上。就是说，领导者可以将焦点从抵触的成员身上转移，帮助一个更合作的成员，并且试图让抵触的成员通过观察进行学习。

（三）保持沉默的成员

在团体中，沉默既可能是有成效的也可能是无成效的。有成效的沉默发生在成员对团体中说过的话和做过的事进行沉思时；无成效的沉默出现在成员们不知道该怎么说，害怕发言或感到无聊时。沉默可以作为一种信号，当团体出现沉默时，领导者应该及时观察和思考这样的沉默是否有意义。他可以从观察成员坐在那儿的反应和沉默之前发生的事情中得到答案，如果成员似乎是因为深入思考而陷入了沉思，这种沉默应该是允许的，那是他对自身问题的反省。有的时候，领导者既可以让这种沉默持续 2 ~ 3 分钟或者让它有成效地继续保持下去。领导者既可以等待直到有人打破这种沉默，也可以自己这样说来打破沉默："你们中的很多人似乎真的在考虑所发生的事，我希望你们简单地交流一下彼此的想法。"然而如果成员们的沉默是因为他们不感兴趣，那么领导者应当把它作为一种改变的契机，或者向成员们说明他们对团体缺少兴趣和热情，并试图引起他们对此的讨论。

在会谈开始时成员们会保持沉默，是因为他们还没有充分地"热身"。成员们十分需要一些讨论和活动可以让他们开始进入状态，然而让这种沉默在活动开始时出现是很值得引起领导者关注的。如果成员表情紧张地坐在那儿想知道谁先开始，或者面无表情，领导者应主动尽快打破沉默使团体开始工作。当成员刚进入陌生的团体中时，会无聊地坐在那儿等着，不知道会发生什么事，这会引发成员间的不良猜测甚至言词攻击。领导者可以用提出问题或作相关的、富有吸引力的相互介绍来消除彼此之间的沉默，从而更好地利用团体时间。

（四）情感依赖的成员

有的时候团体成员会对其他成员产生强烈的情感依赖，尤其是在治疗、发展和支持团体以及成员们谈及他们的个人隐私的时候。当这种情况发生时会出现特定的团体动力，成员们会努力让别人印象深刻，他们会因为另一个人的插手而停止交流或者会变得嫉妒、感到受伤害，或因为另一个成员的谈话而愤怒。这些类型的动力对团体的进步是有害的，但是领导者应该明白几乎在任何地方，任何内容的谈话都可能会让团体成员之间引起性的吸引力，产生情感依赖。实际上，领导者并不是扮演道德法官的角色，领导者应设定一个底线规则，就是在团体之外成员们不能互相联系。但在现实生活中成员一般难以遵守这一原则，所以更好的方法不是阻止，而是在团体辅导的活动中及时进行讨论这样的情感依赖源于什么原因，以及是怎样演变成问题的。

很多时候，成员们形成亲密的关系并不一定妨碍团体的发展。但有的时候，团体外的关系会带给团体不良的影响（比如两个人约会同一个人，或一个成员对另一个成员感兴趣而人家却不予理睬），领导者应找当事人私下讨论可能的解决办法。另外一些时候，这个问题会在团体中产生，尤其是当别的成员觉得这种关系在某种程度上妨碍了团体时。领导者不应当忽视成员们相互吸引或陷入感情漩涡的情况，而让其中一个成员离开团体是最好的解决方法。

（五）哭泣的成员

成员们可能会在团体会谈的任何时候哭泣。当他们自己或别人谈到比如自卑、虐待、爱人的死亡、自己或父母的离异、失业、疾病或搬迁等话题时，就可能会突然哭出来。哭泣的程度可以从眼睛的湿润（流出眼泪）到不能自已的抽泣，都可以表达从悲伤到愤怒、恐惧、抑郁、空虚、迷情、焦虑，甚至幸福等不同的情绪。

当领导者注意到其中一个成员开始哭泣时，常会立刻试图帮助该成员解除痛苦，却没有事先得到该成员的同意。通常成员们并未准备好讨论他们的感情，所以当领导者试着帮助他们时，成员会感到压力并因此可能会产生怨恨。领导者应该始终确定成员想要解决问题并且有充足的时间。刚入门的领导者常见的错误是当他们注意到有人开始哭泣时就立刻把焦点转移到这个成员身上而不考虑辅导活动剩下的时间。当发现时间不够时就不得不匆匆结束会谈，也没有来得及对该成员进行彻底的安抚和帮助，这样所带来的只能是事倍功半的效果。

如果不用考虑时间，领导者可以采用的一个策略就是和这个深陷于痛苦的成员结成对子，以了解更多的情况。至于其他的成员，领导者可以让他们结成对子继续先前的讨论，或讨论领导者认为有用的话题。另一个策略是告诉成员自己已经注意到他的痛苦，并建议在团体会谈之后讨论这个问题。

另一个需要认真考虑的问题是哭泣究竟是一种抗争或痛苦事件的结果，还是试图博取同情的表演。当团体中有人哭泣，大多数团体成员的自然反应是为这个成员感到遗憾或者走上前去抚慰那位成员。由于成员们一般意识不到真正挣扎于痛苦之中的成员与只想得到安慰的成员之间的区别，所以一般来说领导者应该阻止成员之间的抚摸或拥抱，哪怕那只是一种安慰行为。无论那位成员是在为自身的处境而难过，还是只不过在玩一个“扮可怜”的游戏，拥抱或抚摸都不会有任何治疗作用。

团体成员问一些不相关的和不合时宜的问题来转移团体的注意力，主要是由于不舒服并且希望阻止该成员的哭泣。当这种情况出现时，领导者必须插手并打断这些问题。

在第一、二次会谈期间，领导者要谨慎地把握好成员们表达痛苦情绪的尺度。如果团体的大部分成员已经准备好了，那么就可以让一位成员开始探究他内心的痛苦。如果这时团体还没准备好如何去处理深层的感情困扰，很多时候领导者应引导个别成员对自己的问题进行深入探究，以防止其他成员会不适应这种紧张压抑的情绪和情境。

（六）互相敌对的成员

在任何类型的团体中，成员不喜欢另一个成员的现象是很常见的。这种不喜欢会从成员间的争论、不同意、沉默中表现出来。如果开始阶段成员彼此不喜欢是因为在团体开始之前的某些事，领导者应该在筛选面试时查明这种情况。当互相敌对的情况发生时，领导者如果认为讨论是有帮助的话，他可以在团体中提出讨论这个问题。一般来说，成员在团体内的行为折射了并影响着他们在团体外的行为。因此，关注成员如何变得互相不喜欢的过程，从而提出针对性的建议与意见，会是帮助他们在日常生活中更加接受对方的有效方法之一。帮助成员们建立友谊也可以成为巩固团体关系、建立协调的有效工具。但当团体的成员们难以克服彼此间的厌恶时，在这种情况下，领导者的活动目标不是让成员们彼此喜欢，而是要让成员们不要因彼此的厌恶而妨碍他们从团体中得到积极的体验。

如果领导者决定在团体会谈中集中讨论两个成员间的主要冲突，那么领导者应在会谈前同每个成员单独面谈，澄清问题并解释在团体中处理这个问题的原因。这种私下的接触能够建立彼此的尊重和信任并且获得成员的配合。如果没有取得成员的同意，或者他们不愿意为解决这个问题而努力，领导者的公开讨论就会把团体变成其中一个或两个成员的战场。

当成员们彼此感到反感的时候，领导者可以通过小心运用配对和安排活动来防止敌意的进一步增长。把互相反感的成员匹配成对或让他们互相配合完成练习任务可能会导致活动难以进行。但另一方面，迫使对立的成员一起工作也会使他们有机会认识并接受彼此的差异。找出两个互相讨厌的成员，并把他们结成对子，尝试帮他们仔细探讨他们之间的反感，这种方法有时是卓有成效的。但如果这种反感太深以至于妨碍了整个团体，就有必要让其中一人或两人离开团体，或让他们加入其他不同的团体小组中。

（七）带有偏见的、心胸狭隘的成员

领导者随时都得应付某些对外界持狭隘的、带有偏见的成员，或者力图扮演成道德家或传道士角色的成员。多数团体的一个目的就是听取不同的观点，并且学会容忍别人，但当某个成员控制不住地说教并指责别人时，领导者可以请求那个成员礼貌些并试着使其理解别人可以有不同的观点，或者单独跟他进行会面提出意见，但如果没有效果，领导者就有必要请他离开团体。在类似的情境中，领导者的准则是要容忍成员之间的差异，并在某个成员有偏见的言论可能会对其他成员造成危害时及时插手进行干预。

附：团体形成阶段如何筛选成员

与成员构成问题密切相关的是关于筛选成员的决定。领导的团体中经常有一些不合适的成员。进行筛选是必要的，因为并不是每一个人都适合于每一个团体的。

正如 Corey（1995）所言："关键一点：筛选应当在从业者所提供的团体类型的背景下完成。某个来访者是被接受还是排除与团体的目的有很密切的联系。"领导者有数种可供选择的筛选方案，具体如下：

一、个体面试

最佳的筛选方法是个体面试。这使得领导者最易于评估该成员对团体的适宜与否，它也使领导者有机会与可能参加团体的人相接触。领导者有机会告知那些很有希望参加团体的人关于该团体的一些情况，如内容、过程、成员构成、规则等。此外，个体面试还给予可能的成员们询问有关团体的问题的机会，给予领导者评估团体是否对这些人合适的机会。

二、书面筛选

书面筛选是让候选成员填写一张表格。这可以为领导者提供必要的信息以确定此人是否适宜于这个团体。有时领导者所需的信息只是一般性的：年龄、年级、性别、婚姻状况、生活环境等，当选择仅仅是依据书面材料时，领导者必须记住要把所有相关的问题包括在表格内。可能会被忽略的问题包括这位候选者可否按时出席聚会、是否需要有人帮他照料孩子以及交通问题等。有些领导者会请成员们写一个简短的自传作为筛选的一种辅助手段，有效筛选的关键在于找到某种信息以选出一群可以共同交流和学习的人并构成团体。

三、通过推荐筛选

领导者告知可能的推荐者如教师、其他治疗师或医院工作人员有关团体、团体的目的以及寻求的成员的类型等信息，从而通过推荐适宜的、有可能被团体容纳的成员推进筛选工作。应用这种筛选方法的领导者需要确保做推荐的人完全理解团体的目的及所期望成员的类型。

四、应用综合团体程序筛选

领导者可以将成员们分派至某一组中进行“筛选”。根据成员们的知识、年龄、经历，或某些人格特征将其分入不同团体，会使得团体对其成员有价值的可能性更大。领导者也可以依据成员的相互作用风格或精神健康水平来区分成员，此种方式对团体内混合某些人格特征会很有帮助。这种类型的筛选有助于增强积极的治疗效果。

五、在团体组建开始后筛选

领导者有可能需要在团体辅导已经开始后筛选成员。如果不可能事先进行筛选或者事先筛选不够彻底，领导者可以在第一次会面时告诉团体成员，团体会面一两次后再计划与每位成员单独会面来讨论其以后是否继续参加。这种类型的筛选是一种筛除不适合这一团体的成员的非常好的方法。

团体已经会面一两周后可以采用的另一种筛选方法，是让成员们用较长的篇幅写出为什么觉得此团体重要，以及他们想从团体中得到什么。领导者规定只有那些完成了此项作业的人才可以留在团体里参加以后的会面。只有当领导者希望淘汰那些不愿承诺在团体中努力工作的成员时，才可以应用这种筛选方法。

第三章　大学团体心理辅导过程中常用的技术（1）

第一节　反应技术

目的：促进关系建立，鼓励成员自我开放，表达，以促进他们的自我探索。

一、积极倾听

积极倾听是团体心理辅导中最基本的反应技术，它是通过领导者生理、心理的专注与聆听，来掌握成员表达的口语与非口语的真正内容，是每个团体心理辅导领导者必须掌握的基本技能。

团体心理辅导中的倾听既是为了了解情况，也是为了与成员建立良好的信任关系。要确定自己正在用心听的一个好办法就是在倾听时关注以下几个问题：讲话的主体内容；主要的论据想说明什么；论据听起来是否合理；得出什么结论。在倾听过程中，领导者不进行评价、判断，要注意成员的一切反应，包括言语行为与眼神、表情、动作等非言语行为。同时，领导者对成员的说话表示关注，如以关怀的眼神注视对方、点头、身体向前倾等动作，或以“嗯！嗯！”等声音做出反应，从而培养信任气氛，充分尊重并让成员有宣泄情绪、表达自我的机会，鼓励其自我开放，自我探索。

积极倾听包括两种类型：一是支持性倾听，以理论为基础，重在鼓励组员表达，它由开放式问题、“嗯”回应、内容反映这三种反应组成；二是记忆性倾听，它是一种保存和评估信息的聆听。

【举例】成员A：“我感到与舍友的相处不是很愉快，他们跟我好像没什么共同话题……”

领导者：“嗯！嗯！”（关注、亲切，以关怀的眼神鼓励组员说下去）

成员 A："我在想，是因为大家的生活背景、文化差异导致，还是我们真的性格不合呢？"

领导者：（身体前倾，点头表示理解成员的感受，再将目光投向其他成员，做出邀请其他成员的手势）

二、复述

复述也是反应技术之一。复述不是简单地重复对方所说的话，而是运用更清晰、更明确、更恰当的方式重新描述对方所传递的信息，以确认其意思。复述包含了领导者对成员语意的理解，包括感觉、思想和经验，以及对内容的分析、判断、概括的能力，同时能够把信息加以浓缩，精简地、有重点地以准确的字眼传递给成员。

复述并不是一项简单的技巧，有的领导者只是简单地对成员的话进行重复，既没有增加新的意思，也没有对内容进行真正的澄清；而有些领导者则过多地运用复述，使表达的内容听起来啰唆繁琐。复述的作用在于让团体成员感到自己被了解，以及让他（她）们对自己的问题和对这些问题的感觉或想法更加了解。因此，在运用复述技巧时，领导者要注意：①复述力求精练，不宜过长；②复述的目的在于引导成员表述，而不是中断表述；③复述语气不宜过于肯定，要保留适度的弹性。

【举例 1】 成员 A："我花了一个学期去复习英语，每天坚持早读，有规划地背单词，一有空就听英语，希望在考试中能有所突破，但结果还是不尽如人意。"

领导者："你已经努力学外语，但结果仍让你失望，是吗？"

【举例 2】 成员 A："今天真倒霉，一出门就下雨，好不容易到汽车站挤上一辆车，开出不远车就熄火了，等赶到学校已经上完两节课了。"

领导者："今天你遇到了许多不顺心的事，是吗？"

三、反映

反映是指领导者能够体验、理解成员的感觉，包括表情、肢体动作、身体姿势、语言特征等非语言表达，并通过自己的语言、行为把由语言和非语言线索获得的情感全面地反映给成员，让成员体会到领导者始终与他一起面对心理困扰。除此以外，反映也可协助发言成员对自己所表达的想法和感受能有更深入的觉察。

反映可分为内容反映和情感反映。内容反映要求领导者将谈话成员的主要言谈、思想加以整理后，再反馈给当事人，以使其有机会再次剖析自己的困扰，重新组合那些零散的事件和关系，从而深化谈话的内容。情感反映要求领导者将谈话成员的语言和非语言行为中包含的情绪、情感内容整理后反馈给当事人，以协助其觉察和接纳自己此时此刻的感受。反映技术有助于良好咨询关系的建立和发展。

领导者除了要表达自己对成员的了解，同时也需要协助成员表达其无法完全以语言表达的部分，以加强领导者与成员之间的沟通，引导其逐步了解自我真实的内在想法，从而发展自我的新架构。在带领一个团体时，领导者可以针对个别成员、几个成员或整个团体成员来使用反映技术。

【举例1】 成员 A：“我以为大学的生活会很精彩，但其实每天还是过着三点一线的生活，重复地过日子，缺乏激情。”

领导者：“你感到现在的生活很乏味，因为现实的大学生活跟你想象的不一样，现实跟理想产生了差距。”

【举例2】 成员 A：“我很怕去找工作！一想到将要接触陌生的环境和人际关系，我就感到害怕。”

成员 B：“对！我也这么觉得！有时我宁可待在家里，我一想到要面对那些复杂的关系，我就害怕。”

领导者：“两位在谈到找工作的事情时，认为对你们来说最困难的事情，就是必须重新面对新的环境和建立新的人际关系。”

四、澄清

澄清是积极倾听的扩展。澄清是指领导者协助成员清楚地觉察自己的叙述。领导者可以借助于发问、复述和运用其他成员来实现澄清的目的。

澄清的意义包括：

（1）可协助成员搞清楚自我表达的目标所在。

（2）可使团体其他成员积极参与团体讨论，对团体产生兴趣和活力。

（3）有利于确定团体内的有效沟通。

（4）有效避免团体产生挫折和团体能量的枯竭。

在团体心理辅导中，并不是每个成员都有较强的表达能力，成员的表达能力有的较弱，或较不愿表达，有时，团体成员的内心感受很矛盾，或者同时出现许多感受。针对成员表达不清或混淆的地方，领导者需要运用澄清技术，通过与成员之间的问答，协助成员把遗漏的信息说出来，将混淆的地方重新整理，使成员能够自由、完整地把信息表达清楚，让表达者了解自己和他所要表达的信息的本意，帮助成员学习自我探索和自我表露。澄清对于理顺成员的思维也同样有效。同时，领导者在这个过程中，能够确认自己对所接收的信息理解的准确性，以掌握成员谈话背后隐含的情绪及思考的信息本质，特别是当成员内心涉及混淆、冲突、无知时。领导者的澄清有助于整理出问题或困扰的焦点，以减少团体内沟通的阻碍，促进团体有意义的沟通。

在运用澄清技巧时，一般用开放式疑问而非用陈述的语气，比如“你能详细地描述一下吗?”“你的意思是……吗?”同时，要通过观察成员的反应来评价澄清效果。如果成员反应消极，则可以采取另一种聆听技术。

【举例】 成员A：“我不知道他到底是不是真的喜欢我，有时对我特别好，有时却不理我。”

成员B：“听起来，A好像是自己想多了，他对你更像是普通朋友而已。”

领导者：“B，我感觉到你很关心A，让我们听听A进一步的说法好吗？A，你说不知道他是不是喜欢你，你能详细地说一下吗？比如你们平时的交往，相处的模式，他对你特别好的地方，或者其他方面……”

五、概述

概述又叫摘论、摘要、总结，指团体领导者在团体告一段落或即将结束时，用简单的叙述概括地将团体发生的过程或内容向成员反馈，从而产生澄清、引导和增强的作用。概述可以看成一个谈话主题或一次团体活动的总结，当团体从一个话题切换到新话题时，概述非常有效。

布拉莫认为领导者使用概述技术时需要注意四个问题：一是领导者要留心成员谈话时所涉及的各种主题和情绪性的流露；二是将关键性的观念、情感的基本意思加以综合，用概括的语句表达出来；三是防止增添新的东西；四是确定是否需要作出概述，或请团体成员来作概述，明确作概述的动机与实现的意图。另外，还要注意以下问题：

1. 概述运用的时间

概述可以运用于团体活动的开场，尤其是当上次团体活动尚有未完成的任务，或部分成员有强烈的兴趣持续这个主题时，也可以用在某次团体活动结束阶段。要注意的是，在活动结束阶段特别需要进行概述。领导者在活动结束时通过概述，可以帮助成员回顾团体活动的内容，并使其真正理解活动的意义。

2. 概述的功能

（1）给成员带来一种运动感，使其感到在探索思想、情感及问题方面正取得进展。

（2）给成员或领导者对前一段会谈内容有一个重新审视的机会，成员通过这次自我审视也许能更好地认识自己，或得到补充的资料或者反馈以确定领导者是否准确理解自己。

（3）概述往往是构成团体会谈的一次单元式结束，给予成员和领导者一个总结的机会。

（4）聚焦团体讨论的焦点，使主题更加突出，防止团体讨论的观点过于宽泛和重复。

（5）鼓励成员思考自己在活动中学习和感受到的东西，以及如何将所学的知识运用到日常生活中去。

【举例1】领导者：“今天的团体活动结束前，请每位伙伴针对这一次团体活动的经验做个简要的概述，并分享一下对自己最有意义的一句话或一个活动。”

成员A：“我想，‘拥有与丧失’这个游戏对我来说太残酷了，希望在现实生活中不要让我只拥有最后的亲情。”

成员B：“当我要在最后拥有的两样东西中失去一样时，我的心被揪着，通过这个游戏，我真真切切地感受到失去的痛苦，而我在现实中拥有一切是多么的幸福。”

成员C：“在‘生命线’中，我第一次仔细地思考在未来中最重要的东西是什么。”

领导者：“今天的团体辅导的主题是生命的价值我探寻，总共进行了两个主要活动：拥有与丧失、生命线。刚才大家都分享了本次团体活动的感受，把心里最真实的经历和想法与大家分享，我也有很深的体会在其中……”

【举例2】领导者：到目前为止，我们谈到一些关于我们想要在大学中能得到的改变：A和B都谈到学习的改变；C说想在人际交往技巧中得到提高；另外，有成员希望自己的处事能力得到锻炼，其他的一些人则希望能更快乐。现在我希望你们每一个人都花5分钟时间仔细想一想自己要得到改变，需要做出哪些努力，现在又必须放弃些什么？

第二节　互动技术

目的：促进团体更有效、更有意义地互动。

一、建立关系

建立关系是互动技术的基础。领导者与成员之间能够建立起一种良好的关系，是团体辅导成功的基石。领导者必须具备无条件地积极关注、同理心、尊重、真诚与接纳等的基本态度，使成员感到温暖、安全，从而在团体中开放自己，形成良好的团体气氛，形成尊重、接纳、关怀的人际关系，相互信任。但是必须注意的是，由于有些成员对其行为或情感的控制能力较弱，对领导者容易产生依赖，因此，领导者的角色最好能介于“老师”与“辅导员”之间，从而让成员对领导者能“又爱”且能“又敬”，如此才能有效地控制团体的秩序与进度。

建立关系包括无条件积极关注、同理心、温暖、尊重与接纳技巧。具体内容如下：

（一）无条件积极关注

无条件积极关注是指对团体成员的接纳和关注，意味着对成员的感情和思想给予无条件的关注，不带任何批评色彩。

布拉特恩认为，无条件积极关注应该包括积极情绪和消极情绪的表达，是一种向他人完全展示自我的意愿，如愤怒和拒绝。

Lvey 认为，关注行为就是“个人在一定的文化背景中作出的适当的目光接触、身体语言、语言特点和语言追踪”。关注行为分为积极关注行为和消极关注行为。我们这里提倡的是积极关注行为，简单说就是领导者在活动中要在语言、行为上表现出对成员的注意。沟通永远是双向的，领导者在倾听、观察的同时也在被观察和倾听。交流中有 60% 的信息含义是由非语言方式传达的，所以在领导者与成员之间的互动过程中，领导者要积极“倾听”成员的非语言信息中隐含的内容。无条件积极关注行为分为四个维度：目光接触、身体语言、语音特点和语言追踪。具体内容如下：

（1）目光接触。俗话说：眼睛是心灵的窗口。但是不同的人目光接触的理解与方式是不一样的。有人认为，交谈时的目光接触能够表达认真倾听的诚意，有的人却认为那样不是很有礼貌。性格开放的成员在活动中乐于与领导者进行目光接触，而羞涩的成员则往往避免与领导者进行直接的目光接触。领导者可以在与成员目光接触过程中对不同成员的内心世界进行一定程度的解读。

（2）身体语言。身体语言在互动中主要是体现运动性和空间性。运动性是指任何部位，如头、手、腿、脚等躯体运动特征；空间性是指个体距离以及个体与环境的关系，如成员与领导者间的距离是否在亲密区内，领导者与成员之间是否摆放了其他物品等。在活动中，领导者要保持一种积极的身体语言，如一个放松而注意力集中的姿势；保持手势的温文有礼；与成员保持约一臂距离；不要在你与成员之间摆放屏障等。

（3）语音特点。语音特点包括音量、音高、语调、语速及语言的流畅性。领导者可以利用自己的语音特点来增进与成员间的感情协调、表达共同的情感体验，突出、强调问题及关键点。通常情况下，领导者的语音要柔和、坚定有力，同时可以利用语调把成员引入某一情境中。如温和、轻柔的语调可以激励成员释放自己的心声；高昂的语调和较快的语速可以在成员心目中增强领导者的专业权威感等。

（4）语言追踪。语言追踪主要是领导者必须通过间或重复关键词和短语的方式来追踪成员的语言内容，以表示对其话题的积极关注。

要注意的是，无条件积极关注并不等于支持。在一个团体中，有的领导者会尽力提高自己表示关注的能力，在任何情景下都表现出热情，希望使成员感受到温暖。但是这种过度的积极关注会给成员带来压力，以为领导者对自己产生了过高期望，或者认为领导者支持自己的信念，无论是合理的或者不合理的。因此，莱依塔（Lietaer）提出，无条件积极关注，是意味着领导者认可成员的内在思想，让成员感受到领导者在为他们着想，无论在什么时候，自己都能得到接受。也就是说，领导者在团体活动中可以接受和认可成员，视他们为独立的个体，尊重他们的独立权，但没必要无条件地对他们的想法或行为提供支持。

除此以外，在团体进行时，无条件积极关注不仅是对成员而言的，对领导者也要如此。罗杰斯提出，优秀的领导者无需时刻体验着积极关注，可以表达自己的同情，也可以表达自己的厌烦和愤怒。因此，从领导者能接纳自己的情绪开始，那么对成员的关注、认可程度越深，成员在团体中改变的可能性就越大。

（二）同理心

同理心又叫共情、共感、同感、移情。所谓同理心，就是能体会当事人内心的秘密世界，仿佛身临其境。通俗地说，同理心就是能设身处地去体会当事人的内心感受，达到对当事人境况的心领神会。用别人的眼睛看世界，就是同理心的形象说法。罗杰斯指出："同理心就是将成员的内心世界假定为自己的内心世界来加以感受，但不能迷失其中。同理心对于团体辅导来说非常重要。"同理心的前提是专注于倾听，领导者要使自己的语言与体态保持协调一致；同理心的关键是领导者设身处地地"辨识"，对成员所传达出的信息给予正确的沟通，体会成员明确表达或隐晦表达的感觉、行为、经验、想法等，从而获得共鸣性的了解并回应成员。由于领导者善用同理心，能使成员感到自己被理解和接纳，这样有助于建立良好的辅导关系和团体气氛，同时也能使领导者了解更多成员的状况。

但是，在带领团体时，有些领导者认为，只有自己亲身体验过成员所表露的问题，才能做到同理心，这样会大大限制了领导者潜在的影响。比如，团体中有成员谈及过去被父母遗弃的痛苦和不安，领导者对其痛苦的体会表现出的同理心，不需要相同的经历就能感受到的；也不是只有经历过生命威胁的人才能感受到对生命的珍惜，生活中的各种情绪体验都可能是成员想要分享的情感，领导者只要对自己的情绪始终保持着开放的态度，愿意与成员进行情感上的交流，也愿意对那些不快的经历进行重新体验，那么他们就能提高与成员进行心理沟通的能力。

要准确地表达同理心，应注意：

（1）要从成员内心的参照系出发，设身处地体验其内心世界。

（2）要用言语准确表达对成员内心体验的理解。

（3）可借助非言语行为如目光、表情、姿势、动作变化等表达对成员内心体验的理解。

（4）表达共情应适时、适度、因人而异。

（5）重视成员的反馈信息，必要时可直接询问对方是否感到被理解。

【举例】 成员 A：“小时候，我经常一个人在家，父母很晚才回来，所以我经常开着灯睡觉，只要有一点声音，我就会醒来，我很羡慕那些能够在父母怀里入睡的孩子。长大了，我还是习惯了要开着灯才能入睡。”

领导者：“小时候父母晚上经常不在家，让你感到缺乏安全感，对吗?”

成员 A：“是呀！我就像你说的那样，……”

（三）尊重

尊重是指对成员接纳、关注、爱护的态度，意思是要尊重成员的现状、价值观、权益和人格。这是建立良好团体心理辅导关系的重要条件，也是使成员人格产生建设性改变的关键条件。尊重成员，其意义在于可以给成员创造一个安全、温暖的氛围，这样的氛围可以使其最大限度地表达自己，从而获得一种自我价值感。特别是对那些急需获得尊重、接纳、信任的成员来说，尊重和接纳具有明显的辅导效果，是团体辅导成功的基础。对成员表达尊重时，需注意以下几点：

（1）尊重意味着完整接纳一个人，包括他身上的消极面和缺点。

（2）尊重意味着以真诚为基础，并非无原则的迁就。

（3）尊重意味着一视同仁，不管男女、贫富、出身、职位。

（4）尊重意味着以礼相待，对成员应当热情相待，礼仪周全。

（5）尊重意味着信任对方。

（6）尊重意味着保护对方隐私。

（四）真诚

真诚是指领导者在团体中真实地展现自己，表里如一，言行一致，诚恳忠实地对待成员。真诚有两层含义，一是领导者真实展现自己，另一层是真诚地对待成员。纳提诺认为，要达到真诚，领导者需要具备高水平的自觉性、自我接纳和自我信任。真诚对于团体关系是非常重要的，因为领导者的真诚不仅给成员一种安全感，而且为成员提供了一个榜样。受领导者真诚地感染和暗示，成员也会逐渐诚实地开放自己，表达自己，袒露自己的内心。真诚与其说是一种团体辅导中的技术或方法，还不如说是一种人生态度。恰当地表达真诚，不仅是一种技术，更是一种艺术，因为那是真诚的一种自然流露。因此，表达真诚时要注意以下几点：

第一，真诚不是不加区分的开放，而是一种适当的自我表露，领导者要注意到当自己向团体成员表达情感时所承担的责任。领导者通过自己真诚的表现，会成为成员的榜样，帮助他们更加坦诚地表达自己的想法，从而进行更深入的自我探索。

第二，布拉特恩指出：并不是任何形式的真诚都对成员有所帮助。真诚不是自我发泄，而应当适度，过多地宣泄自己反而会产生负面效应。真诚应实事求是，不必在成员面前过多表现自己的完美，增加修饰成分，或成为团体活动中的焦点，与成员讨论自己的问题。

第三，真诚的表达也要考虑适时性。有时，领导者的真诚情感流露过快或过于直接，也可能导致成员一时难以理解或接受不了，造成对活动意义的误解。

二、解释

解释指团体领导者对团体成员语言行为或非语言行为陈述给予意义的过程，目的在于帮助成员自我了解并引导成员改变自我的行为。解释和释义不同，区别在于解释是从领导者自身的参考体系出发的，而释义则以成员的参考体系出发来理解问题。领导者的解释可以给成员提供一个新的角度看待问题，使成员重新构建一种不同的认知。

斯凯尔克德认为，解释本身只是一个假设，不管它本身多么合理，仍有待于论证或讨论。为此，他主张在团体活动中以提问的方式进行解释。有些时候，成员会对领导者的解释提出反驳，但这并不代表是出于成员的反抗或只坚持自己的观点，也可能是由于领导者的解释不够准确。因此，运用提问式的解释，既能够帮助领导者更好地掌握成员想要表达的信息，也能帮助成员通过领导者的提问逐步理清自己的认知观点。

解释的技巧主要有以下几种：

（1）来自各种不同的理论。

（2）根据领导者自身的经验、实践与观察进行解释。针对成员的不同问题，领导者可以创造出各种不同的解释，使成员能够从一个新的角度来认识自己和自己的问题。

（3）选择适当的时机。解释得太早，成员或会习惯依赖领导者给出的答案和意义来思考。最好的解释时机是在成员迫切想知道答案的时候进行解释，而且以提问方式来进行，并且留出机会让成员评价解释的正确性。

（4）注意解释不能强加于成员，最好在成员有足够的思想准备时再进行解释，否则，可能会造成成员的反抗或封闭自我，使其自我防卫更严。

【举例】 领导者：“今天团体进行了20分钟，大家看上去都很积极，但是谈论的内容却是与团体主题无关。这是否与大家对这个主题不感兴趣有关系？”

三、反馈

反馈也称回馈，给予反馈是团体最重要的、最有效的技术之一，是领导者基于对成员的行为观察和了解，表达对成员具体及必要的反应，以利于成员利用这些信息改变自己的行为。

反馈具有以下两点意义：

第一，反馈就是为成员提供自己或其他成员如何看待问题以及如何处理问题的信息。这种技术可以为成员提供多种感知思维模式。

第二，反馈是成员在团体中学习的重要资源。领导者帮助成员从其他成员的语言和非语言行为中获得有价值的信息，是促进团体积极互动的有效策略。团体中每个成员的语言和非语言行为包含两类信息：一类与交流内容有关，另一类与成员人际关系有关。语言与非语言行为的内容表达了成员想什么，后者反应了进行交流的成员之间的人际关系与交往风格。

在带领团体时，领导者要注意以下几点：

（1）反馈的时机要适宜，尽量使用非判断性的语言。

（2）反馈也可以是成员之间自发地互相给予，也可以由领导者邀请成员给予。

（3）领导者通过对成员行为的观察和了解，应适时地表达具体与必要的反应，也要避免过度介入或中断成员的分享。其目的是增加当事人的自我觉察，协助所有成员的自我开放。

【举例】成员A：“我觉得自己没目标，不知道自己想干吗。”

成员B：“A，其实我还蛮喜欢你坦率的性格和对人的真诚，我自己在这一点上就比不了你。”

领导者：“B把自己的看法告诉给大家，A愿意把他的烦恼说出来，足以证明我们的团体是多么的温馨，相信A也想听听其他成员的意见。哪一位愿意说说看呢？”

四、自我表露

自我表露也称自我开放、自我揭示，指领导者在适当的时机有意义、建设性地分享个人的类似的经验、感受和看法。

（一）自我表露的技术

（1）表露的内容。领导者自我表露的内容必须与团体的主题有关，与此时此地成员关注的问题有关，同时，领导者也没有必要为了得到成员对自己的了解，或希望与成员获得共情而谈论自己的过去或者隐私。需要指出的是，领导者的自我表露不宜过度强烈而成为团体的焦点。

（2）表露的时间。领导者的自我表露时机选择要适当，最好事先引导其他成员进行自我表露。在团体活动中间或结束阶段，是自我表露的适合时机。

（3）如何表露。领导者的自我表露，除了分享一些个人的感受或经历外，也可以用非语言的方式来表示认同和理解，比如一个触摸、眼神或手势等。

（4）表露多少。在团体活动中，自我表露多少一直是领导者比较难把握的问题。过少的自我表露，会让成员觉得对领导者难以有所了解，双方维持着一种“治疗师与被治疗者”的关系；过多的自我表露，则会使领导者与成员混淆了各自的角色和职能，以为可以通过自己的私事来拉近与成员之间的距离，却反而使团体辅导无法产生良好的效果。

（二）自我表露的主要作用

（1）有助于个人或团体经验的分享。

（2）有助于建立和发展信任、坦率、开放的团体气氛和咨询关系。

（3）给成员一种示范作用，领导者向成员示范在团体中可以分享的深度，以促进当事人或团体成员进行自我剖析和自我表露。

（4）营造团体基调的重要方法。

（三）自我表露的类型

领导者的自我表露可以表达会谈当时的个人感受，也可以谈自己过去的经验或经历。自我表露的内容有正负之分，即积极的、肯定性的经验和消极的、否定性的经验。因此，自我表露包括四种形式：现在积极的、现在消极的、过去积极的和过去消极的。

【举例1】示范性自我表露

领导者："现在，我们把在将来的生命中最想做的三件事写下来，然后，我们开始分享。我先示范如何做这种分享。在我生命中最想做的第一件事是有一个健康的身体，因为从小我就经常生病，还做过一次大手术，父母为我担忧不少……"

【举例2】过去积极经验的自我表露

领导者："A，我能体会你当时的那种感受，我接到高考录取通知书时也十分高兴和自豪，恨不得告诉每一个人：我考上了！"

【举例3】过去消极经验的自我表露

领导者："B，我能明白你失去至亲的感受，当我亲人去世的时候，我也是悲痛万分，一时间实在接受不了。"

【举例4】现在消极经验的自我表露

领导者："C，我现在的确感到有些失望，上次活动留下的作业你答应会在今天的团体中跟大家分享，但今天却还没完成，不过我想你也许有自己的想法或原因。"

【举例5】现在积极经验的自我表露

领导者："D，你把一直不愿提及的事情跟大家分享了，我也很感激你对我的信任，也为你的勇气感到高兴和感动。"

五、促动

促动也称为催化，是协助团体成员增加有意义的互动技术，也是贯穿团体心理辅导整个过程的技术。促动是指团体领导者采取言语、非言语等行为，如热身、破冰，或介绍重要的资料给团体，促使团体成员进入团体的工作情景，开展团体动力的一种技术。在团体辅导过程中，资料的提供极其必要，包括程序的说明、各种指引以及与团体辅导有关的知识介绍。

促动团体的方法有以下几种：

（1）协助成员呈现恐惧、忧虑等负性情绪。

（2）营造安全、信任和接纳性的团体气氛。

（3）邀请成员参加团体活动。

（4）减少成员对领导者的心理依赖感。

（5）支持成员的分享。

（6）鼓励焦点成员公开对话。

（7）适时适当地使用团体活动。

【举例】 在成员A分享完生命中最难忘的事情时，领导者与成员一起肩搭着肩，借由磁性的声音、音乐引导成员用心感受生命的美好，对拥有的东西学会感恩。（注意音乐的选择、音量的控制、辅导室的灯光、音响的效果等物理条件的准备）

六、阻止

阻止是领导者运用言语、非言语行为，防止成员在团体中出现不适当的言语与非言语行为，并非针对个人，也避免贴标签。

在带领团体时，领导者有责任提供有效的互动环境，避免成员在团体中受到伤害。“阻止”的行为来自于领导者的敏锐观察力、适时的反应及避免形成攻击，以免造成保护了某成员却又伤害另一成员的现象。有时也可运用团体来规范达到“阻止”的效果。当成员出现垄断团体、攻击他人、干扰耳语、不当支持、闲聊、泄密、侵犯隐私等行为时，领导者应当用坚定但温和的语气加以“阻止”。

【举例1】 领导者：“在团体成立的时候，小组就彼此立了契约，不对他人的分享加以指责，我们要尊重彼此，专注倾听。”（正面阻止）

领导者：“A，你说的太多了；B，换你说。”（错误阻止）

【举例2】 成员A：“B今天缺席团体活动，又没有向组长请假，好像不属于我们这个团体似的，肯定又说自己忙，没时间参加活动了”。

领导者：“B今天没有来是有点意外，大家有一些情绪想表达也是可以理解的。但她真正缺席的原因还不清楚，建议大家不要做没有根据的猜测，这样不适合。我们可以在团体下次聚会时再当面与她讨论，请她告诉我们。还有，她今天不在，我们先不谈论她的事情，我们需要等她在时，直接与她沟通。”

七、鼓励和支持

鼓励与支持是指领导者对团体成员的一种接纳态度和能力。这种态度和能力对于协助成员处理面对新情景的焦虑以及成员间真诚分享个人想法或感受，很有价值和意义。

支持必须建立在具体的事实、情感、行为的基础上，不能言不由衷。成员在面临自己的心理困扰的初期，往往会表现出怀疑、抗拒或回避心理。成员会担心在别人面前的表现很糟糕，有时会害怕进行真实的自我表露，表现在行为上就是不愿向领导者表达内心的困惑，不积极参与团体。当成员表达意见、团体动力出现正向或负向发展时，领导者应适时给予支持，特别是成员分享个人内在深层次感受与痛苦经验时，领导者需要主动提供鼓励和支持，协助成员释放不必要的焦虑和担忧，让成员感到安全并有信心和勇气继续参与团体活动。但领导者的支持不是形式化的外交辞令，而是辅以非口语专注行为及人性化的尊重，从而激励当事人，增强自信，开创和谐的团体氛围，凝聚成员的向心力，并产生学习迁移和人际示范的作用。

领导者传递鼓励和支持信号的方式有：

（1）语言通道的鼓励和支持。例如，领导者说：“人们在团体中可能会有些紧张，不过当我们彼此有更多地了解或清楚团体是什么时，这种感觉将会慢慢地消失。”

（2）非语言通道的鼓励和支持。例如，温和的声音、点头、微笑、愉悦的面部表情、开放接纳的身体姿势等。

【**举例1**】领导者：“今天通过A的分享和大家的反馈，让我很感动，因为大家是那么用心、关怀，彼此互相信任，如同知心朋友一样……现在让我们每个人都走到成员的面前，握着他（她）的手，说一句衷心感激的话。”

【举例2】领导者：“B，给自己一点勇气，我们每个人都支持你，只要跨出这一步，你就能直面自己内心的矛盾。”

【举例3】领导者：“C，今天在团体中你跟我们分享一些私人性问题时，感到困惑、害怕、犹豫，但我们每一个人都在认真地倾听，我们都在尝试彼此帮助和支持。”

八、非语言反应技术

在团体心理辅导中，团体的参与并非只是说和听、问和答，人们不仅用口头语言说话，还要通过非言语的表情、声调、姿态、手势等进行交流，即非语言反应技术。团体心理辅导是言语内容和非言语行为交互作用而达成的，许多时候，非言语行为所表达的信息比言语表达的信息更多、更准确、更真实。

领导者运用眼神、表情、距离、动作及姿态等非言语行为显示对成员的暗示和关怀，加强成员的示范性学习和自我开放。但运用该技术时要慎重，不宜滥用、误用，必须考虑性别、场合和适用时机。要避免只专注于少数人，以免形成团体的派系裂痕或使成员产生特殊心态。

（一）眼睛的运用

眼睛的运用作为非言语性活动是交换信息和表达情感的重要手段。领导者在带领团体的过程中，需要了解如何运用眼睛来收集有价值的资料、邀请和鼓励成员向团体发言、制止成员谈话。具体内容如下：

1. 领导者要注意自己的目光

领导者与成员在会谈时，常会有目光的接触。通常领导者注视成员，表示对他的谈话感兴趣，而当领导者讲话时，与对方视线的接触则会少些。一般讲话多的人比听话多的人更少注视对方。如果一方开始说话了，就会先把目光从对方身上移开，说话结束时，又会重新注视对方。视线的接触在会谈时因谈话的内容、气氛、场合、辅助关系等，有不同的反应和表现形式。领导者应注意自己的目光，如果对方谈话时，你却看着别的东西，或者东张西望，目光游移不定，就会妨碍成员继续表达。目光的使用怎样比较合适呢？一般情况下，当你倾听对方叙述时，目光可直接注视着对方的双眼，目光注视的范围以对方的面部为宜。另外，目光不要始终注视对方，如发现对方有意避开目光接触时，就不要继续紧盯着对方。

2．领导者要注意团体成员的目光

团体成员的不同非语言反应传递着不同的认知或情感信息。一般来说，点头表示赞同，摇头表示不赞成，面部表情可显示出成员有类似的经验，或在某方面与该话题有正面或负面的关联，也可能指出不赞成、心理困惑或其他领导者也许希望澄清的反应。

（1）注意流泪的成员。

成员流泪对领导者来说是非常重要的线索。当成员谈话或倾听其他成员谈话时，有时可能会泪水在眼眶里打转或突然哭起来，这往往意味着成员有强烈的痛苦感受。领导者要直接处理、或选择只认知这种情形、或决定予以忽视，因此需要根据团体的目标、剩余时间、谁流泪、流泪的可能原因等因素来综合判定。团体成员经常通过他们的坐姿或肢体移动的方式来表达自己，团体内成员肢体移动经常意味着成员的心里困惑、无聊或不开心，成员的身体前倾暗示着其可能想要发言。

（2）眼睛只看领导者的成员。

领导者要善于鼓励和提醒发言的成员面对整个团体来说话，这有利于引起成员的参与兴趣并建立团体凝聚感，具体方法有：①明示法。告诉成员希望他们发言时能看着每一个人，而不只是看着领导者；②解释法。对成员解释你不会在他们发言时一直注视他们，因为你需要不时地环顾整个团体；③示范法。发言成员能够跟随领导者的眼睛来环顾整个团体，因为发言的成员倾向于寻求目光能与人接触，如果领导者扫视整个团体，发言的成员也往往会看团体的其他成员；④动作暗示法。领导者借着挥手的动作告示成员面向团体说话，这个挥手的动作包括将你的右手向你的左肩，然后再慢慢地、或多或少地将手带向你的右边。

如果领导者忽视团体成员的非语言反应所传递的信息，可能会造成一些困难或问题。因为领导者从未把目光停留在暂时没有说话的其他成员，而使其可能感觉受到排斥；领导者无法知道大多数成员对刚刚所说的会如何反应；领导者不知道谁想接着说；其他一些成员可能对团体失去兴趣，因为那位成员仅仅是在对领导者一个人说话。

3．利用眼睛邀请或截断成员发言

一般来说，有以下三种常用的方法：一是通过目光接触来鼓励成员参与和分享，或做点头状，邀请暂时还没发言的成员发言；二是领导者在对整个团体演说的同时，有意识的地注视某些成员一段时间；三是领导者可以故意避免成员的目光来截断某些成员的发言。在带领团体过程中，领导者会发现有些成员无论谈论什么内容或主题都倾向于第一个发言，而且该成员的谈话相当消极、冗长。面对这种状况时，领导者可以运用目光来控制多话的成员：当开始提出问题时，目光在多话的成员身上，然后缓缓的转移目光到其他成员，而当问题说完时，则应将目光全部离开多话的成员。

【举例】领导者："A，我看到刚才在B和大家分享的时候，你一直若有所思的，是不是你也有相似的经历或感受，愿意和大家一起分享吗?"

（二）形体动作

人的姿态、手势是极为丰富的，是一种特殊的身体语言。作为领导者在成员面前，总的原则应是使自己的身体语言融入团体心理辅导过程中，以利于团体心理辅导的开展。比如，会谈时，辅助一些手势能加强言语表达的含义。但会谈不是讲课和演讲，因此手的动作不宜过大，也不要对成员指指点点。还有，在倾听成员谈话时，应使自己面向对方，身体略微倾向于成员，并用点头示意等表示对对方的注意和肯定。另外，在成员面前不必正襟危坐，但应注意姿态端正，不宜过于随便。如有些领导者在成员面前跷起腿，这是可以的，但如果跷起的腿不停抖动，让成员心烦意乱就很不合适。总体原则是在会谈中，身体既要真正表现出自在自如，又要表现出对对方的真切关注。

（三）声音技术

声音特征指说话的音量、音调、语速、语气和节奏等。这些特征的变化，对团体心理辅导关系的建立和辅导效果均会产生影响。成员在听领导者讲话时，说话的内容对成员来说是理性化的，而从声调、语气中他可以感受到某种情绪和态度，而且由此诱发出成员自身的态度和感情。那么，作为一个领导者，其声音能否让对方感到舒服、顺耳、温暖，就特别需要注意了。例如，当成员进入辅导室开始团体活动的时候，领导者语言表达的内容是欢迎和关心，但声音却是淡漠和敷衍的，此时，成员可能更相信声音的含义而不是语言的意义，因为语言比声音容易作假。只有对成员真切地关心和尊重，团体活动中辅导的语言才有灵魂，说出的话才会激动人心。

声音对团体基调设定的作用。领导者通过自己的声音、谈话的内容、语调来传递其带领团队的方式：有力、控制的声音意味着领导者将执行每一件事的决心；坚定、关怀的声音则表现出负责、推动的领导者角色；严肃或轻松的声音适用于任何团体、教育团体和讨论团体；关怀和鼓励的语调适用于支持、分享的团体；温暖、鼓励的语调则能帮助害怕的、困扰的或退缩的成员。

声音对团体步伐的作用。领导者说话的声音不要太大，以等于或低于成员说话的音量为宜；一般来说，在新团体成立或每次团体开始时，领导者的音调是激发团体兴趣和活力的关键因素。说话速度快的领导者会影响成员也提高语调，加快团体进程；说话速度慢的领导者会影响成员放慢语调，会使团体进程缓慢，尤其是当成员十分激动而语速加快时，领导者的语速更应减缓，以使对方平静；语调要有些抑扬顿挫，不要太平淡单调。还有一点，应注意使用停顿，以引起成员重视，使其集中注意力，进行领悟和思考等。

【举例1】领导者：“（轻柔、缓慢地）现在我们每一位成员都仔细思考一下，在过去的生命时光里，我们最难忘的三件事是什么？需要感恩的人是谁？（稍作停顿，语调放得更慢一些）我们在里面获得的又是什么？”

【举例2】领导者：“（声音稍微提高，面带微笑，表现出真诚、有活力）欢迎大家来到第三单元的团体辅导，希望今天的活动能再次为大家带来新的体验和收获。”

（四）距离和角度

会谈时，与成员之间的空间距离和相对角度也是一种重要的非言语行为。每个人都有一个无形的空间，以保持自己的独立、安全和隐私，一旦他人侵入这一空间，成员就会出现不安、焦虑、不满和反抗。团体活动中，小组成员与领导者相距太远会使成员缺乏安全的感觉，或过于凸现领导者的地位，形成一种从属的感觉；相距太近，又会使成员感到局促不安。彼此距离的适宜性，应视具体情况而定。例如，室内和室外、同性和异性等就有区别。一般来说，距离不宜太远，接近一些较好。当然，所谓远近的距离，应以成员觉得合适为宜。如果小组内有两位领导者，则应该坐在彼此的对面，这样可以从不同角度观察组内成员。同时，两位领导者不宜坐在一起，即一位领导者坐在另一位领导者的旁边，这样同样会过于凸现领导者的地位，使成员感觉是听从指挥，而不是彼此公平地分享和交流。

（五）沉默技术

这里的沉默技术，与处理在团体中沉默的成员的技术不一样，是指领导者节制自己的语言行为，以专注的态度来运作团体。

当成员沉默、思考或过度依赖时，领导者也可运用沉默来响应团体，静观其变，以非言语行为观察团体。沉默技术的功能表现在：

（1）有利于促使成员的自我觉察。

（2）提供反映领导者状态的信息给团体。

（3）固定团体焦点。

（4）协助成员开放自身资源。

（5）促进情绪性紧张信息的团体整合。

第三节　行为技术

目的：促成成员积极的行动。

一、开启

开启技术也叫做起始技术，是领导者用来在适当的时机介入，以言语或非言语行为及活动，让成员进入活动状态的技术。

良好的开启技术可以避免团体丧失方向，主要包括调动成员聚焦于活动中，运用各种技术促进成员进行深入的自我探索，从而将每个单元的活动衔接起来。

开启技术的应用时期有以下几种：

（1）团体开始之初，即团体形成时或每次活动开始时。

（2）团体发展动力出现停滞时。

（3）团体从一个方向转向另一个方向时。

（4）有时也运用在团体活动开始时领导者的开场白及正式活动前。

开启技术有助于提高团体过程的效率以及团体动力的形成，避免团体不必要的迟缓、慌乱及折腾，引发成员的参与热情，并转化为积极的团体动力。

【举例】领导者：“刚刚考完试，从大家的表情上看得出大家都很用功，来，我们一起站起来，为大家说一声‘加油’来鼓劲。”

二、询问

询问又叫做提问、发问，是一种重要的技术。领导者有技巧地询问，有助于引出成员更多的讨论，获得有意义的信息，刺激思考，增进沟通及会聚焦点，以提供成员自我探索方向。轰炸式、无效、低质量的提问，均会对团队产生负面的影响，成员会以领导者的这种提问方式作为榜样，在彼此之间进行提问。

询问的作用有以下几种：

（1）巧妙的询问可以邀请沉默或冷淡的成员参与进来。如“让我们来听听至今还没有发言的成员的声音吧”。

（2）可以使成员意识到提出的问题很重要，以促进其积极思考；可以缓和意见冲突，如“我们评论的目的是什么”。

（3）可以促使成员集中注意力。如“已经听了很多解决办法，有没有人能做一下总结”。

（4）可以引导成员深入思考，引导成员自我探索，明确成员个人可以改变的领域。如“如果这一现象发生在你的身边，你会怎样处理呢”。

另外，询问主要包括了开放式询问和封闭式询问两种。封闭式的提问，使成员只能以“是”或“否”做出反应，这样不利于成员对自我更深入的探寻。因此，在团体心理辅导过程中，领导者应尽量使用开放式语句引导成员对自己的行为的内涵及原因进行自我探索，从而增进自我了解。如“你现在有什么感受?”“你如何减少在刚开始时参加团体活动的焦虑?”同时，领导者要注意询问的内容，提出的问题需要与成员的自我资料有关，如成员生活状况，成员的愿望，成员愿意冒险并承担责任的内容等。

【举例】成员 A：“最近我感到压抑，什么都不想做，很多事情压在一起，让我喘不过气，我很想逃避。”

领导者：“能不能说说你从什么时候开始出现这种情况，有些什么事情发生了吗?”

三、面质

面质又称对立、对质、对峙、质询、正视现实等，是指领导者指出成员在态度、思想、行为等方面或相互之间的矛盾，是促使成员真实地看待自己的有效手段。成员在辅导过程中可能会表现出言行不一致，理想与现实不一致，前后表述不一致，感受与结果不一致等情况。对此，领导者要通过询问技术，协助当事人面对自己的矛盾之处。面质常被当作冷漠的抨击，因此，领导者应只对明显得到了他们关注的个体进行面质，同时，还要留给受面质者足够的时间去考虑领导者所说过的话。面质的意义在于促进来访者对自己的感受、信念、行为及所处环境进行深入了解，协助成员面对自我扭曲、否认、逃避及矛盾的行为，鼓励他们放下思想包袱，面对现实，实现协调统一。

（一）面质的类型

S. Murgatroyd 将面质分为三种类型：①成员的现实自我与理想自我的差异；②成员的思维、情感与实际行动之间的差异；③成员自己的体验与领导者对其体验印象的差异。

美国资深心理咨询家 S. Commier 和 B. Commier 认为，在团体历程中，焦点成员出现六种信息混乱或矛盾时，领导者应给予面质。这六种情况一是言语和非言语行为；二是言语信息和行为；三是两个言语信息；四是两个非言语信息；五是领导者与焦点成员，或两个成员之间；六是言语信息和情境。

（二）面质的运用原则

面质的运用具有高难度和高压迫性，面质若运用不当，会使成员感到受攻击或受威胁，所以面质时领导者要注意做到以下几点：①避免带有审问的语气；②以一种鼓励的语气要求对方重述问题，以事论事；③解释为什么要使用面质。因此，Gumaer（1984）认为面质必须注意下列原则：

（1）面质要具体而正确。

（2）面质要强调此时此刻，不要翻旧账。

（3）面质须在关系建立后进行。

（4）面质须对成员有足够的了解，应避免领导者的个人成见，它不是一种惩罚。

（5）面质成员有能力改变的行为。

（6）面质时态度要关怀尊重，体现助人的意愿。

（7）面质应该是建设性的，不应带有敌意、歧视、嘲笑等态度。

（8）面质应当和支持结合起来使用。

（9）态度和蔼，语气明确。

（10）面质后，要更加专注于倾听成员的说明。

【举例 1】批评消极性面质

领导者："团体活动已经进行了三次了，但你却从来没有向大家真正敞开心扉，只是做一个旁观者。"

【举例 2】建设性面质

领导者："我观察到你很少在团体活动中发言，我很想听听你的发言。我想知道是否你的沉默对你来说很合适，或者是否你很愿意再说点什么？你是否觉得有什么东西妨碍着你表达自己的感受和想法。"

【举例 3】推卸责任的面质

领导者："当你东拉西扯一些题外话时，你的这种行为确实让我很生气。"

【举例 4】承担责任的积极面质

领导者："当你的谈话偏离我们的主题时，我变得不够耐心，而且有点生气。"

四、截断技术

截断技术是指领导者以非惩罚性的方式来终止成员的谈话，以使团体朝预定方向前进的技巧。

（一）针对漫谈者的截断技术

在团体中有时会出现这种现象，团体焦点集中在一个成员身上，而这个成员或在漫谈，或离题太远，或避免做更深层次的自我探索。这种情况明显地影响到其他成员，领导者如果不予阻止，将会扼杀其他成员的能量与热情。对此，领导者要根据团体计划选择三种可能的策略：

1．以漫谈者为焦点截断谈话

以漫谈者为焦点的截断谈话的具体方法包括：领导者可以提出一些问题，请漫谈者予以澄清；邀请漫谈者作深入的自我探索活动；从漫谈者开始做团体的绕圈发言，或请漫谈者分别走到其他成员面前说一些话；邀请其他成员给予漫谈者反馈性建议；邀请成员扮演漫谈者。

2. 以漫谈者的话题为焦点截断漫谈

截断漫谈者并以漫谈者的原来话题为焦点。领导者有时需要将焦点集中在漫谈者所述的话题上，以避免成员产生被阻断的感觉。

3. 截断漫谈并换人换话题

如果漫谈者所述主体与团体目标相冲突，或团体活动临近结束时，领导者就需要通过换人与换话题来切断漫谈，并重新引导团体的进行。

【举例】领导者："A，刚刚你谈到了爱好、兴趣和厌恶的事情 ，但却没有告诉我们为什么有这样的兴趣爱好和厌恶的事情，能跟我们分享是什么对你产生这样的影响吗?"

（二）针对团体目标的截断技术

当成员所谈意见和团体目标有冲突时，或者团体正在讨论一个没有实质性意义或无关话题时，领导者需要利用截断技术来重新聚焦团体讨论的主题。

【举例】领导者："大家看来都很积极地发言，但是发言的内容好像与今天的主题不太相关，是不是大家都觉得对今天的主题不感兴趣，而刚刚所谈到的内容更为重要呢?"

（三）针对争论的截断技术

在团体活动中，当讨论到某一主题时，有时会出现两个成员为坚持自己的观点而产生争论，或几个成员在某些事情上有一致的看法而与其他成员互相争论，当这种各持己见的争论持续下去时，会影响团体的氛围和力量，因此，领导者需要做出适时的截断，以避免成员间由讨论变成攻击。

【举例】领导者："刚刚 A 谈到自己不赞成在大学期间谈恋爱，认为这样会影响学习，而 B 认为在大学里谈恋爱是个人的一种成长经历，不能成为影响学习的必然原因，这是他（她）们对大学里谈恋爱各自的看法，那么，其他成员的想法又是怎样的呢？不如我们现在听听其他成员的想法吧。"

五、引导技术

引导技术也称为引话，一般用于较为沉默或害羞的成员。领导者在团体中使用引导技术的目的在于：①使成员更好地参与到团体中；②协助那些在团体中分享、表达有困难的成员，使其从交谈中获益并提升自信心；③领导者希望团体进行更深层次的自我探索；④团体焦点转移、保持的一种有效途径。领导者使用该技术的关键是对团体的准确判断，引导时要注意让成员感到自己的发言很重要，切勿逼迫成员，以免他们因为紧张而更加退缩。

（一）成员沉默的原因

1．恐惧心理

成员出于担心、害怕他人的看法或评价，从而在团体中表现沉默，即使心里有想法，但也不敢表达。要引导这些成员发言，关键在于协助成员觉察自我预设或想象的团队反应的非真实性。

2．对团体的信任感不足

成员由于对团体的信任感不足，感觉不到被他人理解和接纳，感到与成员的沟通存在隔阂，因此选择沉默，不表达自己的想法。领导者可尝试给予成员更多的关注，以帮助其融入团体，使其逐步建立信任感。

3．正在思考与体验

成员沉默的一种情形是成员在思考或体验团体的活动。这种沉默是正面和有意义的，指成员需要反应与思考的时间，但要防止拖延的时间太长。领导者可通过成员的面部表情来判定，并可借助于点头、手势、口头的陈述来鼓励成员发言。

4．人格因素

有些成员天生文静，善于倾听多于表达。领导者需要有足够的认识和认真的评估，不能对较沉静的成员与喜欢表达的成员一视同仁。如果会使这些成员感到不舒服，则不需要尝试引导其发言，否则可能会导致他们退缩而更加沉默。

5．心不在焉

在团体进行过程中，有些成员的心思会放在团体之外的事情上，领导者应邀请这些成员谈谈他们正在想的事情，这样会有助于他们将注意力转回到团体中。

6．缺乏心理准备

成员沉默可能因为缺乏心理准备，尤其当成员没有完成在上一单元团体所布置的作业时，则无法参加这次活动。对此，领导者可询问其没有完成作业的原因，以激发成员完成作业的动机。

7．厌倦感或困惑

当团体焦点没有趣味，或已经停留在某个成员、主题上太久时，成员将会感觉到厌烦而表现出沉默。面对这种情况，领导者要及时调整团体焦点来打破沉默。当成员感到困惑时，可能会行为退缩或对领导者产生不满情绪。领导者需要洞察这种沉默，并引导成员作出改变。

（二）对沉默成员的引导技术

一般来说，引导沉默成员发言的方法有：

（1）直接询问法：领导者直接询问成员是否有话要说。

（2）活动倒入法：运用配对、绕圈发言、书写活动。

（3）肢体语言倒引法：领导者借由简短的目光接触邀请成员谈话，再借由目光转移给成员隐退的空间。例如，领导者同时邀请二三位成员发言，然后注视其中一位愿意表达的成员。

【举例】领导者：“刚才 A 对自己的自画像进行了分享，B 也告诉了我们他的一些有趣经历，接下来哪一位成员想分享呢？不如由 C 开始吧。”

第四章　大学团体心理辅导过程中常用的技术（2）

第一节　活动方案的设计技术

团体心理辅导是运用团体的情境，设计出活动、课程、内容等，用来预防个体在各自发展的阶段中，因碰到各类问题所引发的一般性困扰。柯比（J. H. Kirby）对团体心理辅导下的定义是："团体心理辅导是一种有系统的辅导计划，强调辅导预防的一面，计划的内容以发展中的个体一生中可能面临的关键事件为主题。"例如，以进入新学校的最初阶段来说，大学生有关人际关系、异性交往或职业生涯规划等课题是其发展过程中共同关心并普遍感到困扰的，可以用团体心理辅导的方式来协助他们获得有关的正确知识和资料，使之建立正确的观念、认知及健康的态度与行为，属于知性的传导。在校园中，领导者一般可由老师或辅导员担任。在方法上，除了课堂口头教授外，还可借助教学媒体，如影片、图片、录音带、文字资料或是采用各种团体讨论的方法；在人数上，可以以班为单位，也可以招募形式进行。这就要求团体领导者在开始团体心理辅导之前对方案的设计要尽量配合人员和目标进行。

一、方案设计的步骤

（一）确定参加的对象

首先，应对参加的对象要有所了解。例如，他/她是怎么样的人，有何特质，有何需求，他/她的思路体系、价值观念及行为模式如何等等。对这些信息越了解，就越有助于设计时活动的选择与运用。例如，对于大学生团体而言，时间的安排或活动的选用均不同于小学生。此时，可借用需求评估量表获得较为客观的信息。

（二）制定团体目标

团体要做什么？要达到什么目的？制定团体目标时需把握具体的原则，用行为描述，而不是概念性的叙述。含糊、抽象的目标使设计工作的方向不明确，使评鉴标准不具体，都会影响效果。例如“促进良好的人际关系”，不如“协助成员探索自己人际关系的障碍，并学习有效的人际态度与技巧”具体，这样的目标使团体领导者在设计时，更能掌握设计重点。团体领导者在制定团体目标时，是否明确、具体，涉及其对个体行为、态度的形成及其改变历程是否了解。比如说，一个人的良好人际关系的建立过程是如何形成的？和哪些心理或环境因素有关？如自我概念、人的非理性想法、沟通技巧等。对所要处理或讨论的课题应有相当的认知与经验，否则，不但在目标制定上，而且在整个方案设计上都会很困难。

（三）如何达到目标

如何设计与进行，以创造团体经验引导成员参与而达到目标，这是设计的重点之一。根据上述的参与对象的性质及团体的目标，选取最有效的方法来达成目的。在这一步骤中，有许多层面的因素要同时考虑及计划。具体如下：

（1）团体进行的时间与场地。不同目标、不同对象的团体所需要的时间不同，不但每次聚会时间长短不同，如大学生的团辅一次聚会以两个半小时左右为宜，若时间太长，则兴趣、体力、耐力可能都会不足，若太短，可能没有涉及核心问题就已面临结束，而且整个团体的时间也会因团体性质与目标的不同而不同。一般来讲，任何其他性质团体的时间比治疗性团体的时间都要短些。场地也因团体大小、性质、内容而有不同需求，如需运用演剧方式或纯粹讨论性质方式，场地空间或设备的需要就不一样了。

（2）成员甄选。影响团体心理辅导进行得顺利与否的因素很多，其中成员就是重要因素之一。成员参加的动机、期待、心理特质，都会影响到团体的动力与结果，因此，选择适当的成员参加是非常重要的。例如，为害羞者组织的人际关系团体，所谓“害羞”的甄选标准是什么呢？是由领导者或甄选面谈员主观认定的呢？还是根据害羞量表来确定呢？这是在设计方案时需要考虑，并且进行规划的。

（3）设备与材料。团体的进行是否需要某些设备，如录像机、录音机、桌椅等材料，如心理测验表、书籍、文具等，均需于设计方案时考虑到。

（4）内容与方式。它是指整个团体的内容与进行的方式，包括活动的设计。例如，8次、共计20小时的人际关系团体心理辅导，每次的目标、内容，以及以怎样的方式或活动来进行，方可达到目标。在设计时要同时兼顾两个向度：一是主题内容（content）向度，二是团体发展的过程（process）向度。

以人际关系团体心理辅导为例，其内容可以包括自我概念、人际“迷思”、沟通技巧、自我肯定等主题，但在设计时不能随意安排这些主题，而需考虑彼此的关联性、次序性。除此之外，尚需考虑团体发展的过程。在不同的发展阶段，其团体气氛、动力不同，在设计时需要根据不同的气氛、动力情境，选取适当的活动或方式来进行，否则会产生格格不入的情形。以自我探索为例，在团体初期，成员间的信任尚未完全建立，设计时宜选用较安全的活动，以较表层或“公众我”的部分为探索重点。随着团体发展进入凝聚阶段，信任建立，互动良好，主动参与等探索重点可以放在较“私密我”的分享中。而到了工作生产阶段，就可以探讨如何开发自己的潜能，朝向目标前进。这样配合团体发展过程，把主题内容设计进去，才能有效地进行团体活动，最终达到目标。

另外，在每一次团体的内容设计上，要把握住它的目标，在有限的时间里制订最有效的计划。每次团体虽然都有主题，但一般而言，很少有团体一开始就切入主题的，因为成员可能尚未准备好或气氛仍未活跃起来，不易马上进入主题。很多领导者都会在每次的团体中安排三部分活动：起始部分，即热身活动，或称解冻，把成员导入活动状况，转换情绪，带动气氛；主要部分，即与此次团体的主题或目标有关的主要活动；结束部分，回顾此次的学习、回馈或作业交代，甚至完成未完成之事的结束活动等。

(5) 协同领导者的邀请与讨论。是否需要协同领导者？其背景、经验或心理特质如何？双方的搭配及协商准备工作如何？这些问题在设计时都需列入考虑范围。

(6) 评鉴方法。团体设计时，也需把评鉴方法列入考虑。团体活动方案的设计是否达到预期效果，要靠评鉴才能知晓，因此在设计时要考虑评鉴的标准是什么，由谁来评鉴，以及用什么方法来评鉴等。

(7) 团体活动方案设计的原则。团体心理辅导在设计上经常运用结构性的活动，在运用或设计时需注意如下问题：

第一，选择领导者熟悉或感受较深的活动。如此才能掌握活动的细节，深入了解其内涵，从而获得较好的效果。

第二，把握目标。针对并把握团体心理辅导的目标，活动设计应有连贯性，前后活动互相联结，其基本原则应是由易至难、由浅入深、由动作到思考、由具体到抽象，以引导成员循序渐进。

第三，安全原则。活动应注意安全方面的考虑，以免危害成员的身心健康。

第四，保持弹性。团体心理辅导的目的不是搞活动，活动只是工具，催化互动，增进体悟，因此不能死守着活动，而需根据团体状况的改变而调整活动内容，使其更适合，更有效。

二、方案设计的内容

方案设计是活动经营时一种有组织的行动计划，以确保活动的有效进行。一个完整的设计方案，应该包括以下内容：

（1）方案名称。名称应清楚明确，使人一目了然，能够了解团体的性质、目标，明确自己在其中的角色，并且理清思路，为融入团体做好心理准备。

（2）活动地点。要表示清楚，让参与者明确知道。

（3）活动时间。应有起讫日期，说明团体的常态性或密集性（每周一次），也应有每次的时长（一整天以上），说明团体的持续性。

（4）参加对象与人数。应说明对象的参加条件，为达成一定目标而组成的团体，参与人员需具备的特质或条件，应控制的人数范围等。

（5）活动方式与设计动机。要简要叙述活动的理论依据，让参与者能够更好地掌握团体的性质和活动的方式。

（6）设计目标。包括陈述团体的总目标、次目标、阶段目标和活动目标。

（7）活动资源。包括陈述活动的人力资源、物力资源和财力资源。

（8）活动内容。应简洁明了，让人感觉清楚易懂。

（9）时间配置。针对内容做出时间安排，应具体化。

（10）方案评估。说明分析鉴定的方法，以及所采用的方式和手段。

三、方案设计过程中的注意事项

（1）设计团体活动的目标和方式要考虑成员的熟悉度、个性、互动习惯等因素。

（2）设计成员的座位应考虑团体活动的大小。如小团体的活动，成员座位安排可以是钻石形、圆形、八边形和枫叶形；大团体活动，成员座位安排可以是扇形、小半圆形、圆形和大半圆形。

（3）设计时要注意人性哲学，包括团体成员的素质、价值观和文化观念等。

（4）设计时领导者要了解自己的特质、能力、偏好和领导风格。

（5）方案内各项活动的设计应具有一致性，注意前后连贯。

（6）活动选择应考虑成员的年龄、成熟度、需求、团体目的与预期的结果；应让所有成员都有参与的机会；活动应是领导者的能力范围和曾有的经验，还要考虑场地的适合性。

（7）方案设计要考虑成员的特性，如性别、年龄、表达能力、职业背景等因素。如小学儿童团体，可设计多一些动态性活动，中学或成年人团体可设计多一些静态性活动；同性团体可设计肢体性活动，两性团体可设计分享性活动等。

（8）方案设计要有弹性，还应考虑安全性。

第二节　跟踪和评估技术

一、跟踪与评估的概念和意义

（一）评估的概念

评估可分为成效评估（outcome or effectiveness study）及过程研究（process research）两种。成效评估着重研究有什么转变发生在成员身上，作为量度的焦点，这些转变是根据团体心理辅导目标而制定的预期转变（expected change）；过程研究则着重探讨团体心理辅导内有什么元素导致上述转变。以下将分别介绍两类评估的方法和工具。

（二）评估的意义

随着我国社会工作向专业性方向发展，评估工作逐渐受到重视和应用。对于评估工作的要求，一方面是基于对社会的问责性，为证明社会工作的成效和价值；另一方面是希望提升服务素质和专业水准。然而，对于前线工作人员而言，评估工作仍是一项艰巨的任务。有些工作人员认为评估工作属于学术研究，应交给学者去进行。而从研究使用者的角度看，就算评估工作设计严谨，除了能证明成效外，对改善实务工作帮助并不大，仍须凭借工作人员的临床判断，来改善团体心理辅导工作的技巧。

由于评估工作经验及文献有限，一般工作人员将团体心理辅导前后的测试作为团体心理辅导工作评估方式，以为达到测试、量度团体心理辅导的成效，便完成了团体心理辅导评估工作。其实，团体心理辅导工作评估的目的并不只限于成效评估。综合而论，团体心理辅导工作评估有下列两项主要功能：

1. 成效评估

成效评估是最基本和普遍的功能，通过事前事后评估，以量度参加者在完成团体心理辅导后的转变。

2. 指引实务工作

团体心理辅导评估目标之一是量度组员拟定的个人目标达成程度，这种评估并不限于在团体心理辅导完结后进行，而是可在团体心理辅导过程中不断评估，让团体心理辅导工作者掌握组员的进度，反映团体心理辅导治疗策略的有效程度，从而立即改善介入手法和技巧，使团体心理辅导更好地帮助成员达到个人目标。

二、评估的方法

（一）成效评估

一般团体心理辅导员在辅导完结时进行检讨，收集成员对团体心理辅导内容、工作手法、领导者的表现等意见，并以此作为评估依据。须指出的是，成员的意见确是评估的参考之一，但这些意见调查并不能反映成员的转变，更不能推断出团体心理辅导的成效。成效评估必须具备基线数据（baseline data）、有系统的评估方法和统一的量度工具。

基线数据是指成员在接受团体辅导前对被试进行几天的行为观察，这一时期称之为基线阶段，所获得的咨询称为基线数据。基线数据是比较成员转变的基础。在事前事后测试方法中，事前测试便提供了基线数据，对比事后测试的数据，以显示成员的转变程度。缺乏基线数据作为比较，我们便难以说明成员在事后测试中的表现是否经由团体心理辅导介入后产生的转变。

当然，就算有事前事后的测试，证明成员在团体心理辅导期间经历了转变，亦不能确定成员的转变是否由团体心理辅导导致的。因此，我们需要由控制组（Control group）提供另一组基线数据作比较。最简单的控制组设计如下：

治疗团体心理辅导　A—B

控制组　A1—X—B1

A、A1　事前测试

B、B1 事后测试

X 团体心理辅导介入

上述方式在设计方面虽是较严谨的，但在实际工作中却面临不少困难。

首先，所有参加者须清楚地知道自己参与了有关研究，并在自愿的情况下进行。控制组的成员亦须自愿接受三次测试。然而，这些条件在参加者不足的情况下难以进行，加上有些参加者不愿意或不适合等待一段时间才接受辅导，例如被虐妇女、男性施虐者、抑郁症病人等迫切需要接受辅导者，若因应研究的需要而牺牲即时辅导的安排，是违反专业道德的行为。要设计一个严谨的研究，控制组的安排不易完成。我们建议另一种较可行的方式：事前、事后及跟进评估。

（二）事前评估

事前评估可通过团体心理辅导开始前个别面谈方式进行，若因人手限制，可以安排组前迎新或训练的形式进行，总比在团体心理辅导第一节才评估成员的需要更佳。事前评估面谈有三个重要的功能：评估（assessment）、甄选（screening）及建立关系（engagement）。

评估方面，除了提供基线数据作事前事后数据比较外，还可让辅导员具体掌握参加者的问题，调整团体心理辅导的内容和策略，使之更配合参加者的需要。我们的经验是，尽管在宣传团体心理辅导时，已经就团体心理辅导的内容作了详细的计划，但当具体掌握参加者的问题后，应进一步调整，才能符合成员的特性。

事前评估面谈的另一目的是甄选合适的成员，正如 Yalom 所言，“好的团体心理辅导治疗从仔细甄选开始”（Yalom，1995）。事前评估须包括衡量参加者加入团体的迫切性。甄选的条件视乎团体心理辅导性质而定。一般而言，最重要的接纳标准是参加者对改变现况的动机、承认自己的问题并愿意对解决问题承担责任、相信团体心理辅导过程有助于处理问题；相反，若预期参加者基于某些原因，例如沟通障碍、与团体心理辅导目标不一致、精神问题等，而难以从团体心理辅导治疗中受益或难以参与团体心理辅导的主要活动时，应考虑转介其他服务。

第三个功能是辅导员与参加者建立互信的关系，寻找共同期望，让参加者感到辅导员明白他们的问题和需要，而团体心理辅导是对应他们的目标而设计的；建立起互信的关系，便能增强团体心理辅导治疗性的元素。

（三）事后评估

事后评估可通过个别面谈进行，主要是以事前评估中使用的量度工具再进行测试，然后比较事前事后的测试结果，显示成员的转变。在事后评估面谈中，还有三个功能：①收集成员对团体心理辅导内容、工作手法、辅导员表现等意见，借以改善服务质量；②巩固成员在团体心理辅导过程中的学习所得，将成员的转变归因于其所付出的尝试和努力，增强成员继续努力的信心和动力；③预防问题复发。辅导员须提醒成员在日后的生活中有机会再遇到类似困难，鼓励他／她届时不用担忧，可再次运用在团体心理辅导内所学习的方法和技巧面对困难，若有需要，可以再次寻求辅导。

（四）跟进评估

跟进评估与事后评估相似，运用同一量度工具再次进行评估。跟进评估可于团体心理辅导完结三个月、半年或一年后进行，目的是了解成员在团体心理辅导后的转变是否能维持或有所增减。若在一段时间后成员仍能维持转变，辅导员便能更有信心地证明团体心理辅导的成效。除了运用量度工具外，辅导员亦可了解成员在跟进期间有没有面对类似问题，是否运用在团体心理辅导中所学习的知识去解决问题，这样就更能掌握团体心理辅导对成员的帮助有多大。

三、评估的工具

（一）评估工具

在事前、事后及跟进评估中使用的评估工具包括：标准化量度工具（standardized measurement instrument）、目标问题评量（target problem rating）、目标达成评级（goal attainment scaling）及行为样本（behavior sample）。辅导员可按照团体心理辅导性质和人力资源，选取合适的评估工具。

1．标准化量度工具

标准化量度工具通常被应用于量度组员行为和心理状态。量表（scale）或问卷（questionnaire）是常被使用的工具，例如大学生人格问卷 UPI 等。在使用量表时须注意以下三方面：

（1）评估工具与团体心理辅导治疗目标的相关性。

最基本和重要的问题是选取的评估工具是否能准确量度预期转变的项目。例如，团体心理辅导若以处理情绪和抑郁为目标，则贝克忧郁量表（Beck's Depression Inventory）可以用以量度忧郁的程度；但团体心理辅导若以处理亲子冲突关系为目标，则需要用亲子冲突行为问卷。若目标具体，则选取的工具须更准确。因此，辅导员必须先具体确定团体心理辅导目标，才能选取合适的工具。

然而成员的转变可能是多方面和难以掌握的，尤其是初次举办的团体心理辅导。例如，家长组成员的目标是改善亲子关系，但当团体心理辅导完结时，成员不但学习了处理亲子关系，自己的情绪亦舒缓了，情绪转变未必是预期的转变，因此未能在事前评估成员的情绪或压力，以致未能量度出情绪的转变。由于未选取合适的量度工具，这次评估并不完全反映团体心理辅导的成效。在成员产生多方面的转变时，标准化的量度工具不可能记录所有的转变，辅导员积累了这些经验后，便能在下一次团体心理辅导开始前作更仔细的安排，以选取最适合的工具。

（2）量度工具的信度和效度。

信度（reliability）是指量度工具测量结果的可靠性，意即在重复使用中，均能有一致的表现。效度（Validity）则指量度工具的准确性，量度工具是否能准确反映预期转变。辅导员在选取量度工具时须先检视工具的信度和效度，以增强评估结果的参考价值。

（3）侵扰性（intrusiveness）。

在使用量度工具时，团体心理辅导辅导员必须考虑评估工作对参加者的干扰程度，问题过多的问卷均会对参加者造成不必要的滋扰，因此辅导员必须小心选择，让参加者明白研究目的，尽量减少使用专业术语，务求使参加者在乐意的情况下参与。尽管客观的测量很重要，但不应忘记成员才是服务的主要对象，他们在填写问卷时的情绪反应都需得到认真的对待。

2. 目标问题评量

若团体心理辅导目标是针对处理成员的问题，帮助成员提高解决问题的能力，则成员对于他们面对问题时的困扰程度的转变，可显示团体心理辅导的治疗效果。工作人员可以在事前评估面谈时，请成员提出不多于三项困扰他们的问题，并就每一项问题评分，七分为最困扰，一分为最少困扰，然后到事后评估面谈时，再就各项问题评分，看是否有所改善（见附录一）。此评估方法更能就成员切身面对的问题评估，当然，团体心理辅导的设计亦须对成员面对的困扰问题有所回应，若是如此，则团体心理辅导的设计更能以成员为中心。

3. 目标达成评级

此评估方法与目标问题评量相似，成员在事前评估面谈中列出不多于三项希望在团体辅导完结时达到的目标，然后在事后评估面谈时就各项目标评分（见附录二），评分标准如下：

+2 比预期中好得多

+1 较预期中好

0 预期之内

-1 较预期中差

-2 比预期中差得多

此评估方法以成员的目标和对团体心理辅导的期望为评估重点，而团体心理辅导的设计更须对应成员的目标和期望。选定评估的目标，可以是团体心理辅导整体的目标，当然，团体心理辅导目标须由成员共同参与制定，这种方法可应用于互助团体辅导或义工组。

4. 行为样本

在行为团体心理辅导或社交技巧训练团体心理辅导中，行为是转变的对象。因此，辅导员可以通过观察方法和角色扮演，获取有关成员的行为表现、沟通模式等资料，对特定行为的发生方式、频率或情境作系统的记录。获取行为样本的主要方法有两种：

（1）观察方法（observation method）。

若能在自然的环境中了解成员的行为表现，有助于辅导员具体评估成员的行为问题和需改善的地方。有关资料可通过成员自我观察、家人或辅导员直接观察所得。

自我观察主要是由成员注意自己在某一选定情境中的行为表现、想法和感受，并加以记录。自我观察可以通过实践练习（homework assignment）的形式由成员自行收集资料。例如男性施虐者在一周内观察自己发脾气时的次数、情境、行为及想法等。通过自我观察，除了获取行为样本外，更有助成员增强自我意识，加强自我控制感。

行为观察亦可通过家人进行，例如儿童团体心理辅导的成员可通过家长观察其子女的行为转变，当然，辅导员须事先得到家长的合作，而辅导员亦须明确给予指示，让家长掌握须观察的具体行为。若辅导员有机会在自然环境中观察组员行为，更可直接收集资料，例如参与青少年中心的儿童，他们在中心内与其他儿童会员交往的情况和沟通方式，有助于辅导员了解儿童成员的社交技巧问题。

（2）角色扮演（role-play）。

另一种收集行为样本的方式是角色扮演，辅导员可以在事前及事后评估面谈中，为组员提供一个行为表现的环境，成员可以通过角色扮演，将日常面对的困难情境呈现出来。角色扮演着重的并非完全准确地重演有关情境，而是在类似情境下让组员将其一贯的行为模式展现，让辅导员分析成员的技巧和困难。以本书中“宿舍人际关系团体心理辅导”一文为例，在事前事后评估面谈中，辅导员安排了参加团体心理辅导的同学在辅导员面前谈话，谈话内容可由学生自己决定，辅导员将谈话过程记录下来并进行分析，从而取得学生沟通障碍的资料。角色扮演维持大约十分钟，按需要而定，当扮演结束后，辅导员可先问参与者刚才双方的表现与平时有没有分别、有哪些相似的地方、双方的感受和想法等，以便辅导员具体掌握问题所在，从而设计更切合参加者需要的团体心理辅导内容。辅导员可将记录对话片段加以系统的分析，就该平行团体心理辅导而言，其分析架构如下：

第一，参与双方发言的比例。

第二，他们谈话的素质；支持性（正面）的沟通；防卫性（负面）的沟通；有没有聆听；有没有不当的打岔。

第三，解决问题的技巧。能否将问题讲得具体；是否考虑多种解决方法；有没有衡量不同方法的利弊；计划和决策的能力。

第四，商议的技巧；聆听的能力；能否清楚表达自己的意见和感受（能否明确简短地表达）；能否征询对方的意见；能否提出及接受批评；是否负面评价对方；能否表达肯定或欣赏；能否控制愤怒；能否妥协达成协议。

角色扮演方式可应用到其他社交技巧训练团体心理辅导，例如异性社交训练或一般社交技巧训练。辅导员可由自己参与或邀请助手，作为成员在角色扮演时的对手，以便成员能展示其行为表现。辅导员必须明白角色扮演并不能百分之百重演过去的事件，只能在模拟的情境下，观察成员的反应，因此评估组员行为表现时，须注意到角色扮演与组员面对实况时表现的差距，以免流于妄断。

（二）关键事件

关键事件是指对团体心理辅导成员特别重要、与各成员有关或成员对其产生强烈情感的事件。这些关键事件通常涉及洞见（insight）、自我剖析（self－disclosure），以及成员之间或成员与辅导员之间的重要交流等。这些事件可能是某团体心理辅导中发生的事情。我们建议记录这些事件，因为它能提供团体心理辅导治疗信息及对成员产生转变的影响。

辅导员首先识别出可能与某一成员有关或对其起重要影响的关键事件，辅导员可依据该成员的反应或由辅导员直接询问成员的看法，确定有关事件是否为关键事件。辅导员以该事件为基础，分析该成员的情绪反应、行为和思想。

分析过程中，辅导员可考虑下列问题：

（1）简述关键事件。

（2）关键事件对该成员有何影响？

（3）谁引起关键事件的发生？谁在过程中参与？

（4）该成员有何反应？

（5）辅导员的介入目标和技巧。

（6）在事件过程中，有哪些语言或行为会引致该成员转变？

（7）评价介入成效。

（8）辅导员感想及回应。

若将团体心理辅导过程摄录下来，辅导员可以通过视频回顾作仔细分析。若情况允许，还可邀请有关成员在个别面谈中一起回顾有关片段，共同分析及内省。笔者曾在一个大学生团体心理辅导的中期，邀请成员个别面谈，回顾该成员在团体心理辅导过程中参与的片段。该片段可事先经由成员或辅导员，选取对该成员有影响的关键事件，在回顾过程中，成员能详细分享自己在团体心理辅导过程中的转变及导致转变的因素。藉此，辅导员可掌握对成员有帮助的团体心理辅导元素，包括内容、成员间的交流及支持、辅导员介入等，从而改善团体心理辅导工作技巧。

分析关键事件的方法主要是通过团体心理辅导记录，我们建议在团体心理辅导会议后，立即撰写与该团体心理辅导过程有关的简要报告，因为此时辅导员对团体心理辅导过程和参与感仍很清晰，而记录也较为准确，若有同事或观察员在场，花几分钟时间回顾一下关键事件和成员的回馈，对掌握团体心理辅导进程很重要。而且，为此所花费的时间并不是额外时间，因为立即进行评估的时间原本就应该是工作计划的一部分。

一般而言，团体心理辅导记录没有固定的格式，可依据想要收集信息的类型自行设计。基于以往经验，我们向读者推荐一种团体心理辅导记录形式，详细内容见本章附录三。

（三）评估技能

团体心理辅导活动运行结束后，接下来就该总结一下活动是否达到预期目标，成员是否满意，今后再组织活动时应做哪些改进，这就是团体心理辅导活动效果的评估，比较常用的评估技能主要有以下几种：

1．成员的主观感受评价

成员的主观感受是对活动的最好评价。如背摔游戏又叫“信任跌倒”，顾名思义，它是一项考验对他人信任度、训练人换位思考意识的活动。这项活动看似容易，做起来却要付出相当的努力，既要克服自己的心理障碍，又要对下面的队员完全信任。人在失重的状态下，下意识的自我保护往往会使人不由自主地收缩身体，人的体重集中于臀部，受力的则是相应位置的队员。相反，身体越平，体重就越平均地分配到众队员的手臂上，上面的队员更安全，下面的队员也更容易接。在下面看的人总觉得上面的人应该很容易做，可真到自己上去时，很多人并不能完全做得像自己原来想的那样好。如有同学说：“自己在下面接人，就不明白怎么好多人总是臀部先着‘地’，结果轮到自己也一样。如果自己没有上去摔一次，就很难理解别人的做法。”还有的同学说：“引申到日常工作中，有人总是习惯于指责，认为别人都很容易做，正如台下看台上那样，给别人挑毛病总是很容易的。可真到自己做又如何呢?”所以，学会从我做起，对别人多一份理解和宽容，大家共同参与，互相理解才能使团体更具有凝聚力。

2．行为计量法

这种技能要求成员自己观察某些行为出现次数并做出记录，或请与成员有关的人（老师、家长、朋友）等做观察记录，以评估成员的行为是否有改善，辅导者可以根据具体活动设计一些行为观察表让成员填写。

3．心理测验法

即选取一些信度、效度较高的心理测试量表，让成员在加入团体前（甄选时）填写一次，结束时再填写一次，然后对前后两次的量表得分进行统计分析，以判断辅导与治疗前后组员是否有显著变化，如 SCL90 量表等。

4．问卷调查法

即由辅导者设计一系列有针对性的问题，让成员填写。问卷内容应包括成员在团体活动中的感受、成员对团体活动过程、气氛、辅导者等的意见，由于它能让成员自由发表他的想法和感受，所以，辅导者可以借此搜集到一些宝贵的第一手资料。

除了以上四种主要技能外，辅导者还可以通过成员的日记、自我报告、指导者的工作日记、观察记录等技能来评估团体辅导的发展和效果。

四、评估的实际操作

朋辈心理咨询是指年龄相当者对周围需要帮助的同学和朋友给予心理开导、安慰和支持，提供一种类似于心理咨询的帮助。朋辈心理咨询虽然不能完全与专业意义上的心理咨询相比，但它却是大学生摆脱心理困境、寻求外部帮助的一种重要方式。朋辈心理咨询员不仅要掌握一定的心理咨询理论和技能，更重要的是要有良好的心理素质；不仅具有乐于助人的愿望，更要善于理解他人和与人沟通等。因此，提高朋辈心理咨询员的心理素质是开展朋辈心理咨询的基础和良好的开端。团体心理辅导是近十年来在高校逐渐兴起的一种解决学生个人发展问题的辅助教育形式。团体心理辅导在促进大学生心理健康，优化大学生心理素质方面是有效的。因此，我们选择团体心理辅导的形式对朋辈心理咨询员进行培训，以提高其心理素质。

1. 对象与方法

（1）对象。选择本校大学生心理健康协会的 30 名会员。其中男生 11 人，女生 19 人；大一学生 14 人，大二学生 10 人，大三学生 6 人；文科学生 13 人，理科学生 17 人；平均年龄 19.65 ±2.38 岁。本次团体培训对象均为身体健康、自愿参加团体活动，并有意提高自身心理素质、精神状态良好、无心理障碍的大学生。

（2）方法。团体活动方案的内容是根据参加培训大学生的心理测验结果及朋辈心理咨询员应具备的心理素质，遵循研究假设而设计出来的，它包括认知、情感和行为 3 个方面。整个活动共 8 次，每 2 周 1 次，每次 2 小时。

整个团体心理辅导共分 4 个阶段。第 1 阶段：相识及形成团体；第 2 阶段：自我探索；第 3 阶段：行为训练；第 4 阶段：活动结束，通过测试工具评估活动效果。活动单元分别为：①知你知我（相互认识，并制定团体规范）；②同舟共济（培养团体意识，鼓励相互信任）；③我是谁（认清自我，增强自我意识）；④学会沟通（学会换位思考和理解他人）；⑤做情绪的主人（了解负性情绪产生的原因，学会情绪的自我调整方法）；⑥面对挫折（了解挫折是人生的必修课，勇敢面对挫折）；⑦我们是朋友（用头脑风暴技术学会互相帮助）；⑧笑迎明天（结束团体活动）。团体活动包括游戏、讨论、角色扮演、头脑风暴、行为演练等，最后以分享感受结束活动。每次活动结束后布置作业，要求学员写出自己的感受与收获。

（3）测量工具症状自评量表（SCL90）、个人评价问卷（PEI）及自编主观自评量表。其中主观自评量表是用来了解成员参加团体活动前后主观感受的变化，共10项，分别为了解自己、理解他人、接纳自己、信赖他人、相信自己、关心他人、乐于交友、与人沟通、有责任感、控制情绪等。每个项目计分尺度在 -5 ~ +5，以刚参加团体活动时为0，让学员在团体活动结束时对自己的主观感受进行评价。

（4）统计处理实验数据进行自身对照比较的t检验，由统计软件进行分析。

2. 结果

（1）团体活动前后SCL90各因子得分及PEI分比较由表4-1可见，活动后团体成员的症状自评结果总分及各因子分均较活动前有所改变，其中躯体化、强迫、人际关系、抑郁、焦虑5个因子较活动前的差异有显著性。活动后3个月追踪测查结果显示，总分及各因子分较活动前均有进一步改善，其中有7个因子具有显著性差异。说明团体心理辅导不仅具有短期效果，还具有一定的长期效应。小组成员在团体活动后的个人评价较活动前有所提高，并具有显著性差异，说明通过参加团体活动，他们提高了自我认识，增强了自信心。

（2）团体活动前后16PF各因子均值比较从表4-2可见，实验后团体成员在乐群性、怀疑性、忧虑性、自律性和紧张性5个人格因素方面均有显著性改变，显示团体成员更加外向，愿意参加群体活动，学会了理解和信赖他人，更有自信和自控能力等。

（3）团体活动前后主观量表测查结果如表4-3显示，团体成员在参加活动后主观评价自己在10个方面都有进步，说明团体成员从内心感受到自己的变化，他们除了更了解自己、接纳自己、相信自己外，还更加信赖他人、关心他人、理解他人，同时也愿意与人沟通和交流，有责任感和自我控制能力。这些变化正是团体心理辅导活动的预期目标，说明本次团体活动设计较符合团体成员的需求。

表 4－1　SCL90、PEI 前测与后测差异比较（x ± s）

	前测	后测	t	实验后 3 个月	同前测比较（t）
总分	156.15 ± 36.57	128.57 ± 44.07	2.64**	124.84 ± 37.59	3.27**
躯体化	1.60 ± 0.41	1.38 ± 0.43	2.00*	1.30 ± 0.51	2.50*
强迫	1.90 ± 0.57	1.74 ± 0.58	1.07	1.60 ± 0.55	2.14*
人际关系	1.88 ± 0.58	1.53 ± 0.48	2.50*	1.51 ± 0.54	2.64**
抑郁	1.84 ± 0.56	1.58 ± 0.14	2.00*	1.54 ± 0.43	2.31*
焦虑	1.68 ± 0.53	1.43 ± 0.49	2.08*	1.40 ± 0.41	2.33*
敌对	1.65 ± 0.65	1.49 ± 0.57	1.00	1.40 ± 0.48	1.67
恐怖	1.54 ± 0.47	1.43 ± 0.44	0.92	1.39 ± 0.43	1.25
偏执	1.68 ± 0.43	1.59 ± 0.56	1.38	1.44 ± 0.49	2.00*
精神病性	1.65 ± 0.46	1.44 ± 0.50	1.75	1.38 ± 0.41	2.45*
PEI 总分	141.87 ± 22.21	154.69 ± 20.98	−2.30*	155.43 ± 21.56	−2.40*

注：* P < 0.05，* * P < 0.01

表 4－2　16PF 各因子得分前后测比较（x ± s）

人格因素	前测	后测	t	实验后 3 个月	同前测比较（t）
乐群性	5.39 ± 1.67	6.25 ± 2.08	−2.00*	6.35 ± 1.98	−2.04*
聪慧性	5.74 ± 1.71	5.96 ± 1.87	−0.48	6.03 ± 1.77	−0.64
稳定性	5.70 ± 1.51	6.18 ± 1.68	−1.17	6.07 ± 1.71	−0.88
恃强性	5.32 ± 1.65	5.16 ± 1.95	−0.34	5.19 ± 1.91	0.28
兴奋性	5.83 ± 1.76	5.78 ± 1.66	0.20	5.67 ± 1.74	0.36
有恒性	5.04 ± 1.24	5.23 ± 1.61	−0.51	5.65 ± 1.69	−1.61
敢为性	6.09 ± 1.71	5.78 ± 1.67	0.70	5.79 ± 1.69	0.68
敏感性	5.92 ± 1.50	5.70 ± 1.45	0.58	5.35 ± 1.46	1.50
怀疑性	5.98 ± 1.32	5.24 ± 1.57	2.00*	5.11 ± 1.48	2.42*
幻想性	6.19 ± 1.82	5.61 ± 1.67	1.29	5.76 ± 1.58	0.98
世故性	6.13 ± 1.37	4.79 ± 1.60	0.89	4.69 ± 1.59	1.16
忧虑性	6.41 ± 1.57	5.55 ± 1.48	2.21*	5.41 ± 1.37	2.63**

（续上表）

人格因素	前测	后测	t	实验后3个月	同前测比较（t）
实验性	5.23±1.91	5.05±1.60	0.56	5.13±1.45	0.23
独立性	4.77±1.68	5.17±1.41	-1.00	5.24±1.55	-1.12
自律性	4.93±1.36	5.69±1.34	-2.03*	5.89±1.43	-2.53
紧张性	5.96±1.47	5.12±1.32	2.33*	5.03±1.34	2.58**

注：$*P<0.05$，$**P<0.01$

表4-3　活动前后主观评价量表变化结果（$\bar{x}\pm s$）

项目	自评变化结果
了解自己	2.86±1.58
理解他人	2.34±1.56
接纳自己	1.98±1.31
信赖他人	1.69±2.36
相信自己	1.71±2.47
关心他人	1.77±1.54
乐于交友	2.97±1.35
与人沟通	2.08±1.24
有责任感	1.93±1.45
控制情绪	0.86±1.85

3. 讨论

本研究结果表明，团体心理辅导对提高朋辈心理咨询员的心理素质是有效的。团体心理辅导的特色在于培养人的信任感和归属感，通过团体心理辅导，将对团体的信任感扩展到对周围人的信任，由对团体的归属感扩大到对社会及国家的认同感和归属感。本次实验结果显示，团体心理辅导不仅能提高大学生心理健康水平，而且对提高大学生自我认知和自信心，学会理解他人、信赖他人等都是有效的。究其原因，团体心理辅导活动给每个成员提供了人际交往的积极体验，在小组活动和讨论中，成员能体验到一个真诚、温暖、尊重的交流环境，他们能够在交流中释放情绪，表现出真实的自我；通过学习和观察，学员们对自我有了一个比较客观的认识和评价，在观念及行为上都有所改变，自我管理和自我控制能力也得到了提高。团体心理辅导活动给学员提供了一个了解人际关系、学习人际交往的实践场所，每个学员都表示不仅乐于交友，更学会了如何交往和与人沟通的技巧，对今后的人际交往也更有信心，更能理解他人、关心他人、信赖他人。

附：评估表

一、目标问题评量（target problem rating）

请列举三项你感到最困扰的问题：

1. ______________________________

2. ______________________________

3. ______________________________

请按困扰程度，在每项问题处评分（1～7分，分数越高，困扰程度越大）：

目标问题	事前评估	事后评估	跟进评估
1			
2			
3			

姓名：____________________　日期：____________________

二、目标达成评级（goal attainment scaling）

请列出不多于三项希望在团体心理辅导完结时达到的目标：

1. ______________________________

2. ______________________________

3. ______________________________

在事后评估面谈时，请就各项目标评分，评分标准如下：

+2　比预期好得多

+1　较预期好

0　预期之内

-1　较预期差

-2　比预期差得多

目标	事后评估
1	
2	

3

姓名：＿＿＿＿＿＿＿＿＿＿ 日期：＿＿＿＿＿＿＿＿＿＿

三、团体心理辅导记录（group recording）

团体心理辅导名称：＿＿＿＿＿＿＿＿＿＿＿＿＿＿＿＿＿＿

日期：＿＿＿＿＿＿＿＿＿＿＿＿＿＿＿＿＿＿＿＿＿＿＿＿

团体心理辅导工作人员：＿＿＿＿＿＿＿＿＿＿＿＿＿＿＿＿

出席成员：＿＿＿＿＿＿＿＿＿＿＿＿＿＿＿＿＿＿＿＿＿＿

缺席成员：＿＿＿＿＿＿＿＿＿＿＿＿＿＿＿＿＿＿＿＿＿＿

团体心理辅导目标：＿＿＿＿＿＿＿＿＿＿＿＿＿＿＿＿＿＿

本节团体心理辅导目标：＿＿＿＿＿＿＿＿＿＿＿＿＿＿＿＿

（一）过程记录与关键事件分析

1. 简述关键事件。
2. 哪位成员最受影响？
3. 关键事件对该成员有何影响？
4. 谁引起关键事件的发生？谁在过程中参与？
5. 该成员有何反应？
6. 辅导员的介入目标和技巧。
7. 在事件过程中，有哪些言语或行为会导致该成员产生转变？
8. 评价介入成效。
9. 辅导员感想及回应。

（二）整体分析

1. 个别成员分析。

参与程度；对自己和其他人的感知（perception）；个人变化。

2. 人际交往分析。

团体心理辅导沟通与相互交往模式；回顾主要的沟通问题。

3. 团体心理辅导员介入技巧分析。

辅导员对团体心理辅导的想法和感受。

（三）计划下一节团体心理辅导

1. 下一节团体心理辅导须改善或注意的事项。
2. 原定团体心理辅导计划是否有任何修改。

第五章　大学团体心理辅导的筹划和设置

第一节　开始前的筹划工作

一、团体的组合与成员的甄选

1．团体的组合

这是团体形成的最重要的一部分。这是个怎样的团体？是以成长或学习为主，还是以分享和倾诉为主？此点与成员招募、目标制定及领导者的资历均有很大关系。团体目标的制定也很重要，常常有很多团体的目标都是抽象、模糊的，例如“协助成员规划自己的未来生活”，这样的目标使在内容设计或方案设计时，没有具体、清楚的方向可循，在评量效果时，也缺乏可供比较的依据。因此，在一个抽象概念化的目标下内容应该更具体化，例如，“生活规划”包括哪些内容或层面，需要具体地列出，在设计时才能更有明确的方向，也较容易达到目标。

2．成员的甄选

团体计划公布后，有兴趣的人通常会想对团体有进一步的了解，以助于作出此团体是否适合自己参加的决定；同时，团体领导者也需要决定哪些成员适合此团体。因此，谨慎的甄选工作是必要的，可以避免不适合参加团体的成员进入团体后受到心理伤害。

甄选的方法有好几种，如运用心理测验量表或问卷选出适合的团体目标来参加，但这样仅是单向的。较好的甄选方法应该是双向的过程，即不仅团体带领人选择适合团体的成员，而可能成为成员的参加者也有权力决定是否参加此团体。因此，甄选安排面试是恰当的，面谈之前可以请有意参加者先填一份个人资料表，内容可以包括姓名、性别、经历等基本资料，及对自己的描述（如个性、爱好、自我期许、特殊经验等）、参加团体心理辅导的动机与期望、曾参加的相关活动或团体经验等，这份文字资料可以使参加者在开始前先整理自己的思路及自我澄清参加的动机，作为参加者事前的心理准备，并且可以使领导者或面谈者事先了解参加者的一些情况，也可将此资料作为面谈的参考。

安排面对面的交谈来甄选适当成员是很重要的，这让双方都有机会了解是否适合参加此团体。从领导者的立场而言，有几个问题需要在此进行了解：

（1）为何想参加此团体？想获得什么？

（2）自我概念如何？对自我的了解情形怎样？

（3）是否了解团体的目的与性质？对团体的认识如何？

（4）自我特质如何？表达能力如何？适合团体方式的学习或辅导吗？

（5）团体是否能帮助此人达到目标？

（6）参加者的意愿及可能性如何？

从想参加团体者的立场而言，也有以下几个问题需要了解，以决定此团体是否适合自己参加：

（1）该团体究竟属于什么类型？在其间会发生什么？会对成员造成伤害吗？

（2）我能从中得到什么？会有帮助吗？

（3）我在团体中要做什么？该如何做？

这两方面的问题均可利用面谈的机会加以了解、澄清，作为参加与否的参考。当然，这些问题不必以一问一答的方式进行，这样很呆板，也太严肃，应该以较自然的方式进行。

当参加者进入时，面谈人员或领导者应该亲切地表示欢迎，以缓和参加者的紧张心情。接着，有关人员应给参加者几十秒钟的时间思考一下，并请其简要地作自我介绍（尤其是个性、优缺点、好恶、自我期许等），以了解参加者的自我概念及认知如何。自我概念过度负向或对自己毫无所知，或过度内向的性格，恐怕不是很适合参加团体（除非此团体以此种人为对象）。另外，也可借此了解参加者的表达能力，因为表达能力很差或者缺乏信心者也不太适合参加团体。然后询问参加者为何想参加，期待得到什么。此时领导者宜引导参加者具体述说，不仅是说“我想成长”、“我想对自己多了解”之类的话，而应说“是什么促使你想成长或想多作自我了解”及“希望在哪些方面成长到什么程度，或想多了解自己想什么、以达到什么目的”。领导者也适时地将团体预定的目标与参加者进行沟通，并衡量其期望与团体目标是否能整合达成，也可作为领导者设计团体的参考。接着应了解参加者对团体的认知如何，鼓励参加者说出其担心及疑惑，此时领导者或面谈人员应协助参加者澄清对团体的认知，让其了解团体的性质、进行方式、过程发展、可能的功效、成员参与的态度、如何分享、如何互动、可能附带的风险、领导者的功能等。如此的双向沟通能使领导者更了解参加者的心理状况，也能使想参加者对团体有正确的了解并做好心理准备，或作为彼此考虑是否适合参加的参考，并了解团体之间是否能够配合，能否准时参加。最后了解参加者的参加意愿如何。

经过上述双方的沟通了解，参加者已对该团体有了一定认识，领导者或面谈员可请其综合思考，以决定自己是否参加。有些人来之前对团体抱着不正确的想法，经此沟通、澄清后，可能认为与自己的期望不符，或无法适应团体的方式，或在时间上无法保证等，从而打消了参加的意图；当然也有人因此而增强了参加的意愿。领导者也可以更进一步了解参加者的意愿为何那么高或那么低，再次确定参加者是否对团体尚有不切实际的幻想或不必要的恐惧，以便再澄清，进行再处理。

由此甄选面谈过程，领导者或面谈员能了解哪些成员的期望与团体能结合，对团体有较正确的认知，接受团体的程度如何，以决定参加者是否适合参加此团体，是否能从中获益，是否能对团体有正向助益；同时参加者也借此评估自己的适合程度，决定自己参加与否。因此甄选面谈应是双向的，双方都有权决定自己是否参加。

除了在团体正式开始前利用面谈来甄选之外，有些领导者会把团体正式的第一次聚会当作另一次的甄选。第一次团体聚会谈论团体目标，也让成员知道如何运用团体时间、彼此认识、制定团体规范及探讨可能在团体内要谈论的课题，有些成员出席了第一次聚会后，第二次就不来了。这其中有几种原因，如他们不喜欢领导者或某些成员，发现团体与自己的预期不同，或不愿意和别人分享自己的私事，不习惯在众人面前表达等。虽然这其中有些部分在甄选面谈时已沟通过，但实际在团体中的体会是不同于面谈的了解，因此可以鼓励参加者在第一次团体活动后再做一次决定。

如果参加面谈者人数很多，有时两三人彼此认识又同时报名，可一起面谈，例如生活规划团体，学习如何做决定的团体，即工作取向较高的团体，可如此进行；若是秘密性较高或偏情感取向的团体则较不宜一起面谈，仍以一对一方式较佳。

参加面谈者太多时，有时面谈后无法立刻告知参加者是否能被邀请参加，则需于面谈工作全部结束后，先甄选出最适合者，再通知其参加，同时告知其参加团体应注意的事项，如准时、保密、尊重、该准备什么等，让成员能有充分的心理准备，从而有助于团体活动的进行。

如事前或事后有任何有关成员的资料（包括个人资料表或心理测验、问卷及面谈记录表）均可提供给领导者事先阅读和了解，这有助于领导者带领和动员团体或处理团体工作。

至于不适合参加者，面谈员可以提供对其有益的建议，如寻求个别咨询或心理治疗，参加其他更适合的团体、训练或阅读等；另有一些可能因报名者过多而无法参加者，也可提供资料给他们，或者告知保留其优先参加下次团体的机会。

二、如何协助成员投入活动

James. C. Hansen（1976）指出，团体成功的三个重要因素是：领导者的能力，成员间的关系及领导者与成员间的互动情况。长久以来，很多的研究都仅注重领导者的角色、能力，而有关成员方面的研究却不被重视。实际上，成员的角色与领导者的角色是同等重要的。

团体是由个人组成的，每个个体均有其独特的能力及行为方式，这不但影响其在团体中的所作所为，也影响到整个团体。为使此元素发挥最大价值，领导者必须了解成员的哪些角色、能力及行为会增强或降低团体的效能。如何更好地协助成员投入团体活动，在团体中开放自己，获得成长，是一个关键的因素。具体有以下几种方法：

1. 在团体中获得情感的支持

（1）情绪宣泄。每一个人在生活中都会有不如意的时候，内心常会很苦闷。由于没有机会向别人倾诉或者透露，这些痛苦的情绪的只能压抑在心中，久而久之会影响身心健康。团体心理辅导创造了一种被保护的环境、被理解的场所，团体成员可以将内心隐抑的消极情绪发泄出来，不但不会受批评被嘲笑，反而会得到关心与安慰。一次彻底的情绪宣泄，很可能使自己得到释放，更清楚地认识自己，不再是无意义地被过去的痛苦所束缚。情绪宣泄不仅包括消极情绪，也包括积极情绪。在团体中可以公开地表达自己的情绪与感受，与他人分享或分担是改变情绪的重要条件。

（2）发现共同性心理适应不良的人通常会有一个特点，就是当自己遭到不幸，遇到困难，犯了错误时，常常自责自怨，误以为天底下就是自己最倒霉、最不幸，尤其是有些事情羞于启口，导致自己无法接受，加重了心理的负担与痛苦，只好在自羞自惭中折磨自己，结果严重地影响了情绪和生活。在团体心理辅导过程中，通过相互交流，成员有机会从其他成员身上发现与自己类似的经历、遭遇、共同的困难和体验，顿时会获得一种释然，从而改变了自己的问题是世界上唯一存在和独特的错误认识，不再自怜自责，而是与其他成员合作，共同面对问题，积极探询解决问题的方法。

（3）被人接纳。一个人生活在社会上，如果不被家人、朋友或他人接受与容纳，就会感到孤苦伶仃，无所依托。若被人拒绝或排斥，更令人孤独、寂寞、压抑，而导致身心疾病。团体心理辅导过程中，团体对成员表现出一种支持，传递着“不管你是谁，都接纳你”的信息，从而使参加者觉得自己是团体的一分子而感到安心、踏实、温暖、有归属感。这将使成员敢于表现真实的自己。

（4）满怀希望。充满希望是有效地从事任何活动的重要因素。当团体成员抱有改善的期望参加团体心理辅导，本身就有积极的价值。在团体内，被他人接受、关心，可以进一步增强团体成员的信心。当看到其他成员有进步时，会得到启迪，知道团体帮助其他成员解决了与自己相类似的问题，会从中受到鼓舞。当看到自己开始有了进步，就会有信心，更加充满希望。

2. 在团体中尝试积极的体验

（1）享受亲密感。有些成员从小没有经历过温暖的家庭生活或体会亲近的人际关系，所以对人际关系持有消极或否定的看法和态度。这种人需要去尝试积极的团体经验，享受人与人之间应该有的基本关系。在团体心理辅导中，成员之间会形成很亲密的关系，可以体会到互相关心、互相爱护、互相帮助的美好情谊，从而形成进一步的信任。在这种关系中，成员也意识到日常生活中的许多人际隔阂是如何通过团体发展而消除与化解的，从而增强了与他人建立良好人际关系的愿望与信心。

（2）增强归属感与认同感。在团体心理辅导过程中，当团体凝聚力形成并增强时，会让团体成员产生强烈的归属感和认同感。成员会明确地意识到自己是团体中的一员，要保持和团体一致的认识和评价，以团体为荣，爱护和保护团体的形象及荣誉，并且以同舟共济的精神去应付外界。这种团体的认同感和归属感也是社会生活中非常重要的经验。

（3）观察团体行为与领导关系。有些成员不习惯复杂的人际关系，不善于与领导相处，常常出现不适应行为。在团体中，通过团体成员间的一系列互动，观察和体会人际关系如何形成、人际沟通如何进行及各种微妙的人际反应、各种群体的心理和行为现象，同时，从领导者的言行中体验与领导建立良好关系的作用及愉悦感，从而学习在自己的实际生活中如何运用及把握。

（4）体验互助互利。有些成员在生活中因为不能肯定自己的价值而感到惶恐不安，缺乏自信，使自己失去很多发展的机会。团体心理辅导中，领导者鼓励支持成员之间的互相帮助。每一个成员在帮助他人的过程中，会发觉自己对别人很重要，从而感到自己存在的价值，获得成就感、满足感和自信心。助人是快乐之本，受助是成长之源。在团体中，互助互利是一种积极的人生体验，这种体验不仅在团体中可以充分感受，而且还会扩展到成员今后的生活中，使责任的承担和助人的行为继续下去。

3. 在团体中发展适应的行为

（1）团体提供安全的实验环境。团体就像是一个社会生活的实验室，成员在其中可以自由地进行实验，去观察、分析经由这个实验室所表现的资料，去体会自己平常在社会环境中与人相处容易出现的问题。当成员尝试改变行为时，可以从团体中得到反馈，就地练习改变，而不会付出很大的代价。因为在这个实验室里成员可以反复实验，不断寻找实践新行为的方式。

（2）团体中相互学习交换经验。对一些人而言，心理不适应的原因在于他们缺少有关生活的各种知识与资料，缺乏社会生活经验。在团体心理辅导中，通过讨论、交流等机会，成员彼此之间会传递有关资料，交换各自成功的经验，提出直接的忠告与劝谕。例如，交流减轻压力的方法，保持身心健康的途径，就业资料的获得方式，有价值的参考书等，从他人的经验中可以获得许多有意义的启示。同时，团体领导者也可以用直接进行教导的方式，传授专业知识，如沟通原则、沟通技巧等，并鼓励成员就刚获得的知识结合个人体验谈感受，使他们对人生有更深刻的思考。

（3）尝试模仿适应行为。有效的帮助通常包括示范和仿效。团体心理辅导为成员提供了一个多元的社会及角色模仿，使他们可以通过团体经验进行仿效性地学习。在个体辅导中，来访者可效仿的只是咨询员一个人，在团体心理辅导中，除了领导者外，还可以有其他成员的行为可模仿、可参考。个人可以根据自己的需要和特征，有选择地寻找效仿对象。比如，通过直接观察他人如何表达自己的情绪，如何帮助别人，如何坦诚待人，而模仿这些适应行为。团体中的领导者常常被当作仿效的对象，因为领导者被认为是有经验的，有能力的，因此领导者必须言行一致，以身作则，不断超越自己，不断成长完善。由此可见，团体是成员学习良好行为的有效途径。

（4）学会社会交往技巧。对每一个人来说，在成长过程中，社会性学习是重要的历程。如何了解别人的动机、如何使人喜欢接近、如何避免别人的误会、如何向别人解释说明、如何拒绝别人不合理的要求等都是在现实社会里必须学习的社会生活技巧。团体心理辅导为成员提供了社交机会，让他们试验和发现自己与别人交往的能力，评价个人的人际关系情况。通过团体的交互经验，成员不仅看清楚自己的社交情况，还可以具体学习基于对别人的信任和别人的关爱所发展出来的基本礼仪、有效沟通和融洽共处的方法。

第二节　团体心理辅导活动的设置

前面提到，在团体组成时除了成员的甄选工作的问题外，还有其他层面的问题也需要加以考虑，如团体规模如何，以何种方式开展，活动的频度如何，成员是同质性的还是异质性的、开放性的还是封闭性的、成长性的还是治疗性的、结构性的还是非结构性的。这些问题都需要详加考虑，才能配合团体有效地运作。

一、团体的规模

（一）团体的大小

一个团体的大小视参加者的年龄、团体的性质、领导者的经验及团体的目的而定。另外，领导者是一位还是两位也是需要考虑的因素。团体人数的多寡会影响成员参与的机会均等及互动状况。人数过多时，在有限的时间里，成员无法充分参与，导致互动的质量不佳；人数过少时，无法提供较强的刺激，互动也会受到限制。一般而言，辅导性团体或以资讯传播为目的的团体，人数可以多一些，30～50人均可；而成长性团体或咨询性、治疗性团体，人数就不宜太多，大约为8～12人。

（二）团体心理辅导的时间

一个团体的活动共需要进行多长时间，多长时间聚会一次，需视团体目的、性质、参与者的背景状况及领导者的经验而定。每次活动若时间太短，则成员无法充分参与，团体无法深入地探讨问题，且由于总次数太少，无法完成团体计划的内容。所以，团体需要有能够产生凝聚力及工作效率的足够时间，但也不能太长，否则容易使人产生疲劳及厌烦情绪，反而影响效果。一般而言，每周一至两次较为恰当，不但时间容易安排，也让成员有时间、空间来领悟和接受团体中的体会或知识，成员间也有机会来维持恰当的关系。大学生或成人则可以每次 2～3 个小时，当然，每次时间的长短与团体的人数亦有关系。

（三）团体心理辅导的地点

团体进行还需要注意地点的选择。基于团体心理辅导的特殊性和保密性要求，场地选择不宜设在学校办公中心或人员来往频繁的地方，但又要方便学生进出，宜设在图书馆大楼或其他一些相对比较安静的教室内。地点要隐秘、环境幽静，不易受到外界的干扰，有足够的空间来进行互动或活动，这样才能使成员放心地做较为深入的交流和分享。

（四）团体心理辅导的音乐选择

在进行团体心理辅导的实际操作中，可适当地选择一些辅助工具以便引导成员更快投入到团体的主题活动中。可以选用一些契合主题活动的音乐，作为背景声音，或选用一些与活动有关的视频进行播放，营造一种轻松舒适的氛围，让成员舒缓情绪，平复心情。团体心理辅导的初始阶段，就宜选用一些相对柔和的音乐，以促进成员之间的感情，消除隔膜；接近团体心理辅导的结束阶段，则可选用一些相对激昂的音乐，让成员回顾在团体心理辅导中的收获与启示，从而增添面对困难的勇气与能力。

二、团体活动的次数和频率

一般而言，团体产生效果及改变的因素需要时间，也就是团体经由创始期、成熟期到结束期需要一个发展的过程。团体持续时间太短，效果受到影响；但持续时间过长，成员易产生依赖感，领导者与参加者的时间、精力也不允许。一般认为 8～15 次为宜。至于活动时间间隔多长为宜，看法不一致，每周 1 次或 2 次都可以，每次 1.5～2 小时。对于青少年而言，针对他们注意力不容易集中，兴趣易转移的特点，最好活动次数较多，每次缩短为 45～60 分钟。假如是大学生或成年人，每周 1 次，每次 2 小时为宜。因为 2 小时足够讨论一些比较深入的问题，而又不致使人疲倦。

团体心理辅导实际操作中，活动的时间虽有规定，但不必墨守成规。团体领导者可以根据具体情况灵活掌握。如果预定的时间到了，发现有些问题还需要深入，在征得成员同意的情况下可以适当延长。也有一些团体领导者在团体开始时并不规定活动时间及间隔，由团体成员视活动情况自行决定。

三、团体的模式

团体的目标、性质及规模直接影响团体心理辅导的效果。因此，确定团体的目标及性质必须先了解不同团体模式的特点。团体的模式可以分为很多种，下面具体讲述常用的三种：

（一）开放性团体与封闭性团体

封闭性团体是指参加的成员从团体第一次到最后一次聚会都是固定的；而开放性团体的成员不固定，有所更替。这两种方式各有其利弊。

封闭性团体由于成员固定，彼此容易熟识，信任感、和谐度及认同感均较高，彼此默契、沟通容易，较适合情感、人际取向高或信任度高及团体连续性高的团体。对于封闭性团体在进展过程中有新成员加入时，会对其他成员造成威胁，因为新成员与他们无默契与信任存在，就如在平静的湖水中投下一颗石子，会造成波动，必须过一段时间才能平静。并且由于新成员跟不上团体的脚步，对自己的学习与团体活动的进行都会有影响。

开放性团体中的成员更替会带来新鲜感及不同的冲击，但成员的更替一次不能太多，也许一次两三位才不至于使原来的团体瓦解。开放性团体适合讨论性或具有工作取向主题式的团体。

（二）同质性团体与异质性团体

此项是指团体成员的背景特质是否相似。同质的意思是组成团体的分子，其年龄、学历、职业、婚姻或关心的事务、困扰、心理状况等方面相似，如老人团体、大学学生的成长团体、老师的调适团体、未婚男女的学习团体、减肥团体及压力适应团体等。异质团体成员前景特质较不相同，通常它是“个案中心”的团体，常常在讨论一个问题时，团体中会有人无法理解或无法感受到别人的问题，因为他们之间背景经验差异较大。当然，同质或异质有时候只是程度上的差别，不是绝对的，而是相对的。例如，一个由大学各班心理委员组成的团体，从身份方面来看，是相当同质的，但从其所在的年级来看，又不如“大一心理委员调适团体”或“大四心理委员调适团体”那么同质。

在运用上，到底是同质好，还是异质好？答案并不绝对，因为两者各有特点，也就有各自适用的范围。一些特殊团体采用同质较有效，例如老师效能训练、大学生心理压力调适，志愿工作人员同理心训练团体等，参加者的背景经验较相似，彼此之间较能了解，容易沟通体会，交流经验，互相帮助；某些生活体验团体、创造力团体等则可采取异质组成，可由不同背景经验的成员互相提供各种不同的信息、经验与意见，使团体更丰富、更多元；而另外某些团体，如人际关系团体、成长团体等则视目标而定，同质性或异质性的均可。

（三）结构性团体与非结构性团体

结构性团体是领导者为了帮助成员学习，针对团体所要达到的目标，设计活动引导成员在参与中学习，因此，这是具有预定目标和活动方向的学习情境。领导者在此类团体中的角色相当明显，依照所安排的固定活动内容及程序来实施，团体在预定的目标、方向的控制下进行，成员的自主性或自发性相对减少。这种团体的优点在于目标明确、学习的内容、程序都是有计划的，团体可以在预定的时间内依循预定的方向循序达到目标。领导者在团体进行过程中，努力创造安全的团体气氛，以减少成员的焦虑与不安，从而使成员愿意在团体中开放自己、参与互动及行为改变。结构式活动或练习经常被使用作为热身（warm-up）或催化，以引导成员体验感受、澄清观念、省察行为、进行启发，促进成员的学习与成长。

主张非结构性团体者，认为结构性团体对成员形成一种限制。他们认为非结构性团体的成员学习较无限制，领导者对于团体负较少责任，不主动去引导，随着成员彼此自发性的互动，引发出各种可能的学习材料及方向。由成员决定了自我的目标和过程，领导者的主要任务是催化成员的互动，对于团体目标及方向则很少介入。因此，在团体初期，成员刚进入团体时，领导者不宜做主动引导，而应与成员一起观望、等待。成员在没有目标与方向又无人领导的状况下，容易产生焦虑、气愤与挫折之感，这是在非结构性团体中经常产生的现象。团体初期因目标不明确而带来的暧昧不清的气氛是有意义的，它造成了成员的焦虑，而适度的焦虑压力却是催化、引发成员真实行为反应的力量。例如，团体的第一、二次聚会，因领导者也跟着大家一起沉默，不做任何指示，成员由莫名其妙、焦虑，到对领导者产生愤怒情绪，终于有人忍不住地向团体提出自己的想法：“我们到底要做什么?”“大家都不说话，究竟在想什么?”这种疑问引发了其他成员的共鸣，而自发地互相交换意见及感受，团体就开始由茫然的状态走在寻找目标的路上了，团体的学习也就因此开始。成员彼此互动，能够引发出各种可能的学习内容及目标，所以团体希望达到的目标较无限制。其实，非结构性团体是以非指导性（non-directive）的程序的结构来进行，所以，非结构性团体并不是没有结构，只是另一种结构方式而已。在这种结构下，领导者不需要过于主动，其角色较隐蔽，固定的学习有赖于成员彼此在团体过程中自然产生，领导者只扮演催化角色，促进团体的沟通与成员间的了解与交流。成员在团体心理辅导过程中，容易产生怀疑、焦虑、愤怒、受挫折等情绪，一旦从其间摆脱出来，就更愿意分享，会对团体产生更强的认同感，因此成功的非结构性团体常可以产生高度的团体凝聚力和正向治疗功能，不过领导者必须要对团体初期的暧昧不清的气氛能够容忍，并要宽容地面对成员在初期的不满及气愤情绪。

综上所述，结构性与非结构性团体各有其优点及局限，在使用时应根据实际状况而定。非结构性团体较适合年龄较大、心智较成熟、表达能力较强者，如大学生即可采用这种方式；而结构性团体则适合年龄较小、心智尚未成熟、表达能力较弱者，如中小学生团体。在实际运用时，结构也不能固定死板，否则，团体就像机器或电脑，按一个钮就做出一个动作，一点弹性都没有。因此，实际上常使用混合式的团体，可取长补短，发挥两种团体优点，即使是结构性团体，亦应保持弹性，留有空间给团体运作，并利用团体心理辅导进行过程中的事件作为学习素材。

下　编

第六章　大学辅导员团体心理辅导

第一节　大学辅导员概述

一、辅导员概念的界定

《教育大辞典》将辅导员定义为：高校辅导员是在中国高校中从事学生思想政治工作和学生管理的人员，是学生在校期间德、智、体全面发展的导师，是高校思想政治工作队伍的重要组成部分，是学校领导和学生之间的联系纽带，是党的工作在大学生中的具体执行者，其基本任务是在校（系）党组织的领导下，根据培养目标和学生思想发展规律，组织、协调各方面的力量共同对学生进行思想政治教育。这一定义明确地界定了高校辅导员工作的内容、性质和范围。

随着社会文明的高度发展，心理素质教育又成为当前高校学生思想教育中的有机组成部分。2001 年 3 月 15 日我国颁布的《教育部关于加强普通高等学校大学生心理健康教育工作的意见》指出：加强大学生心理健康教育工作是新形势下全面贯彻党的教育方针、实施素质教育的重要举措。由此可见，思想政治教育的全面性本身就蕴涵着心理素质的教育内容。

作为新时期的大学辅导员，工作中要遵循两个理论原则：一是在思想教育与学生管理相结合中突出思想政治素质培养；二是思想政治教育与心理辅导相结合。

二、大学辅导员工作现状分析

随着我国高等教育体制改革的全面推进，学校的办学规模和招生数量不断扩大，学生群体更趋复杂，进而导致了高校教学资源、管理资源出现紧缺现象。

（一）高强度的工作负荷

按教育部的有关规定，专职辅导员要按1：200的比例配备，但目前各高校专职辅导员配备都远远超过了这个比例，甚至达到1：400的比例。辅导员带的学生越多，事务性的工作就越多，工作负荷性就越重。随着高校与社会联系的日益紧密，辅导员的社会角色内涵愈来愈丰富。他们是学生思想政治教育的讲解员、学习业务的引导员、职业的培训师、心理的疏导员、校园文化的教导员、学生纠纷的协调员等。角色的多重性相应导致了角色责任的广泛性，辅导员工作除了思想政治教育外，工作内容涉及学生工作的方方面面，包括安全稳定、学生党建、学风建设、校园文化、社团管理、社会实践、宿舍管理、心理健康教育、就业指导、贫困生工作、催交学费等，工作千头万绪、琐碎繁多，工作范围越来越广，来自各方面的指令不断增加。繁杂的工作任务、多重角色的冲突，给辅导员带来了巨大的心理压力。

（二）高危性的职业风险

从某种意义上说，高校的安全稳定是我国整个社会稳定的基础。学校、院（系）领导是安全稳定工作的第一责任人，而辅导员则是直接责任人。正因为如此，许多辅导员白天在办公室处理日常事务，晚上和休息日还要在学生公寓值班检查。在高校各种评估检查中，学生管理和学风状态均是重要指标，辅导员更是首当其冲，奔波在教室、公寓和校园之中。学生工作时间和空间延续性强，责任重大，随时可能发生的突发性事件没有规律可言，辅导员可以是说长年生活和工作在临战状态中，工作压力得不到及时舒缓。另一方面，新时期大学生思想政治工作的复杂性和艰巨性对辅导员的综合素质和能力提出了越来越多的挑战，部分辅导员特别是年轻辅导员对高质量地完成工作缺乏足够的信心和技能。长此以往，超负荷的工作量和压力导致了辅导员严重的生理疲倦和心理负担。

（三）低职业认同感和个人成就感

目前，高校辅导员相对教师而言，工作中普遍存在“三多三低”问题，即分管的部门和领导多、面对的学生多、要管的事情多，而在学校的地位却较低、学历或职称水平低、待遇低。有人用“上面千条线，下面一根针”来形容辅导员的工作状况。在许多高校，学校对思想政治教育工作缺乏应有的重视，使不少辅导员缺乏必要的工作条件和待遇。目前，在高校内部还没有探索出对辅导员的科学考核制度，没有形成有效的激励机制和系统的保障体系，而且有些高校的管理体制和培养制度不够健全，政策不够完善，使得在利益分配、工资待遇、职务晋升、培养和使用等方面存在或多或少的问题，造成辅导员奉献与获取的不对等，过分强调辅导员的义务，却忽视了他们的权利。再加上辅导员的工作任务重、头绪多，成功概率难以确定，见效周期长，成果无形化，工作成绩得不到及时的认同，使得许多辅导员对自我的出路产生后顾之忧。有相当数量的辅导员只是把目前的工作作为一个跳板，努力“争取早日调离”。

三、大学辅导员心理健康状况分析

虽然有学者通过实证调查研究（精神卫生自评量表SCL90）得出的结果显示高校辅导员的心理健康水平略好于全国常模，但是，辅导员的心理健康状况并不容乐观。吴薇莉等人运用职业枯竭量表（MBI－GS）对辅导员的调查问卷显示：在反应职业枯竭的三个因素中，辅导员出现情绪耗竭的比率为9.26%，工作怠慢为7.41%，感觉成就感低落的则高达87.96%。

（一）多重角色的冲突引发的焦虑心理

高校辅导员往往扮演着教育者、管理者、服务者、“学生保姆”、朋友、师兄师姐等多重角色。角色的多重性相应导致了角色责任的广泛性，有限的精力与无限的责任产生矛盾时，就会产生高度的紧张和焦虑，具体表现为对角色的焦虑、对现实的焦虑、对工作的焦虑、对人际的焦虑、对个人前途的焦虑。

（二）低职业认同感导致的自卑、压抑心理

高校辅导员既属于学生管理干部的一员，又属于学校专业老师的一员，但是相对于一般行政人员而言不如其轻松，相对于专业课老师又不如其待遇好，地位高。再加上高校思想政治工作“说起来重要，做起来次要，忙起来不要”的现象比较普遍，高校对思想政治工作重视不足，辅导员不论在管理岗位还是专业岗位都处于学校的最底层，使得辅导员总觉得低人一等，容易出现自卑、压抑的心理。

（三）机制问题导致的困惑与迷茫心理

高校辅导员对于仅从事教学的专业课教师来说，无论在工作任务、责任风

险，还是个人素质等方面所面临的挑战越来越大，而不论是教育方的高校还是受教育方的学生都倾向于强调辅导员的义务，一味地要求辅导员奉献、付出，却忽视了他们作为平凡人的多元化需求，要求辅导员“召之即来，来之能战，战之能胜”，大多数辅导员一无教学，二无科研，职称难评，职务难上，这些使得辅导员对前途一片茫然，从而产生困惑与迷茫心理。

（四）职业枯竭导致的心理疲劳，职业精神缺失

“职业枯竭”亦称职业倦怠，是美国心理学家弗鲁顿伯格于1974年首次提出的，用来描述那些服务于助人行业中的人们因工作时间过长、工作量过大、工作强度过高所经历的一种情绪衰竭、去个性化、成就感降低的疲惫不堪的心理状态。所谓心理疲劳，是指人在长期从事某种工作中，中枢神经由于持续紧张而出现抑制，致使其对工作生活的热情和兴趣降低，直至产生厌倦情绪。辅导员由于长期的从事繁重而琐碎的工作，极易使他们感到疲劳、厌烦，甚至对工作的热情和兴趣降低，好奇心和探索欲减弱。

四、维护辅导员心理健康的主要途径和方法

（一）借鉴国外经验，角色定位明确，走辅导员队伍专业化发展的道路

目前，我国的高校辅导员的多重角色已经使他们不堪重负。而国外的一些国家，高校辅导员的角色分类是非常细的，既包括全职的心理辅导员、职业辅导员、学习辅导员、生活辅导员，也包括兼职的学习辅导员、生活辅导员、住宿辅导员等。美国的高校一般都通过学校牵头，逐渐形成学校、家庭和社区相结合的辅导网络。学生辅导工作一般由辅导主任、辅导员、教师、学校社会工作者分工协作来承担。日本高校的学生辅导工作，也有大批的校外志愿者参与其中。我国应该借鉴国外的做法，建立起一支兼职的校外辅导员队伍。专职辅导员队伍的发展要统筹规划，鼓励和支持一批骨干辅导员攻读相关学位和进行业务进修，长期从事辅导员工作，向辅导员职业化、专家化方向发展。职业化的前提是改变所有学生事务都集中到班级，由一个辅导员完全负责的现状，应将德育、心理辅导、职业辅导、学生贷款和资助等专业化的学生事务集中到学校层面上，选拔相应的专业化的辅导员来承担。

（二）明确岗位职责，建立有效激励机制，提高辅导员的满意度和成就感

赫茨伯格的激励理论认为，对人的激励因素主要包括工作表现机会和工作

得来的快乐、工作上的成就感、对未来发展的期望、职务上的责任感等。高校应通过科学有效的业绩考核体系对辅导员的劳动予以认可和积极评价，通过建立有效的激励机制激励辅导员更好地成长和发展。学校应明确辅导员的岗位职责，加强队伍建设，保障辅导员的政治待遇、经济待遇、工作和生活待遇。

（三）建立健全心理咨询机构，为辅导员的心理健康提供保障

目前，各高校辅导员中大多从非师范院校毕业，更不是心理学专业和教育学专业毕业生，因而对心理学、教育学知识掌握不多，自我心理调节能力也比较弱。各高校应建立相应的辅导员心理干预机制，健全心理教育机制。高校应设立专门经费，让辅导员接受专门的心理健康教育，帮助其了解心理学知识，掌握心理健康自我维护的方法并能将心理学的知识有机地运用到工作中。

（四）正视现实，改善认识，培养正确的压力观

高校辅导员应正确认识压力，要正视职业角色与自身、工作和社会现实引起的冲突，培养压力的不可避免观，要认识到压力的积极意义，学会对自己负责，主观、能动地去控制压力，摒弃无能为力的外控观念。要有压力的承受观，认识到任何压力与困难的破坏力与持续时间总是有限的，应从积极应对压力的体验中去积累和增强自我效能感，正视自身在工作中获得的成就感和满足感。

（五）加强自身学习，培养自我心理教育能力，掌握心理健康自我维护的方法

辅导员不但要不断加强自身的学习，提高思想政治修养、管理水平、组织协调能力、文字表达能力等各方面的素质，更应该提高心理素质和抗挫折能力。辅导员应努力培养自我心理教育的能力，自学心理辅导的基本知识，掌握心理健康的自我维护方法，从而提高自身的心理健康水平。辅导员具备了自我心理教育的能力，就能将自身的优秀素质转化为大学生的良好素质，因此，辅导员在工作中，要自觉运用心理教育的理论与方法在具体的工作实践中强化心理教育能力，而这反过来又会促进辅导员自身的心理健康。

第二节　为什么要开展辅导员团体心理辅导

一、辅导员心理健康的意义

（1）辅导员的心理健康状况直接影响着大学生心理素质的形成与提高。大学生进入大学以后，最先接触的是辅导员，在大学四至五年的学习、生活中，师生之间交流最多、交往最广的也是辅导员。因此，辅导员的心理素质对其有着明显的示范作用。他们的言谈举止、兴趣爱好、意志品质和人格魅力等既是其内心世界的客观反映，也会在大学生中产生广泛的影响。因此，辅导员的工作对大学生心理素质的形成与提高是一个全方位多层次的影响以及示范和感召的过程。辅导员的心理健康状况对大学生心理素质的形成与提高起着潜移默化的作用。

（2）辅导员的心理健康状况直接影响着高校思想政治教育工作和学生管理工作的成效。高校学生工作是学校工作的重要组成部分，它服从和服务于学校的教育与教学工作，是培养和造就社会主义事业建设者和接班人的“心灵工程”。而辅导员是学生工作的直接承担者，他们要对大学生在政治上积极引导、在心理上耐心疏导、在学习上精心指导。这一特殊要求决定了辅导员要有更优秀的心理素质，掌握更多的心理学知识。

（3）辅导员的心理健康直接关系到他们身体的健康。人的健康是其身体健康和心理健康的统一。现代医学证明，积极奋进的情绪，幽默开朗的性格、乐观愉快的心情，能使人精神振奋，体魄强健，干劲十足，效率倍增；而不健康的情绪情感，如紧张、焦虑、抑郁、愤怒等，如果不善于自我调节，及时宣泄负性情绪，则会直接影响身体健康，甚至产生身心疾病。从我国高校目前的发展状况来看，由于近年来办学规模不断扩大，招生人数不断增多，相对于专业教师，绝大多数的辅导员在工作任务、责任风险和素质要求等方面所面临的挑战更大，在学历、学位、职称和待遇等方面所面临的心理压力也越来越大。所以，对于辅导员来说，及时地舒缓压力，释放压力，保持自身的心理健康的意义尤为重要。

二、辅导员团体心理辅导的意义

（一）团体心理辅导是辅导员自身心理成长的需要

在第一节中，我们已经介绍了辅导员的心理健康状况并不容乐观：多重角色的冲突引发的焦虑心理；低职业认同感导致的自卑、压抑心理；机制问题导致的困惑与迷茫心理；职业枯竭导致的心理疲劳、职业精神缺失。这些问题如不及时解决，长期累积起来，就可能导致心理障碍，并可能引发心身疾病。团体心理辅导的独特方式为辅导员们提供了一个多项沟通、交流互动及宣泄负性情绪的平台，辅导员们在对为他们设计的主要问题的分析、探讨中，在交流信息、解决问题和探索个人价值等方面都可以相互提供和分享多元化的资源，同时可以学习和模仿团辅成员的适应行为，从多个角度去洞察自己，扩大自己的内心世界，反观（反省）自己的一些不良行为和认知，在分享和交流中得到改变和提高，从而实现自我的心理成长。

（二）团体心理辅导是辅导员自身工作的需要

在第一节对大学辅导员概念的界定中我们已经谈到，作为新时期的高校辅导员在工作中要遵循思想政治教育与心理辅导相结合的原则。可以说，心理辅导是高校辅导员不可或缺的重要职能。对于一所拥有上万学生甚至几万学生的高校来说，仅靠少数的专业心理工作者开展心理辅导工作，所收到的效果往往是很微弱的。据对全国12.6万大学生的抽样调查显示：我国大学生心理问题的发生率为20.23%，且大多研究显示大学生的心理健康总体水平低于全国常模。心理问题已成为近年来大学生休学、退学的第一位原因，大学生对心理辅导的需求日趋强烈。个体心理辅导由于受其工作性质的制约，可以提供帮助的学生毕竟是少数，而团体心理辅导的团体优势在一定程度上解决了个体心理辅导“一对一”的不足，并且，在面对大学生中的一些共性问题和共同需要方面，团体心理辅导往往会取得比个体心理辅导更好的效果。辅导员通过参加团体心理辅导，在自我心理成长、保持良好的工作心态的同时，可以通过自身的体验了解、掌握团体心理辅导的方法和操作流程，进而将团体心理辅导的理论和技术运用到工作中去，促进高校心理健康教育工作的全面开展。

（三）团体心理辅导是解决“师源性”心理伤害的需要

“师源性”心理伤害主要指由于教师自身的心理素质和心理健康水平对学

生的身心健康造成的消极影响。通过第一节对辅导员工作现状的分析我们可以看到，辅导员由于高强度的工作负荷、高危性的职业风险和低职业认同感和个人成就感，非常容易蓄积负性情绪，而这些负性情绪如不及时宣泄出去，就很容易将之发泄到工作中或者学生身上，也就避免不了“师源性”心理伤害的发生。个体心理辅导无疑能起到很好的治疗效果，但辅导员们往往没有积极求治的欲望，而团体心理辅导给辅导员们提供了一个宣泄和交流的平台。通过热身游戏活动、纸笔练习和绘画练习，我们有理由认为，团体心理辅导能够改变辅导员的心理健康状况，提高他们的心理健康水平。

第三节　辅导员团体心理辅导的设计方案

一、辅导员团体心理辅导的目标

在上编第一章中我们已经介绍过，团体心理辅导是一种有计划、有目的的心理辅导活动，为了取得预期的辅导效果，首先必须有明确的辅导目标。团体辅导目标具有导向性、聚焦性、激励性、评估性的功能。团体心理辅导的目标分为一般性目标（共性目标）和过程性目标（阶段性目标）。我们开展辅导员团体心理辅导，总目标是为了提高辅导员的心理健康水平，及其工作积极性和工作效率。但是团体心理辅导的作用毕竟是有限的，我们所能改变的只是人的主观能动性，而影响辅导员心理健康的一些客观因素我们是无法改变的。我们在本章第一节中提出的维护辅导员心理健康的主要方法，如借鉴国外经验，角色定位明确，走辅导员队伍专业化发展的道路和明确岗位职责，建立有效激励机制，提高辅导员的满意度和成就感，这些目标通过团体心理辅导是实现不了的。所以，我们只能在改变辅导员的主观能动性方面做工作。

辅导员团体心理辅导的一般目标是：

（1）通过团体活动，引导辅导员们思考自己的优缺点以及人际关系，通过与其他成员的沟通、探讨，使辅导员们认识、了解自己在人际关系方面的优缺点，并勇于承认自己的缺点。

（2）通过团体活动，使辅导员们在团体中培养一份归属感和被接纳感，在体验与他人的亲密交流、彼此信任的同时，学会关心、倾听和体察他人，能够站在他人的角度看问题，接纳与欣赏同事、学生，了解多种沟通方式，增进师生间的良性互动。

（3）通过在团体中开放自己、了解他人，认识负性情绪给自己的工作和生活带来的危害，寻找几种宣泄和消除负性情绪的方法，提高对情绪的调控能力。

（4）通过团体活动，体验、了解、掌握团体心理辅导的方法和操作流程，进而将团体心理辅导的理论和技术运用到工作中去，促进高校心理健康教育工作的全面开展。

辅导员团体心理辅导的终极目标是：增强自我认识，促进自我成长，提高心理健康水平。

二、辅导员团体心理辅导的原则

（一）一个都不能少的原则

所谓“一个都不能少”，就是要求全体辅导员都必须参加团体心理辅导。通常情况下，团体心理辅导的成员是通过自愿报名，由招募人员根据当前心理辅导团体对团体成员的条件要求，筛选、招募产生的。经过筛选、招募产生的团体成员，其“入团”动机往往都很强烈，这为团体心理辅导的成功奠定了良好的基础。但辅导员团体心理辅导如果也采取首先招募成员的话，恐怕报名人员会寥寥无几。在本章第一节中我们已经分析了辅导员的工作及心理健康状况，从中可以看出，存在的问题还是不少的。针对这些问题，我们采取了多渠道的解决办法，如面向全体辅导员开展心理健康知识（如心理危机干预）讲座等。开展辅导员团体心理辅导，我们把它定位为：属于心理健康教育的一部分，要体现出广泛性和全体性。所以，我们团体心理辅导的第一个内容就是举行了一个“开团式”，请学校党委书记及学生处处长等辅导员的直接领导们主持、讲话，强调了团体心理辅导的意义及纪律要求（每次团辅开始及结束前都要签到）。这样做具有两重影响：一是保证了辅导员的出勤率；二是导致了辅导员的抵触情绪。但是，为了达到对广大辅导员进行心理健康教育的目的，我们认为两权相衡，行政指令优于其他方式。

（二）重资源取向、轻问题取向的原则

在本章第一节中我们分析了辅导员的工作现状：高强度的工作负荷、高危性的职业风险和低职业认同感和个人成就感，从而非常容易累积负性情绪。团

体心理辅导，为辅导员们提供了一个宣泄负性情绪的平台，前面我们已经提出了负性情绪要及时宣泄出去以利心理健康的观点，但是，宣泄负性情绪应该是积极的、建设性的，而不是消极地发牢骚。所以，为了避免辅导员们在一起消极地发牢骚，我们在每个单元的活动设计中，都会突出重资源取向、轻问题取向的原则，在保护每一位辅导员不受心理伤害的前提下，鼓励辅导员们给自己的工作积极赋意，挖掘辅导员工作的资源（好处），淡化辅导员工作的问题（坏处），努力平衡自己的心理落差。

（三）保密原则

这是我们在整个团体活动中自始至终要反复强调的原则，也就是要求团体成员们不得在团体之外的任何场合透露团体中任何一位成员的隐私。这既是我们团体心理辅导的原则，也是做人的基本道德原则。其目的就是要保证辅导员们的心理安全，克服辅导员们的防御心理，以便更深入地暴露、澄清和解决自身的问题。保密原则是任何团体心理辅导中都必须强调的原则。

（四）可操作性原则

所谓可操作性原则就是指辅导目标要具体化，要便于操作，避免活动目标出现假、大、空现象。前面我们已经分析过，辅导员由于工作的压力，难免产生这样、那样的心理问题，而心理辅导的作用毕竟是有限的，因此我们必须根据心理辅导有限的作用来制定辅导员团体心理辅导切实可行的目标。

三、辅导员团体的性质

（1）团体的性质：同质、封闭性、结构式成长团体。

（2）团体成员：全体专职辅导员、兼职辅导员以及学生“团体心理辅导工作室”的部分成员。我们采取的是大团体进行热身活动和结束活动环节，小团体进行主要活动——分享、讨论环节的活动形式。

（3）活动时间：每周活动一次，共6次。每次2.5～3小时。

（4）活动地点：安静、有能移动的椅子及多媒体设备的大活动室。

（5）活动用具：海报纸、A4纸、宣纸、水彩笔、蜡笔、眼罩等。

四、辅导员团体心理辅导的理论基础

（1）社会学习理论（班杜拉）。

（2）人际沟通理论（柏恩）。

（3）群体动力论（勒温）。

（4）来访者中心理论（罗杰斯）。

（5）需要层次理论（马斯洛）。

具体的解释、说明请看上编第一章“团体心理辅导中的理论应用”。

五、辅导员团体心理辅导效果的评价

为了检验辅导员团体心理辅导的效果，我们设计了在开展辅导前和辅导后进行问卷调查的方式来进行评估。采用 SCL90 症状自评量表、王登峰的自我和谐量表和自编的团体满意度量表来进行测评。

六、辅导员团体心理辅导的具体方案

第一单元　第一次亲密接触

一、单元目标

本单元的主要目标是使成员相互认识、增进彼此了解和建立小组 。

（1）通过热身活动使辅导员们放松，暂时忘却工作的烦恼，同时了解人际沟通的多种方式与方法。

（2）引导辅导员们“放下架子”，与学生“亲密接触”，以增进师生间的相互了解。

（3）通过主要活动和结束活动增进辅导员们的团队意识和个人责任感。

二、活动内容

1．热身活动

（1）刮大风：在进行游戏前，团体领导者（老师）要了解、掌握团体成员们的一些共性和个性的特征，如成员的性别、年龄、属相、专业、特长、兴趣、爱好等的特征，指挥团体成员们活动。领导者的口令一下达，符合特征的成员就要迅速起立，离开自己原来的位置，跑到其他的空位置上去。例如，领导者喊“大风吹，吹到男生的身上”，那么全体男生就要迅速离开自己的位置，跑到其他的空位置上去。活动中会有一些人找不到位置或最后一两位找到位置的，那么就请他们出来，站到中间做自我介绍，也可以谈谈他（她）为什么没有找到位置（当时的想法和做法），然后变换口令进入下一轮。需要注意的是，在活动中要遵循“先多后少”的原则（指逐一轮次活动的人先多后少）。如大风吹到扎辫子的人身上，那么扎辫子的人就要跑动起来，此时，可能会有留着短发或长发但没扎辫子的女生也跑动起来，那么，我们也请她到中间去做自我介绍。几轮下来，成员们的情绪就被调动起来了，陌生感也就随之减少了。

游戏 + 分享时间：15 分钟

（2）微笑握手：全体成员随机手拉手围成一个大圈→一至二报数→数二的成员向后退一步，围成一个外圈→数一的成员一对一面向数二的同学围成一个内圈→数二的成员顺（逆）时针小步走动，依次与数一的成员微笑握手→领导者喊停，数二的成员即停止走动并且握住最后一个握手的那位成员的手，成为互相访问的对象。通过微笑握手，促使成员们进一步熟悉团体成员的面孔，同时产生了一对对形成小组的基本单位。

游戏时间：10 分钟

（3）超级访问：微笑握手形成的一对成员，互相对对方进行各自 3 分钟的访问，以增进对彼此的了解。

游戏时间：10 分钟

（4）滚雪球：超级访问的每一对成员与邻近的一对组成 4 人小组，围成小圈先每人顺（逆）时针做自我介绍及用简短的语句介绍自己的原籍及喜恶。然后从其中一人开始，首先自我介绍，而后依次介绍其他 3 位成员的名字及他（她）的原籍及喜恶，反复几轮下来，4 人之间应该彼此相识了。然后，4 人小组再与邻近的四人组成 8 人小组，再按照前面的要求“滚雪球”，这样，一个彼此初步了解的 8 人活动小组就产生了。如果小组太多，领导者不便于指挥的话，还可以拆开一个（几个）8 人小组，形成 12 人小组。

游戏时间：25 分钟

说明：如果考虑需要更有针对性地开展活动，避免辅导员由于有学生是小组成员而产生心理防御的话，可以从微笑握手环节开始，辅导员和学生分开，各自按照领导者的口令要求，同步进行活动，产生出数个学生活动小组和辅导员活动小组。

2. 主要活动

（1）分享热身活动的感受：采取大组分享的形式进行分享。首先请成员们进入各自的小组，各小组随机选择场地围成圈，然后各小组派代表起立进行分享。通常情况下，学生的分享要比辅导员积极、踊跃。所以，领导者一定要掌控好这一分享环节，既要充分调动辅导员分享的积极性，同时又不能打击学生分享的热情。第一次分享的好坏，可能是今后活动成败的关键。

分享时间：20 分钟

说明：今后各单元的活动，一般都是集体进行热身活动和结束活动，小组进行主要活动。

（2）建立组名，确定组歌，产生组长，制定小组契约：将海报纸和水彩笔发到各组，组员们群策群力，将“集体的智慧”凝结到海报纸上，然后各组发表自己的“成果”，评选出最佳作品。

创作 + 表演时间：50 分钟

注意：领导者此时要认真观察每位成员，尤其是辅导员们的参与情况。掌握“两极”成员（消极和积极成员）的表现，掌握个别“问题”成员的表现，便于以后有针对性地进行辅导。

3. 结束活动

（1）确立小天使：每个小组围圈坐好，将 1/4 大小的空白 A4 纸发给全体成员，每人一张并将自己的名字写在纸上，然后将纸对折两次后将它放在小组的桌子中央，由组长把折纸搅动数次，随后让每一位组员随机抽取其中的一张，抽取显示的人名，自己便是他（她）的小天使。当然，也可能自己是自己的小天使。那么，谁是自己的小天使，此时是不知道的，这个谜底要在最后一次活动中才能揭开。此时，领导者要强调小天使的使命，就是在今后的活动中要默默地帮助自己抽到的那个人，在最后一次活动中，大家根据组员对自己的关心程度猜出自己的小天使。

活动时间：10 分钟

注意：领导者在此项活动开始前，要反复强调纪律要求，在整个活动中大家不能说话，要无声地进行这项活动。另外，还要强调折纸的大小要统一，要不留记号，活动结束后要保密。

（2）全体齐唱《明天会更好》：全体成员手拉手围成一个大圈，跟着视频高唱《明天会更好》。领导者此时要注意调动消极成员的情绪。

活动时间：5 分钟

注意：活动结束后要强调下一次活动的时间、地点及准时参加原则，强调保密原则（本次活动的小组成员的个人分享内容不得向小组外的任何成员传播，强调每个人都有保护他人隐私的责任和义务）。同时，还要强调今后的每次活动各个小组都要将展示本组组名、契约等的海报带来贴在醒目位置，以此形式来强化团队（小组）意识。

第二单元　我的自我我最知

一、单元目标

本单元的主要目标是进一步加深团体成员之间的相互了解及对自我的探索。

（1）通过热身活动（无家可归、松鼠与大树）使团体成员思考个人与集体的关系，体验归属感、被接纳感以及不被接纳的失落感、孤独感；通过“盲人与拐杖”游戏使团体成员体验信任的重要性，体验丧失的无助感及拥有的幸福感与责任感。

（2）通过主要活动引导团体成员对自我进行深层次的探索，增强自我认识，促进自我成长。

二、活动内容

1．第一单元活动回放

将事先编辑好的带有音乐和情节的第一单元活动的记录——照片回放给团体成员们看，其目的是回顾与总结，从而承上启下。

2．热身活动

（1）无家可归：游戏规则——领导者根据全体成员的人数预先设计好不同轮次的“家庭人数”，原则是每一轮都会有人“无家可归”。大家按照领导者的口令（如每 8 人组成一个家庭），迅速跑动随机寻找自己的“家庭成员”，组成自己的家庭。没有“成家”的成员就要与大家分享感受。然后，变换“家庭人数”（如 5 人家庭、7 人家庭等）再进行几轮，每轮结束后分别请“无家可归”的人谈感受。

游戏 + 分享时间：15 分钟

（2）松鼠与大树：游戏规则——每两人手掌心相对，双臂上举架起“一棵大树”（这两人的身份为“大树”），然后有做“松鼠”的人进入两人组成的“大树”中间，形成一个三人组合的单元。谁做“松鼠”，谁做“大树”，不做事先安排，完全是大家在领导者的口令下的随机行为。领导者首先下达口令请大家跑动组合，组成自己的“松鼠与大树”，此时，没有被接纳的人请他

（她）与大家分享感受；然后大家在领导者变换的口令下进行几个轮次的跑动重组。当领导者喊“松鼠”时，大树身份的人不动，松鼠身份的人要离开自己原来的“大树”，跑到另外的“大树”中去；当领导者喊“大树”时，松鼠身份的人不动，“大树”们要跑动重新组合成新的大树；当领导者喊“地震”时，所有的人都要跑动起来，进行新的组合。这几轮中都会有人“被抛弃”，每一轮都要请他们谈感受。

游戏+分享时间：15分钟

注意：无家可归与松鼠与大树这两个游戏，其性质是一样的，如果时间不充分的话，可只进行一个游戏。进行“松鼠与大树”游戏时，要安排几个“自由人”（团辅工作人员），自由人可以充当任何身份与成员们一起活动，其目的是保证每一轮次中都有成员因“被抛弃”而谈感受。领导者要善于引导和启发团体成员们进行深层次的思考，也要请在两个游戏中从未“被抛弃”的成员分享感受，从而认识归属感的意义。

（3）盲人与拐杖：游戏规则——首先全体成员随机手拉手围成一个大圈→一至二报数→数二的成员向后退一步，围城一个外圈→数一的成员一对一面向数二的同学围成一个内圈→给内圈（数一）的成员戴上眼罩先做“盲人”→外圈（数二）的成员顺（逆）时针走动，当领导者喊停时，外圈的成员停住脚步，选择此时正面对着的一位“盲人”，做他（她）的拐杖，不许说话，“拐杖”用自己认为合适的方式（如肢体语言）引领“盲人”走完按照团辅工作人员事先安排好的指定路线。回到目的地后“盲人”摘下眼罩，确认自己的“拐杖”，两人互相交流感受。待最后一对“盲人和拐杖”回到目的地后，进行角色换位，原先做“盲人”的成员做拐杖站在外圈，原先做拐杖的成员做“盲人”戴上眼罩站在内圈，外圈同学再按照前面的规则走动选出自己的帮扶对象（“盲人”），同样按照前面的规则带领“盲人”回到目的地。“盲人”摘下眼罩后与自己的“拐杖”交流感受。待最后一对“盲人与拐杖”回到目的地后，全体成员一起分享自己做“盲人”与“拐杖”的不同的心理感受。

游戏+分享时间：50分钟

注意：团辅工作人员在活动之前要选好活动路线，路线中要有一定的障碍（如上下楼梯等）让“盲人”去探索和体验。领导者在游戏之前要强调整个游戏中不许说话的纪律要求，要掌控好时间，整个活动中要有工作人员带路以免出现混乱。活动结束后的分享环节领导者一定要重视，要努力挖掘成员们内心深处的感受，也可以将“盲人与拐杖”作为一个单元的活动来设计，可以让成员们做纸笔练习，写出自己全面而细致的感受。

3．主要活动

纸笔练习：

（1）用“我是”开头造20个句子，描述自我。

（2）自画像：可以用任何形式画出自己——抽象的、形象的、写实的、动物的、植物的什么都可以。并用简练的语言说明、解释自己的画。

创作＋分享时间：60分钟

注意：这两个活动是在小组内完成的。领导者在布置活动前要事先强调用“我是”造句和自画像没有是非、好坏之分，只要在指定时间内完成就可以了。在分享环节中，要遵循每一位组员都自愿分享的原则，如果有些内容不想同大家分享的话可以不分享。对于一些情绪激动（如哭泣）的成员，要注意对其进行保护。不要怕他（她）哭，而要引导他（她）将情绪宣泄出来。

4．结束活动

全体成员齐唱《祈祷》。

活动时间：5分钟

注意：结束活动时强调下一次活动的时间、地点以及准时、保密原则。

第三单元　生命的价值我探寻

一、单元目标

本单元的主要目标是增进团体成员间的深入了解和探索自己的价值观。

（1）通过热身活动引导成员们体会到“在意对方和被对方在意”的感受，感悟到向对方表露自己内心感受的意义，提高人际交往水平和情绪调适能力。

（2）通过主要活动引导成员学会珍惜拥有，澄清自己的价值观。

（3）通过结束活动引导成员懂得感恩，强化奉献意识。

二、活动内容

1．第二单元活动回放

2．热身活动

（1）问路：游戏规则——全体成员随机围成一个能够面对面的大圈，领导者用指导语引导成员，“假如你迷路了，你会向团体中的谁问路?”如果找到了被求助者，请走过去，将一只手搭在他（她）的肩膀上。游戏完成后看一看谁肩膀上的手最多。然后，请肩膀上手最多的那些成员分享感受以及求助者们分享向被求助者求助的理由。

游戏+分享时间：10分钟

（2）借钱：游戏规则——与问路的游戏规则相同，只是求助者向被求助者借钱。结束后，同样要请成员分享感受。

游戏+分享时间：10分钟

（3）找老熟人：游戏规则——请在全体成员中观察，寻找一位或多位与自己熟悉或亲近的人非常相似的成员，把心里想对他（她）说的话当面对他（她）表达出来。

游戏+分享时间：10分钟

注意：这三个游戏领导者要善于调动成员的情绪，用富于感染性的语言鼓励成员积极地投入到游戏中，同时积极引导成员大胆地向对方表达出内心的感受。

（4）唱儿歌找朋友：每位成员出声地唱出自己儿时最喜欢的歌曲，然后循声找到与自己唱着同样或相似歌曲的成员，手拉手围成一个圈，形成了另外的分组。然后，大家互相分享感受。

游戏+分享时间：20分钟

注意：这个游戏大部分成员会很快乐、很放松，仿佛回到了童年。但也会有个别成员会联想到不快乐的童年，此时领导者要掌控好局面，以使活动顺利进入主要活动环节。

3. 主要活动

纸笔练习：将事先打印好的答题纸以小组为单位，发给每位成员一份。

（1）拥有与丧失。

拥有：写出你认为生活中最重要的五样东西及选择的理由。

丧失：将上面所写的五样东西逐一划掉，体验其中的过程和内心的感受。向组员分享自己的感受（每一位组员都要分享）。

创作+分享时间：50分钟

（2）画生命线。

预测自己的死亡年龄，并列出过去影响你最深或令你最难忘的三件事和今后你最想做的三件事或最想实现的三个目标。与其他组员分享自己的感受（每一位组员都要分享）。

创作＋分享时间：50 分钟

注意：这两个练习进入了更深层次的自我探索。有些成员可能会很投入，情绪激动；有些成员可能会很防御，态度消极，影响小组其他成员的情绪。领导者要善于调动、发挥组长和“骨干”组员的作用，确保分享的形势向着主流的、积极的方向发展，以利于以后小组分享活动的开展。

4. 结束活动

手语操《感恩的心》。

全体成员跟随“视频”或工作人员的动作，做手语操。如果时间允许的话，可进行两遍，使成员充分被感染、感动，强化珍惜和感恩意识。

活动时间：10 分钟

注意：结束时强调下次活动的时间、地点及保密原则。

习作：拥有与丧失

你生活中最重要的五样东西及选择的理由：

1.

2.

3.

4.

5.

丧失练习：认真体验过程及内心的感受

练习中所得到的启发：

习作：画生命线

生命线

0

出生 ———————————————— 预测死亡年龄

1. 预测死亡年龄的依据：

①你的健康状况

②家族的健康状况

③生活地域的平均寿命

2. 找出今天你的位置：

①写上今天的年龄

②写上今天的日期

3. 思考过去的你和未来的你：

①列出过去影响你最深或令你最难忘的三件事

②列出今后你最想做的三件事或最想实现的三个目标

过去的三件事	未来的三件事
①	①
②	②
③	③

第四单元　快乐烦恼伴我行

一、单元目标

本单元主要目标是探索人际沟通的技巧及更深入地对自我进行探索。

（1）通过热身活动强化成员的互帮互助及团队合作的精神，进一步探索人际沟通的技巧。

（2）通过主要活动——纸笔练习引导成员开放自我，探索人际沟通的技巧。

（3）通过主要活动——绘画练习引导成员思考家庭关系对自我的影响，更深入地对自我进行探索。

二、活动内容

1. 第三单元回放

2. 热身活动

（1）揉肩捶背：游戏规则——全体成员随机手拉手围成一个大圈→一至二报数→数二的成员向后退一步，围成一个外圈→数一的成员一对一面向数二的同学围成一个内圈→数二的成员顺（逆）时针小步走动→领导者喊停，数二的成员即停止走动→与自己正对面的数一的成员组成一对搭档，随机找一张坐椅，互相为对方揉肩捶背、按摩5分钟。

游戏时间：15分钟

注意：领导者需强调的是方法随意，依自己的能力和理解而进行。

（2）同舟共济：游戏规则——本游戏是以小组为单位，各组组员在领导者的统一口令下进行的。首先要选择一个“舟”（地上的一块面积），可用一张大报纸铺在地上做舟，也可在地上画一个大一些的正方形或矩形做“舟”（如果地板本身就是由一块块地砖组成的话，就可以以地砖做“舟”）。小组成员巧动脑筋想办法，使全体组员单脚站立在“舟”上，坚持3秒钟以上就算成功（不能出界，不能双脚站在地上）。然后，增加难度，逐渐缩小“舟”的面积，将报纸1/2进而1/4折叠；将方块逐渐缩小，依然是全体组员单脚站在“舟”上，坚持3秒钟以上算成功。最后，看哪个小组的“舟”最小。

游戏时间：20分钟

注意：做这个游戏时，领导者要不断引导各小组成员群策群力想办法，同时要安排工作人员做裁判，监督各组是否有违规的情况。

（3）解开千千结：游戏规则——本游戏以小组为单位。首先，全体组员随机手拉手围成一个圈，请每位组员记住自己的左右手分别是谁，然后大家分开手随机地小范围地交叉走动，当领导者喊停时，大家停住脚步，找自己先前拉手的两位左右手成员，再与他们按照左右手拉上，这样就会形成“千千结”，然后，小组成员想办法移动（转动）身体，但双手不能松开，解开千千结。一个小组解开千千结时可增加难度，与邻组成员结合再形成更大的千千结，想办法再解开。

游戏时间：20分钟

注意：做这个游戏时，领导者要不断鼓励大家要耐心、坚持、想办法，同时，要强调注意安全，并请工作人员判断有否违规，以判定是否成功。

（4）三个活动结束后请各小组派代表分享感受，交流成功与失败的经验。

分享时间：20 分钟

3. 主要活动

（1）纸笔练习：走出圈外。

成员按照答题纸的要求，由外圈向内圈依次在圈内按要求填入答案。

创作 + 分享时间：40 分钟

注意：做这个练习时，有些成员会说我写不出来，领导者要耐心说明答案是没有对错之分的，请成员耐心、轻松地思考作答，必须在规定时间内填上答案。

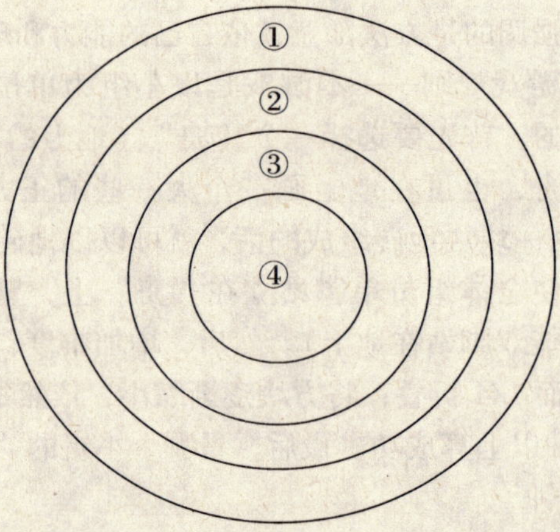

走出圈外

①生活中常让你开心，但很少对人说的事。

②生活中常让你不开心，但很少对人说的事。

③一个你个人的目标。

④用三个词概括你最具代表性的人格特征。

（2）绘画练习：画“家庭金鱼缸”。

①给每个小组发放彩色蜡笔一套，给每位成员发放白纸一张。

②各成员根据自己与家庭各成员之间的关系进行作画，根据自己的心情和认识，选用不同色彩的蜡笔画出不同形状、不同大小的鱼和鱼缸。

③小组内分享交流讨论。

绘画 + 分享时间：50 分钟

注意：做这个练习时，成员常常会请领导者解释自己的画，领导者此时不要给成员以自己的观点、看法及暗示，要引导成员自己给自己的画赋意，组员之间可以互相为对方的画赋意。

4. 结束活动

全体跟随视频高唱《真心英雄》。

活动时间：5 分钟

注意：结束活动时强调下一次活动的时间、地点以及准时、保密原则。

第五单元　经历风雨，方见彩虹

一、单元目标

本单元主要目标是挖掘做辅导员工作的优点、探讨应对和解决工作困难的办法及更深层次地探索自我。

（1）通过热身活动“成长三步曲”引导成员们体验挫折、接纳挫折、战胜挫折。

（2）通过热身活动“搭塔”和“精神欢呼”引导成员们认识到开放自我、展示自我及团队合作的意义。

（3）通过主要活动引导辅导员们深入细致地挖掘辅导员工作的优点，探讨应对和解决工作困难的办法，乐观地面对自己的工作，在对自我更深层次的探索中，逐步完善自我。

二、活动内容

1. 第四单元回放

2. 热身活动

（1）成长三步曲：游戏规则——首先，以小组为单位，用“石头剪子布”猜拳决出各组的“鸡蛋”、“小鸡”和“大鸡”，做“鸡蛋”的要蹲着，做“小鸡”的要半蹲，做“大鸡”的可以站着。然后各组的“鸡蛋”、“小鸡”、“大鸡”同角色之间再用“石头剪子布”猜拳决出胜负，胜者可变成上一级角色，依次为“鸡蛋”变成“小鸡”→“小鸡”变成“大鸡”→“大鸡”决胜负，胜者成为“鸡王”坐到座位上去，每成长一级，姿势也与同级对应；负者，要变成下一级角色，依次为“大鸡”→“小鸡”→“鸡蛋”，姿势也相应改变。小组之间角逐完成后，与邻组的同级角逐，规则同上，直至在规定的座位上坐满了“鸡王”或规定游戏时间到了，看每个成员最后的角色是什么，保持角色姿势，请各角色成员分享感受。

游戏+分享时间：20分钟

注意：做游戏前领导者一定要反复强调、解释清楚游戏规则，以免游戏过程中出现混乱及成员违规。

（2）搭塔：游戏规则——首先，发给每组A4纸20张，透明胶带一卷。要求每组在规定时间内将20张A4纸全部用完，完成搭塔任务。搭塔过程中，组员之间不许讲话，但可用肢体语言做交流。记录最先完成的一组与最后完成的一组所用的时间及大多数小组所用的时间；请各小组派代表说明创作经过并给“塔”起名赋意；评出最有创意、形状最美的塔。

游戏+分享时间：40分钟

（3）精神欢呼：游戏规则——每个成员想出一个动作和口号，带领组员跟随其一起表演；每个成员逐一表演完毕后，各小组选出最有创意的动作和口号逐一展示给大家；最后，选出全组最有创意的动作和口号。

游戏+分享时间：20分钟

注意：做这个游戏时，一部分成员表现出扭捏，不敢放开自己，领导者可带头示范，鼓励每一位成员勇于展示自己。

3. 主要活动

（1）绘画练习：墨迹画（投射画）。

首先，发给每组一盒水彩、每人两张8开大小的宣纸或可拓印的美术纸。把第一张宣纸对折后，在其另一半上用水彩随意图画（每人根据自己的需要、喜好选择水彩颜色），然后拓印在另一面。再把另一张宣纸放在第一张上拓印，然后给自己拓印下来的画赋意，自编一个故事讲给大家听，让大家帮助分析。

绘画+分享时间：40分钟

注意：在绘画前领导者要强调成员们认真听好拓印操作要求，以免成员因错误操作而浪费纸张。对于成员的投射画分析，领导者不要加入自己的个人观点，鼓励成员开动脑筋积极想象，为自己的画赋意。

（2）纸笔练习：挖优点攻难点。

①写出做辅导员工作7条以上的优点。

②写出做辅导员工作的困难、苦恼并提出解决、应对的办法。

创作 + 分享时间：60 分钟

注意：做这个练习时，由于直接涉及辅导员的具体工作，辅导员们会产生防御心理。为了避免流于形势，领导者要善于调动积极组员、组长的热情，利用积极的“场效应”去影响消极组员。学生小组可将题目换成“读大学的优点及困难是什么”。

4．结束活动

全体成员跟随视频做手语操《我真的很不错》。

活动时间：10 分钟

注意：结束时强调下次活动的时间、地点及保密原则。

第六单元　我的未来不是梦

一、单元目标

本单元主要目标是引导成员思考目前困扰自身的主要问题是什么并寻求其他组员的帮助。

（1）通过热身活动使成员认识到自己的优点与魅力所在，同时认识到人际交往中赞美的重要性。

（2）通过主要活动引导成员思考自己真正的需要是什么，目前困扰自身的主要问题是什么并在其他组员的帮助下找到解决问题的思路及办法。

（3）通过结束活动引导成员珍惜团体，热爱团体。

二、主要活动

1．第五单元回放

2．热身活动

（1）戴高帽：游戏规则——本游戏是在小组中进行的。首先发给每小组一顶“高帽”，每小组先选出一名组员戴上高帽站在小组围成的圈中央向大家摆个展示自己风采的姿势，然后逐一走到小组每一位组员面前，逐一接受每位组员的赞美。每个成员按游戏规则轮换一次。

游戏 + 分享时间：30 分钟

注意：在游戏开始之前领导者要强调让每一位成员认真体会他人的赞美，谁的赞美最符合自己，谁的赞美自己感觉最好及最不好，谁的赞美最艺术、最有创意，以引导成员去总结“赞美”的艺术和方法。

（2）兔子舞：游戏规则——大家排成一条长龙，手搭着前面同学的肩膀，跟随着兔子舞的节拍在“龙头”的带领下按照“左右前后”的节奏舞蹈。

游戏时间：5 分钟

3．主要活动

（1）小小动物园：用彩笔写出你最喜欢的能代表自己个性的动物并与组员分享。

活动时间：15 分钟

（2）热座：首先发给每人一个信封，信封内装有组员人数 -1 张纸条（纸条需半张 A4 纸大小），每人经过认真思考，提出一个目前最困扰自己、最想解决的问题，然后将问题写在纸条上（每人要写组员人数 -1 遍），将纸条逐一发给每一位组员，请他们将“高招”写在纸条上装入你的信封，这样，每个人都能得到组员人数 -1 个“高招”。

活动时间：50 分钟

（3）礼物大派送：经过五个单元的活动，每个人对自己的组员都有了一定的了解，根据自己的判断，给每位组员虚拟送上（写在问卷纸上）他（她）目前最想得到、最需要的礼物。然后，每位组员分享自己“收到”礼物后的感受。

活动时间：30 分钟

团体练习：礼物大派送

序号	小组成员名单	你赠予成员的礼物	你从成员那里获得的礼物
1			
2			
3			
4			
5			
6			
7			
8			
9			
10			
11			

4. 结束活动

（1）小天使揭秘：猜猜谁是自己的小天使。

活动时间：5 分钟

（2）放飞机：每人发半张 A4 纸→每人在 A4 纸上写上一句祝语并写上自己的名字→将 A4 纸折叠成纸飞机→全体成员在领导者的统一口令下向远处放飞自己的飞机→每位成员就近捡起一只纸飞机→选出一位成员为幸运星站在大圈中央→捡到写有那位幸运星名字的成员高声读出幸运星上的祝词并站在其后→捡到写有站在幸运星后面的那位成员名字的成员高声朗诵祝词继续站在其后，以此类推，最后形成一个大的幸运星。

活动时间：30 分钟

（3）全体齐唱：全体成员手拉手围成一个大圈，跟随《同一首歌》视频，齐唱《同一首歌》。

活动时间：5 分钟

第一单元　活动计划——第一次亲密接触

主题	内容	时间	道具
热身活动	1. 刮大风：大风吹到符合领导者要求的特征的团队成员身上，有相应特征的成员就要起身更换座位，最后一位坐下的成员需要介绍自己。	15min	
	2. 微笑握手：全体成员随机手拉手围成一个大圈→一至二报数→数二的成员向后退一步，围成一个外圈→数一的成员一对一面向数二的同学围成一个内圈→数二的成员顺（逆）时针小步走动，依次与数一的成员微笑握手→领导者喊停，数二的成员即停止走动并且握住最后一个握手的那位成员的手，或为互相访问的对象。	10min	
	3. 超级访问：与访问对象就近坐下进行互相访问。	10min	
	4. 滚雪球：就近的两对手拉手围成一个圈，每人依次介绍自己及其他三位成员的名字、喜恶等；一圈介绍完后，再与邻近一组结合，组成 8 人大组，再每人介绍自己及其他 7 位成员的名字、喜恶等，从而形成活动小组。	25min	
主要活动	1. 分享热身活动的感受。	20min	海报纸、彩笔、蜡笔
	2. 建立组名，确定组歌，产生组长，制定小组契约（以海报的形式）。	50min	
结束活动	1. 确立小天使：小组内每个成员用一张同样大小的纸张，写上自己的名字，然后叠成同样大小的形状，在地上打乱，然后让每个成员随机抽取其中一张，每个人都会抽到一个成员的名字（也可能是自己），自己就是那个人（或自己）的小天使。	10min	A4 纸
	2. 全体齐唱《明天会更好》。	5min	《明天会更好》视频

第二单元　活动计划——我的自我我最知

	活动内容	时间	道具
热身活动	1. 无家可归：大家按照领导者指定的人数要求，自由、迅速地组成自己的“家”，请出反应慢、无家可归的成员，然后请这些成员谈感受，可进行几轮。 2. 松鼠与大树：分别由三个人组成一组“大树”与“松鼠”的搭配，按照领导者的口令而变动，请“落伍”的成员谈感受。 3. 盲人与拐杖：与“微笑握手”同样的游戏方法组成“盲人”与“拐杖”，一对对搭档，“盲人”戴上眼罩，然后在“拐杖”的搀扶下，沿着领导者选定的路线活动。搭档间不能讲话，“拐杖”只能用手势、动作帮助“盲人”体验各种感觉。活动结束后两人坐下交流各自的感受，并在团体内交流。然后再通过游戏换搭档和角色，使每位成员都能分别体验到做“盲人”和“拐杖”的不同的感受。	15min 15min 50min	眼罩若干
主要活动	纸笔练习： 1. 用“我是”开头造 20 个句子，描述自我。 2. 自画像：可以用任何形式画出自己——抽象的、形象的、写实的、动物的、植物的什么都可以，并用简练的语言说明、解释自己的画。	60min	A4 纸
结束活动	全体齐唱《祈祷》。	5min	《祈祷》视频

第三单元　活动计划——生命的价值我探寻

主题	活动内容	时间	道具
热身活动	1. 问路："当你迷路时会向谁问路？请把手搭在他（她）的肩膀上。"看看谁肩膀上的手最多，并且与大家分享一下你为什么要向他（她）问路。	10min	
	2. 借钱："当你需要借钱时，你会向成员中的哪一位借钱，请将手搭在他（她）的肩膀上。"看看谁肩膀上的手多，并且与大家分享一下你为什么要向他（她）借钱。	10min	
	3. 找老熟人：请在全体成员中寻找一位或多位与自己所熟悉或亲近的人非常相似的成员，把心里想对他（她）说的话当面对他（她）表达出来。	10min	
	4. 唱儿歌找朋友：每位成员唱出自己儿时最喜欢的歌曲，然后循声找到与自己唱着同样或相似歌曲的成员，手拉手围成一个圈，形成了另外的分组。然后，大家分享感受。	20min	
主要活动	纸笔练习： 1. 拥有与丧失。 拥有：写出你认为生活中最重要的五样东西及选择的理由。 丧失：将上面所写的五样东西逐一划掉，体验其中的过程和内心的感受。	50min	A4 问卷纸《拥有与丧失》
	2. 画生命线：预测自己的死亡年龄，并列出过去影响你最深或令你最难忘的三件事和今后你最想做的三件事或最想实现的三个目标。	50min	A4 问卷纸《画生命线》
结束活动	手语操《感恩的心》。	10min	《感恩的心》的视频

第四单元　活动计划——快乐烦恼伴我行

主题	活动内容	时间	道具
热身活动	1. 揉肩捶背：与“微笑握手”游戏规则相同地组成一对搭档，双方互相为对方揉肩捶背、按摩5分钟。	15min	报纸
	2. 同舟共济：选择一个“舟”（地上的一块面积），可用一张大报纸铺在地上做“舟”，也可在地上画一个大一些的正方形或矩形做“舟”。小组成员巧动脑筋想办法，使全体组员单脚站立在“舟”上3秒钟以上就算成功（不能出界，不能双脚站在地上）。然后，增加难度，逐渐缩小“舟”的面积，将报纸1/2进而1/4折叠；将画（划）的方块逐渐缩小，依然是全体组员单脚站在“舟”上3秒钟以上算成功。最后看哪个小组的“舟”最小。	20min	
	3. 解开千千结：首先，全体组员随机手拉手围成一个圈，请每位组员记住自己的左右手分别是谁，然后大家分开手随机地小范围地交叉走动，当领导者喊停时，大家停住脚步，找自己先前拉手的两位左右手成员，再与他们按照左右手拉上，这样就会形成“千千结”，然后，小组成员想办法移动（转动）身体，但双手不能松开，解开千千结。	20min	
	4. 分享感受。	20min	
主要活动	1. 纸笔练习：走出圈外——成员由最外圈①至最里圈④分别填入。 ①圈——生活中常让你开心，但很少对人说的事。 ②圈——生活中常让你不开心，但很少对人说的事。 ③圈——一个你个人的目标。 ④圈——用三个词概括你最具代表性的人格特征。	40min	A4问卷纸《走出圈外》
	2. 绘画练习：画“家庭金鱼缸”——各成员根据自己与家庭各成员之间的关系进行作画，根据自己的心情和认识，选用不同色彩的蜡笔画出不同形状、不同大小的鱼和鱼缸。	50min	A4纸、蜡笔
结束活动	所有成员手拉手围成一圈合唱歌曲《真心英雄》。	5min	《真心英雄》视频

第五单元　活动计划——经历风雨，方见彩虹

主题	活动内容	时间	道具
热身活动	1. 成长三部曲：以“蹲着”代表“鸡蛋”,“半蹲着”代表“小鸡”,“站着”代表“大鸡”的方式演示人的三个成长阶段。以与同成长阶段的组员猜拳决胜负的方式来决定成长的阶段，直到从“大鸡”中胜出才可以坐回座位。	20min	
	2. 搭塔：每组发给20张A4纸和一卷透明胶带用作搭塔材料。要求将20张A4纸全部用完且搭塔过程中组员之间不能讲话，但可用肢体语言交流。看哪组能在最短的时间内做出最有创意的塔。	40min	A4纸、透明胶带
	3. 精神欢呼：每个成员想出一个动作和口号，带领组员跟随其一起表演；每个成员逐一表演完毕后，各小组选出最有创意的动作和口号逐一展示给大家；最后，选出全体最有创意的动作和口号。	20min	
主要活动	1. 绘画练习：墨迹画。 发给每组一盒水彩、每人两张8开大小的宣纸或可拓印的美术纸。把第一张宣纸对折后，在其另一半上用水彩随意图画（每人根据自己的需要、喜好选择水彩颜色），然后拓印在另一面。再把另一张宣纸放在第一张上拓印，然后给自己拓印下来的画赋意，自编一个故事讲给大家听，让大家帮助分析。	40min	水彩、宣纸
	2. 纸笔练习：挖优点攻难点。 ①写出做辅导员工作7条以上的优点。 ②写出做辅导员工作的困难、苦恼并提出解决、应对的办法。	60min	A4纸
结束活动	手语操《我真的很不错》。	10min	《我真的很不错》视频

第六单元　活动计划——我的未来不是梦

主题	活动内容	时间	道具
热身活动	1. 戴高帽：本游戏是在小组中进行的。首先发给每小组一顶“高帽”，每小组先选出一名组员戴上高帽站在小组围成的圈中央向大家摆个展示自己风采的姿势，然后逐一走到小组每一位组员面前，逐一接受每位组员的赞美。每个成员按游戏规则轮一次。	30min	手工彩色“高帽”
	2. 兔子舞：大家排成一条长龙，手搭着前面同学的肩膀，跟随着兔子舞的节拍在“龙头”的带领下按照“左右前后”的舞步舞蹈。	5min	“兔子舞”音乐
主要活动	1. 小小动物园：用彩笔写出你最喜欢的能代表自己个性的动物。	15min	水彩笔
	2. 热座：给每人发一个信封，信封内装有组员人数 - 1 张纸条（纸条需半张 A4 纸大小），每人经过认真思考，提出一个目前最困扰自己、最想解决的问题，然后将问题写在纸条上（每人要写组员人数 - 1 遍），将纸条逐一发给每一位组员，请他们将“高招”写在纸条上装入你的信封，这样，每个人都能得到组员人数 - 1 个“高招”。	50min	信封、A4 纸
	3. 礼物大派送：经过五个单元的活动，每个人对自己的组员都有了一定的了解，根据自己的判断，给每位组员虚拟送上（写在问卷纸上）他（她）目前最想得到、最需要的礼物，然后，每位组员分享自己“收到”礼物后的感受。	30min	A4 问卷纸《礼物大派送》
结束活动	1. 小天使揭秘：猜猜谁是你的小天使。	5min	A4 纸
	2. 放飞机：每人发半张 A4 纸→每人在 A4 纸上写上一句祝语并写上自己的名字→将 A4 纸折叠成纸飞机→全体成员在领导者的统一口令下向远处放飞自己的飞机→每位成员就近捡起一只纸飞机→选出一位成员为幸运星站在大圈中央→捡到写有那位幸运星名字的成员高声读出幸运星上的祝词并站在其后→捡到写有站在幸运星后面的那位成员名字的成员高声朗诵祝词继续站在其后，以此类推，最后形成一个大的幸运星。	30min	
	3. 全体齐唱《同一首歌》。	5min	《同一首歌》视频

第四节 辅导员团体心理辅导的评价

团体心理辅导的评价是指对团体心理辅导活动方案的设计、实施情况及效果所进行的分析和判断。团体心理辅导作为心理健康教育的手段之一已经得到愈来愈多人的认可，但由于其活动性质的特殊性，决定了团体心理辅导的评价标准不能简单地用“好”和“坏”两个字来衡量。如何正确评价团体心理辅导活动的效果是值得我们思考和研究的。我们以一个轮次的辅导员团体心理辅导为例，从辅导员参加团体心理辅导的动机、前述辅导员团体心理辅导的方案、活动的过程及活动的效果等方面进行评价。

一、对辅导员参加团体心理辅导动机的评价

前面我们已经谈到，对于开展辅导员团体心理辅导，我们可以把它定位为心理健康教育的一部分，要体现出其广泛性和全体性。所以，我们开始采取了请领导讲话主持“开团式”和每次团辅开始及结束前都要签到的强制性做法，但是，这种做法却增加了辅导员们的抵触情绪。我们希望能够通过设计丰富的、有主题的活动来吸引辅导员们，激发起他们参加的兴趣，但从实际效果来看，我们的想法和做法都是幼稚的、不成熟的。我们原本设计了前测和后测环节，可是在前测环节中就出了问题。在前测中，我们在统一指导语的情况下请辅导员们自测 SCL90 症状自评量表和王登峰的“自我和谐量表”，但是结果很不理想。有些辅导员干脆就不做自测，有些辅导员则由于害怕被测出心理问题而选择自认为是表示心理健康的答案来回答（这是我们同个别辅导员谈话了解到的），以至我们无法进行后测环节。由此我们想到，究竟该怎样来衡量心理辅导的有效性呢？目前心理学界普遍采纳的实证性的问卷调查、心理辅导前后测统计学对照，能否真实、准确地反映出实际的情况？尽管我们一再强调在统一时间、统一环境、统一指导语的情况下施测，但这就能避免个人的主观防御吗？当然，我们从不怀疑团体心理辅导的有效性，并且力争让更多的人了解团体心理辅导，接受团体心理辅导。所以，尽管本轮次的辅导员团体心理辅导与其他主题的团体心理辅导相比，辅导员们从动机上来说是明显不强烈的，但是，我们还是有信心通过不断改进活动方案及规则来普及和推广团体心理辅导

工作。

二、对辅导员团体心理辅导设计方案的评价

（一）从辅导理念方面评价

我们认为，我们所设计的辅导员团体心理辅导方案的辅导理念是正确的。在团体心理辅导活动中，我们所遵循的一个都不能少原则、重资源取向轻问题取向原则、保密原则和可操作性原则都体现了心理辅导的特点，强化了辅导员的心理健康教育意识。

（二）从辅导目标方面评价

经过一个轮次的活动，事实证明了我们所制定的辅导目标具有可操作性，辅导的内容与形式也是与辅导目标相一致的，但在辅导目标的针对性方面还有待加强和改进。

（三）从活动内容与形式方面评价

在六个单元的活动中，每个单元都是从热身活动开始，经过主要活动最后以结束活动而结束的。

（1）从热身活动来评价：在六个单元的游戏活动中，每个单元所需的游戏时间是不同的。这主要是根据后面的主要活动安排的。热身活动就是要起到调动成员情绪、导入主题的作用。从我们实施的情况来看，大多数游戏活动的设计与安排是合理的，进行得比较顺利。成员能够通过做游戏领悟到游戏背后的意义，但也有一些游戏开展以后没有达到预期的效果。如“成长三步曲”、“精神欢呼”等，活动进行时秩序比较混乱，且标准不易掌握。

（2）从主要活动来评价：作为成长性团体，六个单元的主要活动内容设计是基本合理的，进行得比较顺利，但是需要进一步改进的也是在主要活动方面。我们在内容设计上，过多地注重了对自我的探索，但对辅导员情绪的管理与调节方面则显得相对薄弱。对于辅导员工作的探讨，其内容的针对性不够强。另外，有些内容很多辅导员在上岗培训时就已经做过，如“拥有与丧失”、“画生命线”等，这又增强了辅导员的抵触情绪和防御心理。但是，对于仅仅六个单元的活动内容来说，也不可能面面俱到，难以全面地解决问题。

（3）从结束活动来评价：六个单元的结束活动基本上是以全体成员齐唱

一首歌曲或齐做手语操为内容的。这一活动环节的设计，应该说是恰到好处。歌曲的选择比较贴近主题，成员的情绪也比较饱满。

三、对辅导员团体心理辅导过程的评价

从六个单元的辅导过程来看，三大主要环节活动内容的进行是有序而顺利的。整个活动过程具有安全、温暖、相互尊重的团体气氛；团体成员之间建立起了一种民主、平等、合作的辅导关系；每个单元的活动都能够体现出成员之间的互动和多项交流。

（一）从热身活动来评价

每一个游戏活动的进行都基本顺利、有序，团体成员在游戏过程中既感受到了乐趣、放松了身心，又感悟到了许多积极的人生价值观的内容。有些游戏活动甚至超过了我们预期的效果。例如，在“唱儿歌找朋友”这个游戏中，一位辅导员在分享时说：“在这个游戏中我体验到了久违的快乐！整日工作的忙碌，好像已经将快乐两个字从我记忆中删除了！没想到通过唱儿歌这种简单的方式，就使我体验到了快乐，想起了美好的童年！由此使我想到，快乐其实就在我们身边，只要你善于去挖掘、去创造，我们每天都可以快快乐乐的！”但还是这个游戏，一位兼职辅导员的分享就显得很沉重，他说：“并不是每个人都有快乐的童年，这个游戏，我就一直在旁边看着大家表演，因为我想不起来我小时候唱过什么儿歌，我只能想起我小时候受过的苦难！放羊，上山放羊，每天每天地放羊，吃不饱饭……”虽然出现了预料不到的局面，但我们仍然把它视为有用的资源，并感谢这位辅导员的真情告白，鼓励他去挖掘自己内心更深层次的东西。还有“戴高帽”游戏，我们原先设定的游戏时间是 20 分钟，可是，其中一个辅导员小组用了 40 分钟还没有分享完，小组内的每一位成员都仔细地品味着组员对自己的“赞美”，也认真地、负责任地给予组员“赞美”，一位辅导员在分享中说：“每天机器人一般做着毫无成就感的工作，以为自己能力有限，这辈子没什么大出息了！没想到自己身上还有那么多的优点，还有那么大的发展空间！感谢我的组员们给我的宝贵意见，今后我要振作起来了！”同是这个游戏，另外一个辅导员小组的分享就很平淡，几乎是敷衍了事。同样的活动，两个辅导员小组的表现可以说是大相径庭。分析其原因，主要是个别组员的“榜样”力量起了关键的作用。一位消极的甚至有破坏倾向的组员，在他的影响下整个小组就消极了下去。而另外一个小组的两位组员

的积极投入，就带动着整个小组积极了起来。这也充分验证了勒温的“场效应”理论，即一个群体的内聚力取决于群体内部人际关系的状况。作为团体心理辅导活动的领导者，要具备审时度势的观察力、发现力和灵活掌握计划的能力。作为封闭式结构式团体，我们在活动之前肯定要预先设计出方案来，但是在方案的实际执行过程中我们又不能过于教条化，而要善于发现和挖掘活动过程中的资源，一旦找到了资源，就要及时开发它，所以有时候可能就有必要延时活动。

（二）从主要活动来评价

在六个单元中，每个主题内容的活动进行得都比较顺利，并按计划完成了任务。在第二单元的以“我是”开头造20个句子的主题活动中，一位辅导员在分享中说：“这个内容我以前在辅导员上岗培训时练习过，但由于没有前面的热身活动且给的时间也很短，所以就如同参加比赛一样草草地完成了任务，做过之后也没有什么可回味。而今天重新面对这个问题，因为有前面的热身游戏，尤其是刚刚做完‘盲行’，心中有很多感慨，辅导老师又一再强调不要着急写，要认真思考，结果我发现，写20个‘我是’还远远不够，听了组员们的分享更启发了我，即使再写20个‘我是’也能写出来。通过这个练习，使我对‘自我’进行了一次认真的评估，觉得自己还有很多优势没有发挥出来……”在“自画像”练习中，辅导员们的写实画少，写物画多，有画花的、有画小动物的，从他们对“自画像”的解释中可以感受到辅导员们的压力，他们希望能做一朵随风摆动、婀娜多姿的花，一只自由的海燕，受人宠爱的小猫、小狗，没有压力没有负担地生活……第三单元的“拥有与丧失”练习中，辅导员小组的分享热度远不如学生小组，但分享的深度远比学生小组要高。由此我们分析，文化素质以及阅历的不同对团体心理辅导的效果是有影响的。在“画生命线”练习中，辅导员们表现出了热爱生命、珍惜生命的积极心态，他们预测的死亡年龄大多在80岁以上，没有一位辅导员将自己的死亡年龄预测在40岁以下的。第四单元的“走出圈外”开始进展得不太顺利，很多成员都说没有什么不常对人说的开心事和不开心的事，经过领导者的耐心引导——“请仔细挖掘，一定会找到的”，最后在规定时间内完成了计划。而“家庭金鱼缸”绘画练习中，成员们的情绪就比较高涨，对自己与家庭成员之间关系的分析深入而客观。第五单元的“墨迹画”练习中，辅导员们的表现更为积极，给我们一个深刻的印象是：辅导员们给自己的“墨迹画”编的故事赋予了更多的联系，联想的大多是自己家乡的环境（花草树木）以及自己青少年时代的快乐生活。结合几次的绘画练习，我们感受到辅导员们面对目前的工作普遍有一种逃避心理，他们以怀念从前、怀念过去、通过暂时地忘掉现在来释放内心的压力。但逃避不是积极地应对压力的态度，在接下来的“挖优点攻难点”中，就要求辅导员们直面问题了。结果是挖优点进行得还算顺利，而攻难点就流于形式了。对于最后一个单元的主要活动，大家的感觉是如同热身活动的继续。在“热座”活动中，大家在对组员有了一定了解的情况下，每位成员都积极地“献计献策”，为组员解决他（她）目前的难题提供意见，“礼物大派送”进行得热火朝天，超出了计划活动时间20分钟。

（三）从结束活动来评价

第六单元的结束活动因为内容较单一，所需时间较短，是进行得最顺利的一个环节。但是，这一环节绝不是简单的走形式，其作用是调整团体成员在当次活动中的情绪、增强团体的凝聚力，唤起成员对下一次团体活动的渴望。一位辅导员在分享中说：“整个活动中，我最盼望、心情最激动的就是结束活动。大家手拉手地高声齐唱，给我一种精神力量！”手语操《感恩的心》因为动作比较容易模仿且音乐大家也比较熟悉，所以活动效果比较好，而手语操《我真的很不错》由于动作复杂且大家对音乐又不熟悉，导致活动效果不理想。“放飞机”活动中，整体的气氛比较鼓舞人心，但是由于中间几次出现“断链”现象，对活动效果产生了一定的影响。

四、对辅导员团体心理辅导活动效果的评价

（一）从辅导员对学生的心理辅导能力方面来评价

经过一个轮次的辅导员团体心理辅导，我们认为，辅导员们对学生心理辅导的能力普遍得到提高。其中尤以在团体心理辅导中态度认真、表现积极的辅导员提高最为明显。例如，在处理一起“男学生偷窃女教师胸罩及内裤（未遂）”事件中，系辅导员在第一时间内的反应是：这可能是属于学生的心理危机问题，而不是道德品质问题。他们迅速与学校心理健康教育中心的老师取得了联系。经过心理专业老师的咨询，确认是由于该生的考研求胜求名动机过于强烈而长时间地勤奋苦学，每天的生活内容过于单调，因此，出现事发当天对压力性事件的反应过于强烈、采取的减压办法过于偏激以至出现一时的精神恍惚而致。（注：详细的分析由于涉及保密原则，在此不能披露。）后经过心理

健康中心老师及系辅导员老师的几次心理辅导，该学生的“负罪感”基本消除，心理也得到了一定的调整。在这个案例中，辅导员没有把“心理问题思想化”。“心理问题思想化”和“思想问题心理化”是辅导员在工作中最容易出现的问题。通过这个案例，体现出了辅导员对学生心理危机的识别能力。又如，在处理一起“男生突发精神病，将自己反锁在宿舍里，有自杀倾向”的案例中，辅导员们能大胆地运用所掌握的心理学理论对那位男生进行及时的心理危机干预，在辅导员们的劝说下，男生最终打开了房门，预防（避免）了恶性事件的发生。还有一些辅导员在参加团辅后，将团体辅导的形式运用到教学以及学生的思想工作中。例如，我院某系的毕业生心理问题较突出，这个系的辅导员就找到心理健康教育中心，请心理专业老师与他们一同对部分毕业生进行团体心理辅导。团体心理辅导的作用已经被辅导员们所认同。这些都充分说明，辅导员团体心理辅导提高了他们对学生的心理辅导能力。团体心理辅导的理论和操作技术已经被辅导员们所接受和运用。

（二）从辅导员个人的心理成长来评价

在这个方面，我们原计划用心理评估量表来评价。但前面我们已经谈到，由于辅导员们的防御心理及抵触情绪太强，所以就没有进行后测。但是，我们惊喜地发现有一位辅导员，他在完成我们留的作业“参加辅导员团体心理辅导的感想和体会”时，自编了问卷进行评估，虽然调查的人数不足三十人，没有统计学意义，但毕竟能够反映一些问题。结合他的调查结果及我们对个别辅导员团辅后的访谈，我们认为团体心理辅导对辅导员的心理成长起了一定的促进作用。多数辅导员认为，团体心理辅导加深了他们对自我的分析和认识。一位辅导员在我们辅导后的访谈中说，开始参加团辅时，是一种无所谓的态度，但渐渐地就从“心理看剧”状态投入了进去，团辅后不知不觉地养成了自我分析的习惯，不知不觉地喜欢上了心理学的书籍……

（三）从辅导员对团体心理辅导的满意度来评价

根据我们辅导后对个别辅导员的谈话调查及上面提到的那位辅导员的自编调查问卷来看，没有对此次团体心理辅导非常满意的辅导员，不满意者有两位，大多数辅导员都认为是比较满意的。本轮次的辅导员团体心理辅导方案，应该说是第一阶段的方案，今后，我们还将设计第二阶段、第三阶段的辅导员团体心理辅导方案。

第五节　对辅导员团体心理辅导的反思

一、“辅导前说明会”必不可少

前面我们已经谈到，一般的团体，在团体辅导之前首先要进行招募工作，通过招募，选择那些入团动机强烈的、没有严重心理障碍的、适合于团辅的人作为团体成员，也就是说，团体的成员是由动机强烈的自愿参加者组成的。对于辅导员团体我们虽不进行辅导前的招募工作，但可以通过“辅导前说明会”来培养并强化其参加动机，这一环节是必不可少的。说明会的内容可讲解团体心理辅导的基本知识，如团体心理辅导的概念、特点、功能、目标、意义等，以及我们开展此次团辅的目的及目标，使辅导员们首先了解团体心理辅导、认识团体心理辅导，以避免辅导员参加团体心理辅导时产生抵触情绪。我们进行此次团辅时，由于没有进行“辅导前说明会”，结果辅导员们产生了一定的抵触情绪，认为我们把辅导员群体看成了有心理问题的群体，个别辅导员的抵触情绪还非常强烈，团辅中不断地扰乱秩序，虽几经解释、劝说，但收效不大，严重影响了辅导效果。

二、团体成员由各高校辅导员组成

此次团辅，我们采取的是大组活动、小组讨论的设置，其优点是热身活动和结束活动的气氛比较好，易于调动成员的情绪，但同时缺点也比较明显，那就是对主要活动的进行有一定的影响。72 人的一个大团体，各个小组在同一个活动室里分头讨论，声音的干扰、气氛的影响容易使成员产生防御心理，从而影响讨论的深度。另外，辅导员与学生在一起活动，也会影响辅导员真实情绪的释放，增强其防御心理。但是，我们认为，对于发展性团体来讲还是采取大组活动、小组讨论的设置为佳。如何能做到既有活动气氛又不对主要活动产生干扰，这应该是一个难题。理想的做法是：实行各高校的联合，将来自各高校的辅导员组成一个 40 人左右的团体，热身活动及结束活动集体进行，主要活动分成 10 人左右的小组进行，小组成员之间最好互不相识。这样，既减弱了辅导员之间因同事关系而产生的防御心理，又保证了辅导员身份的同一性、分享内容的共同性和深入性。

三、团体领导者实行各高校资源共享

团体领导者如果是本校心理健康中心的老师，对于辅导员来讲，还是会产生一定程度的防御心理，毕竟与团体领导者之间还是同事关系。而团体领导者是与自己不相识的人，就会使团体成员具有安全感，保证活动的顺利开展。各高校心理咨询老师实行资源共享，不仅有利于团体心理辅导的开展，对于个体心理辅导也能起到很好的促进作用。

四、将团体心理辅导列入辅导员岗位培训的计划中并形成制度

近年来，团体心理辅导在中国的学校、社区、部队、企业、医院、监狱以及劳教所等领域已被人们普遍接受和运用。大量的调查和对辅导效果的评估显示，在各种自然存在团体的地方运用团体心理辅导，不仅会对各团体内部的共性问题及团体成员的个性问题产生良好的改善作用，而且在心理健康教育理念的普及、思想政治工作方法的更新等方面也有着显著的效果。制度的约束、领导的重视和支持，活动经费的保障，是团体心理辅导活动成败的关键。将团体心理辅导列入辅导员岗位培训的计划中，并逐渐形成制度，对普及团体心理辅导无疑是一项行之有效的措施。

经过一个轮次的辅导员团体心理辅导，尽管辅导效果还不尽如人意，但是我们坚信，在我们不断改进辅导方案及活动设置、总结经验的前提下，团体心理辅导必将成为解决辅导员队伍中各种问题的有效途径之一。

附 1：大学辅导员团体心理辅导心得体会

高校辅导员团体心理辅导的抗拒心理

李亚旭

高校辅导员是高校学生工作的一线管理人员，与一般社会成员相比，其受政治意识形态的影响更为明显，具备一定的心理咨询和心理观察能力，自我意识表现得更为强烈，这些特点既是高校辅导员日常工作的职业要求，又是影响辅导员人格特征和行为习惯的重要因素。高校辅导员的职业要求、人格特征和行为习惯对参加团体辅导有着一定的影响，容易使辅导员在团体辅导过程中产生抗拒心理。

一、辅导员团体心理辅导调查问卷分析

笔者于 2006 年 5 月参加了首届辅导员团体心理辅导培训班，历时 1 个多月。培训班结束后，笔者自制调查问卷，对其中的 16 名辅导员进行了调查，问卷如下：

问题	选项	统计	备注
1. 您的性别是？	A 男 B 女	A 9 B 7	
2. 您以前是否参加过团体辅导？	A 是 B 否	A 13 B 3	
3. 您认为心理问题是？	A 心理变态 B 神经病 C 神灵附体 D 正常，可以矫治	A 1 B 0 C 0 D 15	
4. 您认为学生出现心理问题是？	A 正常，可以矫治 B 病态，难以矫治 C 不正常，可以矫治	A 16 B 0 C 0	

（续上表）

问题	选项	统计	备注
5. 您进入大学工作前是否意识到心理健康问题对学生的严重影响？	A　是 B　否	A 11 B　5	
6. 您如何看待对辅导员进行团体心理辅导？	A　无价值 B　主观意志好，客观效果差 C　玩一下而已 D　有良好效果	A　1 B　8 C　1 D　5	一个弃权
7. 您能否接受心理医生对您进行个别心理辅导？	A　能 B　否 C　无所谓	A　9 B　0 C　7	
8. 您是否有针对学生心理健康问题进行系统辅导的经验？	A　有 B　没有 C　有，但不系统	A　1 B　9 C　6	
9. 您在团体心理辅导中能正确认识自我吗？	A　能 B　不能 C　难以肯定	A　7 B　4 C　5	
10. 您在团体心理辅导中能把握队员的内心世界吗？	A　能 B　不能 C　不能确定	A　3 B　4 C　9	
11. 您能判断您的队员是否说谎吗？	A　能 B　不能 C　没有兴趣体会 D　偶尔可以	A　6 B　4 C　4 D　2	
12. 您在团体心理辅导中会对自己的队员说谎吗？	A　会，不想别人知道自己的私事 B　会，怕别人笑话自己 C　会，没有必要说给同事知道 D　不会	A　4 B　1 C　7 D　4	

（续上表）

问题	选项	统计	备注
13. 您在团体心理辅导中会对您的队员说出自己的心里话吗？	A 会，全部都是自己心里话 B 看自己的心情、兴趣 C 偶尔 D 不会	A 2 B 6 C 7 D 1	
14. 您在团体心理辅导中对说出自己的心里话有抵抗情绪吗？	A 有，会觉得难为情 B 有，不想别人知道自己的内心世界 C 有，有意识地编织自己的内心世界 D 没有	A 4 B 5 C 1 D 6	
15. 您对团体心理辅导中的哪一个环节印象最深？	A 热身活动 B 主要活动 C 结束活动	A 10 B 3 C 1	两个弃权
16. 您能否接受团体心理辅导的队员是同事？	A 能够接受 B 无所谓 C 最好是陌生人	A 4 B 5 C 7	
17. 您认为团体心理辅导哪一方面对你帮助最大？	A 认识自己 B 获得心理学知识 C 增进同事友谊 D 提高心理辅导能力	A 2 B 3 C 5 D 4	两个弃权
18. 您认为团体心理辅导对您的主要影响有哪些？	A 了解自己 B 认识自己 C 提高自己 D 提高对学生心理辅导的能力	A 3 B 3 C 4 D 4	两个弃权
19. 您对这次团体心理辅导的满意度如何？	A 非常满意 B 满意 C 比较满意 D 不满意	A 0 B 2 C 11 D 2	一个弃权

这份调查问卷主要涉及三个方面的问题，第一是辅导员对心理健康知识和心理辅导的认识；第二是辅导员在团体心理辅导中是否能够开放自我，以达到认识自我的目的；第三是辅导员参与团体心理辅导的主要收获。从调查问卷的统计数据看，参与团体心理辅导的辅导员对于心理健康和心理辅导有一定的认识，93.75%的辅导员认为出现心理问题是正常现象，100%的辅导员认为心理问题可以矫治，而68.75%的辅导员在进入大学工作前就已经意识到心理问题对学生的严重影响。调查问卷也表明，辅导员对于自己参与团体心理辅导的意义抱有怀疑态度，在团体心理辅导中存在相当强的心理抗拒情绪，这直接影响到受训者正确地认识自我。在团体心理辅导中，43.75%的辅导员能够正确认识自我，25%的辅导员不会对自己队员说谎，12.5%的辅导员会对队员说出自己的心里话，62.5%的辅导员对说出自己的心里话有抵抗情绪，12.5%的辅导员认为认识自己是参加团体心理辅导的最大收获，18.75%的辅导员认为认识自我是参加团体心理辅导对自己的主要影响。

二、辅导员团体心理辅导抗拒心理的分析

弗洛伊德的无意识理论认为，意识包含无意识、潜意识和意识三个层次的内容，其中，无意识内容最为原始，无意识的表达受到意识的压制。拉康认为无意识是对“另一个我”言说的东西。这“另一个我”就是弗洛伊德理论的“自我”。拉康又将自我分为“大自我”和“小自我”。“小自我”是社会现实中的自我。“大自我”可以对伦理道德、文化背景保持无知，而“小自我”却依然意识到这些内容的影响。从这些心理学理论看，个体在运用语言说明自我的过程中，个体的自我意识会影响到个体的表述。巴赫尔的言语反应理论据此认为：“受试者的言语总是同外部经验中的内部感受相符合，而内部感受又是借助于这些言语得以表达。”辅导员在团体心理辅导中运用语言描述的自我形象，是个体内部感受对外部经验的深层次加工，包含着个体对外在环境、社会规范和意识形态的有意识认可。受传统文化、自我形象意识的影响，辅导员在团体心理辅导中更容易表现出强烈的抗拒心理。

传统文化对个体的影响是非常深远的，正如杨中芳所说：“文化环境是任何一个成员无时无刻不浸淫其中的一个无形的环境，它像个人生活于其中的物理环境、生态环境一样，是个人随时都要处理应付的。”在辅导员团体心理辅导的过程中，参加辅导的辅导员的行为也表现出明显或隐蔽的传统文化因素，诸如对心理咨询无意识的抗拒，对自己隐私的有意识保护，以及对团体心理辅

导意义的怀疑等。在当前的文化背景下，这些传统文化因素往往是辅导员在团体心理辅导中开放自我的障碍，是辅导员团体心理辅导抗拒心理产生的文化根源，直接影响着团体心理辅导的效果。

辅导员在团体心理辅导中所描述的自我形象，包含着自我意识对个体真实状况的伪装。在团体心理辅导过程中，我们发现，当队员之间谈论的话题涉及性、梦、初恋、家庭生活、男女关系等社会敏感话题时，成员所阐述的意见最多的是社会所认可的伦理规范，而将自己的真实想法掩盖在社会伦理道德规范的意识中。成员对自我形象的描述也更多的是语言的理想塑造，这一点直接影响到队员之间的自我认识和相互沟通。

团体心理辅导中的同事关系也会导致辅导员拒绝表述自我。团体心理辅导的参与成员是同事关系既有利也有弊。团体心理辅导中的同事关系使队员之间更容易沟通，可以省却队员相互认识、相互适应的环节，同时，参加辅导后，团体成员之间的相互理解更深，对于以后的工作也有促进作用。然而，团体心理辅导的同事关系也容易导致队员有意识地拒绝展现真实自我，即使团体心理辅导之前已经很清楚地强调保密原则，队员之间对于相互阐述自我还是有所顾忌，担心自己的隐私会通过成员传给其他人，影响以后的工作。这些工作上的顾虑将妨碍辅导员对具有同事关系的队员开放自己的内心世界。

三、高校辅导员团体心理辅导的思考

从笔者参加辅导员团体心理辅导所获得的实际经验看，辅导员团体心理辅导在加强辅导员心理咨询能力，促进辅导员自我认识，缓解工作压力，提高工作效率等方面还是具有不错的效果的。由于辅导员自身工作的特殊性要求，高校辅导员团体心理辅导除了要达到帮助受训者正确认识自我，修正行为方式等效果外，还要提高辅导员心理健康教育的能力，为辅导员心理健康教育工作服务。当前，由于辅导员特殊的职业特征，使他们容易受到传统文化、自我意识等因素的影响而在团体心理辅导过程中表现出明显的抗拒心理，从而影响团体心理辅导的效果。辅导员团体心理辅导应该进一步协调心理教育与心理咨询的关系，加强辅导过程的指导，营造有利于辅导员开放自我的良好氛围，从而更好地提高团体心理辅导的效果。

辅导员团体心理辅导应该进一步协调心理健康教育与心理辅导的关系。由于高校辅导员大部分并非心理学专业出身，大学生的心理健康问题又越来越复杂，辅导员已经难以满足大学生心理健康教育的需要，因此，通过团体心理辅导加强辅导员的心理辅导能力是当前高校学生工作的客观要求。在团体心理辅导中兼顾辅导员的心理健康知识教育和心理辅导能力，明确辅导员参加团体心理辅导的目的，有助于提高辅导员参加团体心理辅导的积极性。辅导员参加团体心理辅导，应该了解团体心理辅导的整个程序和方法，学习相关的心理咨询理论，为提高团体心理辅导效果打下良好基础。笔者认为，辅导员团体心理辅导可以建构为辅导前学习、辅导过程投入、辅导后总结提高的过程。团体心理辅导前学习，就是在团体心理辅导之前对辅导员加强心理健康知识的教育，特别是强化辅导员参加团体心理辅导的意义、方法和要点的教育，提前将团体心理辅导中容易出现的问题进行相应的分析、探讨。经过辅导前的教育，在团体心理辅导过程中不断提醒辅导员每一个环节的重点和细节以及应该注意的问题，从而使辅导员对团体心理辅导有一个理性的认识，掌握相关的团体心理辅导的方法，提高团体心理辅导的能力。辅导后总结，就是在团体心理辅导结束后，由主持团体心理辅导的指导教师总结本次团体心理辅导的得失，指出应该注意的问题，为下一次的团体心理辅导奠定基础。辅导员团体心理辅导应该是多次进行的辅导行为，辅导员掌握团体心理辅导的知识越丰富，对团体心理辅导的认识越深入，抗拒团体心理辅导的心理情绪就越弱，团体心理辅导的效果就会越突出。

辅导员团体心理辅导可以通过游戏等环节缓解辅导员的抗拒心理。辅导员的抗拒心理是团体心理辅导过程中极易出现的心理现象，但并非不可克服。团体心理辅导的热身运动、自我提问等环节都有助于缓解辅导员的抗拒心理。从当前团体心理辅导的程序看，热身运动往往是进入团体心理辅导前的辅助手段，一般都作为团体心理辅导的导入环节加以引入，其重要性还没有引起团体心理辅导组织者的重视。其实热身运动不能仅仅只是热闹的场面，它还应该是促进团辅成员之间开放自我的良好氛围的塑造，加强成员之间沟通和交流的有效手段之一。在团体心理辅导中，设计的热身运动要和团辅成员的心理特征、职业习惯和年龄特点相适应，可以采取一些容易进入辅导员内心世界、解除自我戒备心理的热身运动，比如开放式聊天、自我提问、自我评价等开放式的活动来营造良好的团辅氛围。自我提问可以帮助辅导员直接面对自我。当辅导员面对着一些不断需要自己总结的问题时，原来无意识的抗拒心理可以通过回答问题的过程而不自觉地消除，从而有效地面对自我，认识自我。

笔者认为，从当前辅导员队伍的实际情况来看，辅导员团体心理辅导不失为加强辅导员心理健康知识、心理健康教育能力和缓解辅导员心理负担的有效途径。

团体心理辅导活动形式在高校课堂教学中的应用

慕容勋

团体心理辅导是在团体情景下，成员之间通过参与和分享，达到释放感情、澄清价值、认识自我，以发展良好的适应能力的助人过程。笔者曾参加了一期辅导员团体心理辅导培训班。新颖有趣的活动形式构建了一个充分沟通的平台，引导成员主动剖析自我和加强团体协作。在一系列的活动过程中，由于小组成员的工作环境相似，关系融洽，再加上团体心理辅导所营造的氛围和设计的活动能帮助成员消除个体咨询中所形成的心理压力，使成员能相对安全地表达自己的情绪与矛盾，大家都很珍惜这种放松和交流的机会，尽情地投入其中，在知不觉中唤醒了埋藏在心底的真挚感情，缓解了平时沉重的工作压力，发现了别人身上的优点，坚定了自己追求的目标。

为什么团辅能收到好的效果？从参与者的角度考虑，主要有以下几个原因：首先，每个参与者在其中都是相对独立自由的个体，是被尊重的个体。每个人的心底都有一种希望被理解、被认同、被重视的价值肯定需要，但在繁忙的工作和生活中，很多人都忽略了这种对人的身心成长至关重要的人文关怀。另外，由于生存环境的复杂，人们不得不戴着面具去应对变化，因而普遍存在较强的防御心理，真实的自我早已被否定和掩埋。而团体心理辅导则以民主互信作为活动基础，彼此互相尊重，有着共同的目标，信守一定的承诺，强调充分、真诚的表达，这就创造了抒怀和反思的机会。成员之间既没有谁被控制，又没有谁被贴上等级标签，活动、讨论和分享都是自我开放的过程，是表达与组织能力的综合表现，并具有唤醒功能。少数成员的分享行为，会催生其他人分享的情感和欲望，推动其分享行为，从而丰富参与者的体验。成员始终保持独立自主的地位，在与别人的合作中获得启发，从而实现自我完善。

其次，活动设计科学也会激发成员的参与热情。开展活动是团体心理辅导的基本手段，每一种活动都有其特定的应用价值，其深意在于引发成员对自身及周围的人和事的思考。参与者在整个过程中必须发挥其探究的精神，结合自己的经历去理解、感受和建构，才能发掘真实的自我，形成自己的领悟。

最后，领导者也发挥了重要作用。他们是活动的策划者、催化者和协调者，但他们并不是控制者，而同样是团体的一名普通成员。他们像朋友一样专心聆听他人的表达，对成员给予及时的反馈，用多种技术方法解决团体中的沟通障碍，分享对团体中发生的事情的个人感受，有时还像老师一样为成员讲授新概念、理论和方法，提供新信息，还要以身作则为成员做示范。领导者与成员之间亦师亦友的关系，使团体形成一种宽容、信任的氛围。

团体心理辅导灵活多样的表现手法、自主真诚的讨论环境、平等合作的成员关系，有效调动了参与者的积极性与创造力，促使成员在表达与交往中获得长足的发展。这种教育性和发展性的功能启发笔者把它运用到高校的课堂教学中。

目前的高校课堂，以“教”代“学”的现象仍相当普遍。老师充当信息发布者的角色，主要通过讲解把知识传递给学生，学生则是接受者和加工者。教师对教学内容的理解过程就代替了学生学的过程。虽然有的老师认真备课，学生听课效果也不错，但这种课堂剥夺了学生思考的权利，导致学生将其内化为自己的知识结构时，容易直接把老师的思想当成自己的思想，从而不利于他们创新能力的培养及其后续发展。而有的老师甚至十几年都是一本讲义，任凭学生在课堂上睡觉甚至逃课，却依然自得其乐，从而助长了学生厌学的风气。个别学生还振振有词地辩驳说，上课是在浪费生命，一堂课下来什么也没学到，只好逃课去学别的。虽然学生的观点过于偏激，但也反映了老师的教学理念、方法亟待改进的问题。由此看来，如果老师依然沿用老办法，即使态度再认真，也不利于学生今后的发展。同时，师授生受的教学模式也制约了师生间的交流互动，影响了师生间的信息交往。师生交往的质量如何，直接影响到教师对学生知识传授及能力培养的效果。因此，重视学生的主体地位，增强学生学习欲望，改进传统的教学方法是提高大学教学质量的主要途径。

把团体心理辅导活动形式引入高校课堂教学，有着激活知识的作用。把原先现成完整的知识体系分散在活动中，让学生通过组织活动、体验过程和分享心得，积极调动知识储备，实现知识的生成，得出自己的领悟，破除了“教师圈套”的惯性思维（即不自觉地把学生引导到教师自己的思路上，只有这样得出的答案才是正确的），启发了学生的独创思维。值得注意的是，团体心理辅导的活动设计有一定的连贯延续性，而课堂活动则主要针对专业内容和特点设计，较团体心理辅导活动来说组织更灵活，可针对后者的一些规则和约束适当进行调整，以满足专业学习的实际需要。

笔者在为新生讲授职业生涯规划课时，曾尝试运用团体心理辅导的活动形式来增强学生自我探索的兴趣。这门课中的一个内容是“了解自己”，笔者分别运用团体心理辅导和讲授的方法进行对比教学。在实验班，笔者组织了一次“镜中你我他”的主题活动，目的是协助成员了解并肯定自己的能力。活动程序有两项内容，一是人体彩绘，即每人在一张 A4 纸上画出自己的人体图。请成员在人体图“内”的相关部位写上自己所拥有的能力，并在人体图“外”写上对应于这些能力曾拥有的经验或发生的事件。请成员在团体内分享自己的人体图，分享的内容包括：说明自己的人体图和以往的经验造就了何种能力；现在还需要增进哪些能力，可由何处获得协助；对未来的生涯规划，自己又做了哪些努力，有何新发现和想法。当时，有一部分同学并没有完全按照老师的指引做，他们根据自己的理解把个人能力和个人形象联系起来，形成自画像，形象地剖析了自己。人体图归纳起来可以分成这样三个类型：有的把自己画成某种物体，如幽灵、动物等；有的则夸张个人的形象，或丑化、或美化；有的则是对自己形象的临摹。笔者当时通过随机与个别同学交流，发现其中个别丑化或异化自己形象的同学或者抱着玩乐的心态，或者因为不适应而消极颓废，或者从前遗留的心结未能解开，大都抱有悲观的情绪；美化或者如实临摹自己形象的同学，大都抱着乐观的生活态度，比较满意自己目前的状况，对将来的生涯也充满信心。通过这一活动，老师对学生的心理状况也有了初步的了解。

二是你言我语。即随机抽取一位同班同学的卡片，在上面写下你对他（她）的印象，包括他（她）的优点，以及需要改进之处。请主持人把意见收集好，并抽取一些同学的意见进行宣读，请受评人谈谈想法。结果很多同学都畅所欲言，既谈优点，也说缺点。受评人有的显得出乎意料，因为平时与班上同学交流不多，到今天才发现其实身边的人都在关注他，关心他，从而倍感温暖；有的则为自己的行为辩驳，消除了误解。总之，大家都是出于帮助同学的角度谈自己的想法，因而气氛十分热烈。

活动结束后，一方面不少同学表示，这种方式能够帮助他们更深入地认识自己，虽然有的同学在做这个活动之前，根本没有对自己进行审视，但团体内的互动也使他们获得极大的支持感，如有着共同的生涯发展问题，增进了彼此了解，并对老师之后所讲授的关于“个性”、“气质”等问题认识得更加深刻。另一方面，老师在活动中只是指明方向与目标，过程则由学生掌握，借此能发现学生或者拥有向上的品质，或者生成多愁的性格，或者怀揣矛盾的心态，从而更全面了解学生的特质和经历，并将它们转化为教学资源，作为今后教学设计的重要参考内容。师生之间交流多了，对彼此的认识也更全面，学生感觉到老师是关心他们的，并能对他们的成长提出比较多的好建议，老师也能感受到学生的真切与渴求，师生关系也因此更加密切。

在对照班中，笔者主要采取讲授的方法，帮助学生从各方面了解自我。虽然笔者准备了不少参考资料，但由于学生之前对心理学没有基本认识，因而理解起来还是比较吃力，而且不少学生反映活动结束后容易遗忘，对老师所讲授的如何认识自己的方法和内容没有很深的认识和体会。

从学生的学习态度和效果来看，运用团体心理辅导活动形式的课堂气氛，学生的学习兴趣相对较高，但也存在一些问题，如活动时间的控制，活动场地的限制，学生参与的程度不尽相同，甚至有的同学甚至故意破坏活动等细节仍需进一步注意。

我与团体心理辅导

巫燕娜

导言：在一次精心准备的培训中，我亲身参与、体验了一次完整的辅导员团体心理辅导，感受到团体心理辅导给我带来的对个人成长以及对自身工作的指导。我喜欢与别人分享我的收获，于是当我作为《思想道德修养》课程的授课老师的时候，就与学生一起分享着团体心理辅导给我们带来的快乐以及思考。

第一部分　团体心理辅导对我自身的影响

如果说团体心理辅导是一种帮助参与者发现自我的手段，那么可以说我在参加学校组织的辅导员团体心理辅导班中很好地剖析了自己的内心，明白了自己究竟是一个怎样的人。也许很多辅导员老师都会说这样的辅导没有用，作为第一次在我们学校开展的团体心理辅导，也确实存在不少需要改进的地方，但是，对于我来说，我十分感谢这样的辅导。

一开始，怀着好奇的心态我走进了辅导室，在罗老师的带领下，在充满欢笑声的轻松氛围中开始了我们的第一个专题——认识自己。第一次活动说实话玩得很开心，接下来的几次活动也都是在欢乐的气氛中结束的。辅导员日常工作千头万绪，真的难得有这样一个好好放松自己，大声笑一笑的机会。那几次活动真的给了我一个很好的释放空间。在这里我想说的是对我帮助最大的几个专题。

在“我的自画像”中，我画了一朵微笑着的向日葵。我是一个从小到大都很乐观的人，所以就算是悲伤与难过的时候，我也总会对自己说没有什么大不了，因为第二天一切又会重新开始，美好的东西一样在等着我，所以我每天都会很开心地度过。直到现在，这朵向日葵还放在我的房间里。还有一次活动，在画金鱼缸时，我根据我的家庭画了一个金鱼缸，其实当时我画得比较随意，觉得其实并没有什么深意。但到了活动快结束时，罗老师问了我几个问题，我想了想，的确是很真实地反映了我的内心世界。在我内心深处存在着一扇很久没有被开启的门，是我自己刻意掩饰也好，是我已经淡忘了也好，但它其实还是真实地存在着的，只有当我真正地意识到这样的一个问题的存在并好好地找根源的时候，我才能走出自己为自己设下的这个屏障。

还有“盲人和拐杖”的游戏，虽说这只是一个游戏，但是这个游戏让我感受到了朋友的力量，也让我意识到自己拥有健康的身体是多么幸福。

总之，我在辅导员团体心理辅导班中是受益匪浅的，然而却有一部分辅导员老师觉得很无聊，我想这个应该与自身的参与态度和辅导班的设置有关吧。在这里也顺便提几点建议，不对之处请多多指正。

首先，小组成员不应该是在同一个岗位上工作的同事。同样是辅导员，同样处理着一个类型的工作，同样要在这个岗位上奋斗几年的光阴，很多事情是对自己的同事有所保留的。同事关系，会影响在同一个辅导组中开展活动的相互信任度。

其次，在培训时间的选择上要考虑到其他的因素，培训最好是在假期，在我们稍微空闲的时候，这样的培训才既不会耽误学生的事情，也不会影响到我们培训时的心情。

第二部分　团体心理辅导的实践运用

一、当代大学生的团队意识

随着时代的变迁，80后大学生的思想备受关注，特别是大学生的道德观、人生价值观。据对在校大学生的调查结果显示：80后大学生独生子女占多数，在“集体主义”、“爱国主义”、“贡献与索取”等问题上处于模糊的立场，在高校的各种问题，如宿舍、人际、恋爱问题等都暴露出他们以自我为中心，只考虑自己，无心考虑他人，自尊心强却不能以礼待人，团队意识差等特点。

在对我校05、06、07届毕业生的用人单位的反馈过程中，发现用人单位对应届毕业生的团队协作、服从意识不甚满意。许多用人单位反映大多数应届毕业生性格较为急躁，急功近利、好高骛远，不肯踏实工作。因此，作为高校学生的职能管理人员，如何更好地培养学生的团队意识，提高学生的综合能力，是我们目前必须认真思考的问题之一。

二、团体心理辅导的引进

团体心理辅导是在团体情景下进行的一种心理辅导形式。20世纪90年代，团体心理辅导传入我国，随即在各高校中掀起热浪，实践证明，它在改善学生人际关系、适应能力、学习压力、增强学生的团队意识等问题上都有着潜移默化的作用。我校在2006年对06级部分新生尝试性地进行了“雏鹰展翅工作坊”的团体心理辅导，我院抽调了两个行政班级参与，经过一年半的比较，两个参加团体心理辅导的班级成员参与集体活动的积极性更高，班级荣誉感强，课堂表现更有活力，对自身的发展也更有计划性。

三、团体心理辅导走进课堂

国务院颁发的《关于进一步加强和改进大学生思想政治教育的意见》指出，当代大学生思想政治状况的主流是积极、健康、向上的。他们热爱党，热爱祖国，热爱社会主义，坚决拥护党的路线方针政策，高度认同邓小平理论和“三个代表”重要思想，充分信赖以胡锦涛同志为总书记的党中央，对坚持走中国特色社会主义道路、实现全面建设小康社会的宏伟目标充满信心。同时强调国际国内形势的深刻变化，使大学生思想政治教育既面临有利条件，也面临严峻挑战。面对新形势、新情况，大学生思想政治教育工作还不够全面，仍然存在着不少薄弱环节。为此，加强和改进大学生思想政治教育是当前一项极为紧迫的重要任务。

然而，在高校政治辅导员队伍的设置方面，不少高校离1：200配备专职辅导员的标准还有一定的距离。因此，单靠辅导员群体对学生进行思想政治教育的效果不够明显。

在2006年团体心理辅导后，我思考如何将团体心理辅导渗透到学生的日常生活中，让其更好地发挥引导学生积极健康成长的功能。2007年，我担任《思想道德修养与法律基础》课程的主讲教师，开始尝试着将团体心理辅导的理论与课程结合，通过有趣的活动，调动学生的学习兴趣，并从自身出发认真地思考关于成长的若干问题。例如，在“树立崇高的理想信念”章节中，结合“什么是人?”的经典问题，利用团体心理辅导中的“我是谁?”辅导理论，帮助学生更好地认识自己以及定位自己；在“树立良好的人际关系”专题中，用“心有千千结”的辅导游戏，让学生深刻地认识到良好的人际关系在日常生活中的强大作用，也通过此项游戏让学生体会到了团体的协作力量；在“树立正确的人生价值观”问题上，采取了价值澄清理论，与学生开展了“价值观大拍卖”的活动，从而帮助学生更好地了解自己的价值观所在，在活跃了课堂气氛的同时也让学生更好地理解价值观这一抽象的概念。

在学期末对学生做的课堂教学的反馈调查中，92%的学生认为有了团体心理辅导内容的公共课更能提高他们的参与积极性，变以往对“课堂说教”的抵触情绪为主动地乐意接受。而对教师而言，则拥有几十双眼睛紧盯着自己的满足感，而非学生的呼噜声。这样的良性循环最终取得了“双赢”的效果。

四、团体心理辅导走近中学生

2007 年暑假，我院大学生三下乡社会实践服务队赴高要金渡镇开展服务活动，其中有一个专题就是和当地金渡中学进行团体心理辅导，参与指导的学生均参加过学校组织的团体心理辅导，考虑到中学生的思考能力比较弱，而且作为农村学校，学生的自主思维能力相对城市学生来说还是要差一点，于是在辅导方案中我们采用了比较简单、感性的专题，例如“有缘来相会、认识我自己、发现爱、明天会更好”让学生初步学会思考自己。整个活动过程中，学生一开始比较拘束，到后来则融洽相处、信任对方。从学生的反馈情况上看来，这次培训在中学生当中还是起到了一定的作用。例如，认识到自己的长处与短处；意识到家长在自己生命中的重要性；学会站在小伙伴的角度上看问题等等。

五、几点体会

1. 团体心理辅导宜早不宜迟

现在学生心理问题的集中人群日趋小龄化，而团体心理辅导作为提高学生心理素质的有效途径之一，具有感染力强、影响广泛、效率高、易巩固等优点，因此在学生中开展团体心理辅导宜早不宜迟。就高校新生来说，在他们对一切都充满新鲜感的时候开展团体心理辅导，更加有利于学生对大学生活的适应，以及帮助他们更好地把握自我，增强自信心，树立良好的人际关系，更好地融入大学生活中，从而会使高校学生的心理危机发生率大大降低。

2. 团体心理辅导员必须专业

团体心理辅导是否成功，一个很关键的因素在于指导老师。指导老师作为团体心理辅导的引路人，必须要有专业的技能，具有敏锐的观察力，具有强烈的爱心以及责任感。否则，团队难以形成，学生无法进入设定的情景中，无法将自己的想法更好地表达，辅导达不到期望的效果。因此，一个效果显著的团体心理辅导，老师必须经过专业的培训才能对学生进行引导。

3. 对象的组合要有选择性

经过几次的辅导，实践证明，相处越久的学生，彼此之间的信任感越差，很多时候不会真正把自己的心里话讲出来。因此，在开展活动前要有目的性地选择对象，并将不同年级不同班别的学生作为一个单位来进行辅导，这样辅导效果会更加良好。

4．要注重辅导的延续性

很多时候团体心理辅导仅限于在新生刚入学时，或者是在贫困生群体中进行，而忽略了对参加辅导的学生进行辅导后追踪，缺乏辅导的延续性。因此辅导老师要做好跟进工作，不定时地对参加过辅导的学生开展相关的座谈会，或者个别谈心，以及时了解学生的近况，发现问题时及时予以引导。

综上所述，团体心理辅导是辅助学生改善人际关系，提升自我的一种有效途径。它适用于不同的年龄层次，有针对性地开展团体心理辅导能取得更加良好的效果。

附2：大学辅导员团体心理辅导活动部分照片

开班典礼

聆听

“热座”中

超级访问

分享“生命的五样”

跨过障碍

盲人与拐杖

手语操《我真的很不错》

我爱我组

我的自画像

我们的组名叫“人在江湖”

我们该如何做“团辅”呢

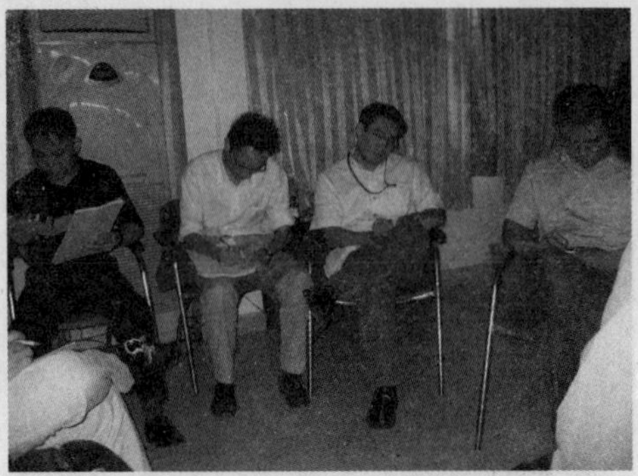

写出、画出我的愿望

一定要做得最棒

有家的感觉真好

展示风采

第七章 大学新生团体心理辅导

第一节 大学新生常见的心理问题及心理健康教育工作重点

一、大学新生产生心理问题的主要原因

良好的心理素质是大学生顺利完成学业，适应社会需求所具备的基本条件。而对于刚经过高考洗礼的大学新生，面临着从中学到大学的转折点，他们的心理健康状态不仅直接影响着他们当前的身心发展，而且对其今后的成长发展和未来社会发展的潜在作用也不可低估。当前，大学新生的心理健康状况引起越来越多人的关注和研究，有关研究显示有 19.96% 的大学新生可能存在严重的心理问题，其中 29.68% 的学生可能正在被某种心理问题所困扰，而另一项研究则显示有 2.1% 的新生有自杀倾向。导致大学新生出现较严重的心理问题的原因是社会、学校、家庭、个人共同作用的结果，特别是以下两大原因：

第一，由于现代社会生活节奏加快、竞争加剧、环境污染、世界局势、经济危机等都对思维敏捷、心理敏感、善于联想的大学生产生较大影响，也不同程度地加重了大学生的心理负荷。如果说社会因素对大学生心理影响是间接的，那么高校改革对大学生的心理冲击则是直接的。高校原本就是人才济济的特殊群体，近几年来在人才培养模式、教育思想、教学内容、学生管理、毕业及分配等方面进行了重大的改革，而改革的过程中出现的不和谐、不稳定的因素必然会对大学生产生影响，生活在一个不可预期的变革环境中自然会加重学生的心理不适。学习紧张、业余生活单调、知识信息传递加快、人才竞争激烈从不同的侧面给大学生造成了巨大的心理压力，越是敏感上进的学生，这种压力感和紧迫感就越强烈。

第二，在以升学率高低为标准衡量教育成果好坏的环境中，中学生的心理问题被学业压力所掩盖。中学心理健康教育的缺失与不足为大学生出现心理问题和由此引发的行为问题埋下了隐患，因此大学新生的心理健康教育显得尤为重要。大学新生刚从中学跨入大学，从外在形式上看，他们实现了从中学生到

大学生的过渡，角色发生了转换。然而，从内在心理上看，一是有些学生过去遗留的心理问题，如考试焦虑、人际交往恐惧等并没有因跨入大学校门而消失；二是大学新生对学习方式、生活环境、人际交往模式等诸方面产生的变化不适应。大学新生在心理上旧的平衡被打破了，而新的平衡又未建立起来，使得他们面临着较大的一时无法调和的心理冲突。如果不能有效地对其进行干预，就会产生不稳定的、甚至是消极的情绪，从而阻碍他们适应大学生活的步伐，同时也会为将来危机事件的发生埋下隐患。

二、大学新生主要的心理矛盾

根据艾森克提出的人生发展的八个阶段理论，大学新生处于由青少年期（12～19岁）到成年早期（19～25岁）的过渡阶段，这是一个重要的人生转折点。虽然其生理发展渐趋成熟，但心理却未达到真正成熟的水平，具有极强的不稳定性，因此被许多心理学家称之为人生的又一断乳期。这在他们心理活动的各个方面都有明显反映，并由此形成了不同于中学生和一般社会青年心理发展的心理特点。这些特定的心理特点及环境的变化决定了他们经常处于新的矛盾之中，而在开展各项心理健康教育工作之前，教育工作者应该清楚地认识到大学新生主要存在的心理冲突。

（一）理想与现实冲突的心理矛盾

大学新生入学前就已进入了青春期，随着成人意识的增强和抽象思维能力的发展，已将注意的中心由原来的认识外界转化为探索自己，关注的范围也从自己的学习成绩扩大到整个自我形象，从而完成了自我意识的分化。进入大学后，由于社会地位和社会期待的提高，“理想自我”与“现实自我”的分化程度进一步加剧。“理想自我”处于观察者的地位，总是积极、主动地对“现实自我”进行认识、考察、评价和控制，这势必会在自己的身上看到过去未曾注意到的弱点，从而产生“理想自我”与“现实自我”的矛盾。进入大学后，自我评价的标准也有了很大的变化。评价的因素除学习成绩外，更多的是工作活动能力、文体专长和衣着风度，这就使当今大学生“理想自我”的色调更全、更高、更浪漫传奇。在这种“理想自我”的“全面考核”下，有些学生失去了中学时代的心理优势，觉得“理想自我”是那么吸引人，而“现实自我”却是那么令人不满意。其次，中学生是富于幻想的，幻想着自己心中的理想大学，美丽的校园、时髦的专业、光明的前途。然而希望越大，失望也越大。进入大学校门后，面对现实的学校条件和随着开课后对学校的深入了解，大学生都会出现不同程度的失落感。特别是一些非“名牌”院校、专科院校、地点偏远院校和条件较为艰苦院校的学生更容易产生理想与现实的矛盾心理，很难去适应新老师、新同学、新校园、新的生活方式、新的学习习惯，因而产生了期望感与失落感相冲突的心理矛盾。

（二）专业意识与价值观困惑的心理矛盾

随着知识经济的到来，知识和技术的更新加快，竞争的加剧，用人单位更加重视学生的适应性、可塑性和发展性。教育由专才教育向通才教育转变，专业对日后职业的影响日益缩小，更重要的是大学生的综合素质。而许多同学在报考大学的时候并不是根据自己的兴趣去选择专业，而是根据是否为热门专业、自己分数的实力、家长和老师的意见等非个人意愿选择专业的。由于对专业不了解，因此许多人进入大学前就没有考虑将来所从事的职业，而是抱着走一步看一步的态度。据一份调查显示，在回答“你考大学填志愿时，是否考虑将来从事的职业”时，只有36.2%的学生回答考虑过，63.8%的学生回答没有考虑。选择专业时存在着很大的盲目性、随机性和从众性，使得新生入学后出现了不同程度的对专业不满意的现象。特别是他们由原来的“被管理者”转变为“自我管理者”的过程中会出现各类学习心理问题。部分新生在没有外来压力的条件下缺乏内在学习动机，缺乏学习主动性；在脱离了中学时期同伴群体共有单一目标的环境后，变得茫然而没有努力的方向。而在学习方法上，从中学到大学发生的变化也较大，一些有着依赖心理、缺乏自学能力、独立思考能力与发散思维方式的新生将会对大学老师提纲挈领式、启发式教学感到不适应。一个人如果失去了兴趣和优势，情绪波动就会很大，很难在心里产生积极主动的适应性，甚至会产生厌恶的情绪，格格不入的情绪特征，带来的后果往往是学习成绩差、人际关系紧张、心情压抑等。

（三）人际交往的心理矛盾

和谐的人际关系对广大新生适应大学生活具有独特的意义。大学新生初次进入新的环境，心里充满了远离父母、失去中学好友的失落感，非常需要新的友谊来补偿；另外，面对比过去更复杂的学习、生活方式和自身的种种矛盾，比任何时候都需要老师、朋友的理解和帮助。但是有些学生比较内向，不愿敞开心扉，吐露心声，生怕露短显丑，给他人留下不好的印象。还有的学生由于出身山区、农村，孤陋寡闻，因而以藏愚守拙、自我封闭的方式消极防卫。新生间的相互关心和帮助，相互信赖和理解，有助于他们较快地熟悉新的学习和生活环境，得到友谊和力量，减少对父母的依赖，减轻心理压力和冲突，减少孤独和寂寞。然而，在大学新生中，因自负而不屑交往者有之，因恐惧而不能交往者有之，因自卑而不敢交往者有之，因孤僻而不愿交往者有之，这种内心渴望交往而又不会或不敢或表面的不屑交往，都会在大学新生中造成心理矛盾。人际交往的困扰是大学新生普遍存在的一种心理矛盾，在这种情况下，新生表现得最多的是“恋家综合征”、“周末恐惧症”、想家、念旧、情绪低落、封闭自己，这种自我封闭与渴望友谊的心理矛盾使得他们失去了心理和谐。

（四）自我评价上的心理矛盾

大学新生正处于自我同一性形成的重要时期，自我意识迅速增强。所谓自我同一性是指个人对自己的本质、信仰有比较完善的认识。同一性混淆指个体无法发现自己，也不知道自己究竟是什么样的一个人，想要成为什么样的人。中学时期，由于应试等原因使得自我同一性发展的条件不充分，学生无法确立自我，因此很多大学新生的自我仍然处于危机之中，没有确定甚至不在乎任何确定的价值观与信念，容易显得彷徨，对选择缺乏信心甚至逃避选择；人际关系不良；不快乐且常有孤独感；有的人有高度的情绪困扰，人格不完整，焦虑程度较高，有精神病或自虐倾向；面对变化容易产生挫折感，适应力差，常会制定出不切实际的目标，也无法面对挑战。调查显示，大学新生的自我认识层面得分最低，他们对自己的认识比较欠缺。同时，大学新生的需要层次不断提高，他们渴望建立良好的人际关系，希望独立自主的发展，从中得到激励、自信和归属感。但很多新生进入大学经过横向比较后，“理想自我”受挫，“现实自我”又无法满足自身需要，便产生失望、羞愧和痛苦的消极体验。另外，当前我国正处于社会转型期，价值观念的多元化常使许多大学生感到无所适从，新生更是如此，造成他们很难客观地评价自己。

（五）恋爱带来的心理困惑

有很大一部分大学新生没有形成合理的恋爱观，因此他们的恋爱带有很大的盲目性和不成熟性。新生进入大学后，逐渐发现理想的大学生活与现实之间的差距，学习环境、生活环境及人际交往的不适应也随之而来，从而引发心理失调等一系列问题。于是在这种茫然和沮丧中，他们希望通过恋爱来缓解压力，寻找温暖。他们把恋爱当作摆脱目前困境的唯一的救命稻草，这样就存在对恋爱过度期望，不能摆正学习与恋爱的关系而导致学业荒废。此外，大学生还存在着普遍的“从众”心理，这使得他们的恋爱没有原则，随波逐流，盲从他人：别人谈恋爱，我也要谈恋爱；别人的女朋友漂亮，我也要有一个漂亮的女朋友；别人把恋爱当儿戏，我也视恋爱为游戏。由于恋爱观的不成熟，也随之产生了一系列问题，如对“性自由”产生错误的认识，对于失恋不能理性认识，不能以积极的方式处理，往往容易导致一些恶性事件的发生。

三、大学新生心理健康教育的重点

教育部在《关于加强普通高等学校大学生心理健康教育工作的意见》中指出，如何指导学生在观念、知识、能力、心理素质等方面尽快适应新的要求，是高等学校德育工作需要研究和解决的新课题。从上面对新生出现的心理困惑的分析中可以得出在新生中开展心理健康教育已经成为一项迫在眉睫与势在必行的工作，它承担着承上启下的作用。这一阶段的心理教育效果如何，不仅仅是一个影响新生未来价值取向的问题，而且还是一个关系到学校德育目标能否实现的问题。而有效的大学新生心理健康教育不仅可以帮助新生化解中学阶段遗留的心理隐患，也为保证学生未来的心理健康提供一个重要前提，并进一步促进其整个人生的健康发展。为了切实有效地消除大学新生的种种不适应心理并使之尽快适应新环境，使他们的学习和生活转入正轨，应该注重从以下两个角度帮助他们：

（一）搭建沟通平台，帮助学生正确认识自我、建立和谐人际关系

引导大学生正确地认识自我、认识他人、认识自己与他人的关系，学会正确与别人比较，学会取他人之长补己之短，不断完善自己，养成良好的心态与积极向上的人生态度。使学生认识到不同的人个性千差万别，要引导学生从他人的需要出发，从对方的角度考虑问题，从而学会与其他同学相处，学会关心、理解、忍让他人，严于律己，宽以待人，培养学生团结协作的精神。让大学新生正视自己的不足和弱势，纠正自我认识上的偏差和冲突，避免与他人展开盲目竞争，并在此基础上确立符合自己实际的目标，避免因不切实际的成就欲望而陷入心理误区，让他们能够正确对待特定的学习、生活、人际交往等方面的成功和失败，能够辨证地看待成功和挫折、顺境和逆境。学校可以创建丰富多彩的校园文化活动，营造浓厚的人文氛围，鼓励学生积极参与集体活动，为学生提供充分的接触机会，让他们在多姿多彩的校园文化活动中交流情感、陶冶情操、互动学习，从而加深相互之间的了解；同时，营造出宽松的氛围，

多和学生谈心，让他们知道自己生活在社会中，需要努力适应社会，知道关心他人就是关心自己，从而提高他们的人际交往能力。

（二）创造良好环境，提高心理适应能力

苏霍姆林斯基认为，真正的教育是“自我教育”，“教育不能总是牵着他的手走路，要让他独立行走，使他对自己负责，形成自己的生活态度”。大学生的心理健康教育离不开良好的教育环境，包括良好的生活环境、学习环境、心理环境等等。全校教师应在实际工作中对新生付出更多的爱心、诚心、细心与耐心，营造一个乐观向上，尊重、友善、宽容，朝气蓬勃的心理健康教育环境，帮助他们尽快地认识学校、了解学校，进而端正专业思想，掌握专业要求，树立新的人生目标，激发学习热情，制订切实可行的学习计划，培养实事求是、严谨治学的科学态度和吃苦耐劳、勤奋刻苦的精神；尽快掌握自主学习、合作性学习、研究性学习等多样化的学习方法，树立终身学习的观念，以谋求全面的、持久的、强劲的发展潜能；帮助他们积极调整心理状态，学会抓主要矛盾（努力学好所学专业），兼顾次要矛盾（参加课余活动和拓宽知识结构），把精力集中到锻炼自身能力、提高自身素质上来；逐步完善大学生心理健康教育工作的内容体系，如通过开设心理教育课程、专题讲座，开展丰富多彩的校园文化活动，发挥校园网功能等方式，广泛开展心理知识的普及教育；强化心理咨询队伍建设，开展心理辅导与咨询；进行心理测试，建立学生心理档案等。要使大学新生不断提高承受和应对挫折的能力，逐渐学会自我心理调适，及时消除心理困惑。最后，高校应特别关注特困生群体的求学问题、心理压力和自信心等方面存在的心理偏差，通过设立特困基金，开展助学贷款，安排勤工助学岗位等方式，让他们既能获得一定的经济收益，又能适当锻炼自己，安心学习，从而顺利完成学业。通过以上方法的直接或间接作用，可以为大学新生创建一个良好的心理环境，促进他们主动去适应大学生活，提高自己的心理适应能力。

第二节　大学新生团体心理辅导

一、为什么开展大学新生团体心理辅导

认识大学生心理问题的复杂性、多变性、时代性和独特性；认清新时期大

学生心理素质的现状及存在的问题；引导大学生构建开放、成熟、稳健的良好心理素质；促进大学生心理的良性转变，使他们成为高智商、高情商、高素质的新世纪优秀人才，是每位心理工作者的重要使命。清华大学心理学专家樊富珉老师曾经说过：心理学研究证明，团体对一个人的成长与发展有重要的影响，因为人是社会动物，人必须作为团体的一分子，需要和期望才能满足，即每个人的成长都离不开团体，在个人成长的各个不同阶段，需要有不同的团体来支持，尤其是当个人彷徨无助或碰到困难时，团体可以扮演重要的角色，发挥助人的功能，在帮助那些有着共同成长经历以及被类似问题所困扰的人时，团体心理辅导是一种经济而有效的方法。而大学新生作为一个有很多相似的适应问题的团体，对其开展团体心理辅导具有重要的意义和价值。

（一）现实意义

目前，我国高校对大学新生常用的心理干预方法主要有以下四种：

（1）心理素质教育：学校开设心理素质教育课程、心理讲座，对学生进行集体教育，可以做到普及面广，但是干预不够深入，无针对性，形式单调，不易吸引学生。

（2）心理知识宣传：通过墙报、报纸、网络、小册子、广播等宣传心理健康知识，可以有比较大的普及面，但是针对性不是很强。

（3）个体咨询：主要是学校的心理辅导老师对有心理问题的学生进行个别辅导，这种方法针对性强，但是能够接受咨询的学生还是较少。

（4）团体心理辅导：主要是心理辅导老师和具有相同心理问题的学生共同组成一个团体，以讨论的形式来解决问题的一种方法。其优点是感染力强，影响广泛，效率高，省时、省力，效果容易巩固，特别适合人际关系不良的人。

团体心理辅导（group counselling，又称团体训练、团体咨询或小组辅导）是在团体情境下进行的一种心理辅导形式，它通过团体内人际关系交互作用，促使个体在交往中通过观察、学习、体验，认识自我、探索自我、接纳自我，调整改善与他人的关系来学习新的态度与行为方式，以发展良好的适应过程。团体心理辅导可以弥补心理素质教育和个体咨询的缺点，而且还可解决目前高校心理辅导老师不足的问题，所以团体心理辅导在我国高校的开展既受到社会的重视，也得到众多老师和学生的好评。大学新生的问题主要是适应性心理问题与发展性心理问题，若得不到及时、合理解决就会演变为障碍性心理问题，容易产生心理疾病。由于大学新生所面临的生活适应、人际关系、学习心理及自我意识等问题具有暂时性与共有性，大一上学期也是班集体形成凝聚力的关键时期。因此，以班级为单位，在大学新生中开展以游戏活动为主要方式的团体辅导，可以帮助新生快速适应、顺利发展。新生存在的问题主要是适应与发展的问题，因此采取团辅的形式会更适合多数大学新生的需要。团辅能够改变大学新生入学适应的自然进程，对解决大学新生入学适应问题具有重要意义。同时，通过团辅，我们能够更直接、准确、全面地了解大学新生的心理健康水平以及个性心理特征，这将为我们今后有针对性地进行心理健康教育打下良好的基础。

（二）理论意义

（1）通过开展大学新生团体心理辅导，能够得出大学新生团体心理辅导的相关研究结论，与已往研究进行相应的对比，可以形成本校大学新生团体心理辅导的具体模式。

（2）努力使团体心理辅导成为大学新生的一门必修课，体现出大学心理健康教育本土化的特色。

（3）总结经验教训，为其他同类高校开展团体心理辅导提供有借鉴性的经验。

二、大学新生团体心理辅导的方案设计

（一）方案设计的原则

根据团体心理辅导的原理和大学新生心理发展的特点，在方案设计的过程中，要重点体现以下几个原则：

（1）发展性原则。主要通过团体成员的主动参与表达自己，从而找到大家共同的兴趣与目标，并在此基础上通过交流、体验和反思，得到心智的发展，重点放在自我成长与自我完善上。

（2）系统性原则。不同单元之间体现循序渐进性，主要从内容、形式、难易程度等方面来体现。

（3）体验性原则。学生以参与为主，充分体现参与性、成长性的原则，让学生在参与中体验，在体验中感悟，在感悟中成长。

（二）2006 年大学新生团体心理辅导的方案设计

1. 开展新生心理健康普查。

2. 根据普查结果制订团体心理辅导方案（见附录）。

3. 团体性质：封闭性、结构式。

4. 成员对象：大学新生。

5. 招募方式：采取随机选取、辅导员推荐，然后通过下达行政命令的方式进行。

6. 人数：13 个系 14 个班级的新生，共 560 人。

7. 活动频率：共六次，每周一次，每次 2.5 ~3 个小时。

8. 团体时间：新生入学第九周开始，每周一次。

9. 理论基础：

（1）马斯洛需要层次理论。

（2）罗杰斯人本主义发展观。

（3）罗杰斯的自我和谐理论。

10. 团队目标：

（1）通过团体心理辅导加快大学新生入学适应的自然进程，如消除陌生感、孤独感，尽快适应新环境。

（2）使新生学会和其他成员沟通、探讨，学习自我欣赏和欣赏他人，帮助新生认清自己的价值观，思考自己的大学生涯规划，增强自己大学生活的方向感。

（3）在生活、学习、人际关系等方面增强新生的适应能力。

（4）在团体中培养一种归属感和被接纳的感受，在体验与他人亲密交流、彼此信任的同时，学会关心、倾听和体察他人，提高新生的人际交往能力。

（三）2007 年大学新生团体心理辅导的方案设计

（1）改变2006 年使用行政命令的形式，采用招募的方式。通过张贴海报、摆摊宣传进行招募，对招募的学生进行面谈筛选，排除性格特别内向、不敢自我表露的、以自我为中心的、只是来参加游戏环节的人等等，此次团体心理辅导实际共招募学生 87 名。

（2）结合了 2007 年的心理普查结果、2006 年与 2007 年心理普查结果对比分析、2006 年团体心理辅导开展的情况总结，对 2006 年大学新生团体心理辅导的方案进行了适当修改。

三、大学新生心理普查结果

（一）2006 年新生心理普查结果

2006 年使用“大学生心理测验及档案管理系统”中的 SCL90 量表对 2 145 名大学新生进行了心理健康测查，收到有效问卷 2 139 份，并针对 SCL90 各项指标进行了详细的统计分析（见表 7－1）。2006 级大学新生的心理普查结果显示，学生的问题主要集中在强迫症状、人际关系、偏执等方面，强迫症状尤为突出。大学新生之所以会出现比较多的强迫行为应该跟我们国家的教育体制有密切的关系，在进入大学之前学生在挤独木桥，社会、家庭、学校对他们施加了一定的压力，使得他们时刻处于竞争的状态，总是对自己严格要求，要求自己比别人强，各方面苛求完美。进入大学之后，很多大学生由于对大学环境的不了解、不适应而仍然保持着原来的高度竞争的状态，这对他们的身心发展是相当不利的，开展团体心理辅导可以让他们更好地了解其他人的心理状态，解决他们共同面临的心理问题。我们在设计 2006 年新生团体心理辅导方案时主要围绕着解除紧张情绪、增强对大学生活的了解、人际交往的技巧等方面展开。

表 7－1　2006 年大学新生心理普查结果

	无	轻	中	重	极重
躯体化	1 712(80.04%)	392(18.32%)	32(1.5%)	3(0.14%)	0
强迫症状	557(26.04%)	1 265(59.14%)	295(13.79%)	22(1.03%)	0
人际关系	1 000(46.75%)	948(44.32%)	179(8.37%)	11(0.51%)	1(0.05%)
抑郁	1 442(67.41%)	599(28%)	87(4.07%)	10(0.47%)	1(0.05%)
焦虑	1 351(63.16%)	688(32.16%)	87(4.07%)	13(0.61%)	0
敌对	1 455(68.02%)	605(28.29%)	68(3.18%)	9(0.42%)	2(0.09%)
恐怖	1 508(70.5%)	547(25.57%)	80(3.74%)	4(0.19%)	0
偏执	1 189(55.59%)	849(39.69%)	93(4.35%)	8(0.37%)	0
精神病性	1 263(59.04%)	810(37.87%)	62(2.9%)	4(0.19%)	0

（二）2007 年新生心理普查结果

2007 年也同样使用“大学生心理测验及档案管理系统”中的 SCL90 量表

对3213名大学新生进行心理健康测查，收到有效问卷3 155份并针对SCL90各项指标进行了详细的分析（见表7－2）。从2007年的测查结果得出学生的问题主要也是集中在强迫症状、人际关系、偏执等几方面，而且学生在各项指标上不同程度的人数所占的比例跟2006年相差不是很大，这说明大学新生面临的心理问题存在着很大的普遍性。

表7－2 2007年大学新生心理普查结果

	无	轻	中	重	极重
躯体化	2 543(80.6%)	579(18.35%)	32(1.02%)	1(0.03%)	0
强迫症状	841(26.66%)	1 894(60.03%)	392(12.42%)	27(0.86%)	1(0.03%)
人际关系	1 534(48.62%)	1 357(43.01%)	247(7.83%)	17(0.54%)	0
抑郁	2 188(69.35%)	850(26.94%)	109(3.46%)	8(0.25%)	0
焦虑	2 014(63.84%)	1 013(32.11%)	120(3.8%)	7(0.22%)	1(0.03%)
敌对	2 171(68.81%)	890(28.21%)	79(2.5%)	14(0.45%)	1(0.03%)
恐怖	2 291(72.61%)	776(24.6%)	82(2.6%)	6(0.19%)	0
偏执	1 752(55.53%)	1 259(39.91%)	138(4.37%)	6(0.19%)	0
精神病性	2 023(64.12%)	1 067(33.82%)	63(2%)	2(0.06%)	0

（三）2006年与2007年心理普查结果对比分析

虽然2006年、2007年大学新生SCL90心理普查结果有很多相似之处，但是为了更好地设计2007年大学新生团体心理辅导的活动方案，同时对2006年、2007年大学新生的心理健康状况有一个更直观的对比，笔者使用SPSS12.0对2006年和2007年大学新生SCL90各项因子的得分进行了对比分析（见表7－3）。两年的普查结果显示除了强迫症状、恐怖、精神病性这几个因子存在显著差异外，其他因子几乎不存在显著的差异。因此，在设计2007年大学新生团体心理辅导方案时笔者结合了2007年的心理普查结果、2006年与2007年心理普查结果对比分析以及2006年团体心理辅导开展的情况总结。

表 7-3 2006 年与 2007 年心理普查 SCL90 各项因子得分对比分析

因子	2006 年（N=2 139）		2007 年（N=3 155）		T	P
	M	SD	M	SD		
躯体化	1.26	0.35	1.26	0.33	0.40	0.69
强迫症状	1.87	0.57	1.83	0.54	2.25	0.03
人际关系	1.67	0.56	1.65	0.54	1.20	0.23
抑郁	1.43	0.50	1.41	0.46	1.60	0.11
焦虑	1.47	0.46	1.45	0.44	1.43	0.15
敌对	1.37	0.46	1.36	0.44	0.85	0.39
恐怖	1.39	0.47	1.36	0.43	2.50	0.01
偏执	1.47	0.47	1.47	0.46	0.28	0.78
精神病性	1.46	0.42	1.42	0.38	4.05	0.00

（四）SCL90 各项因子具体描述

躯体化：有时感到头晕或头部不适，如紧绷、胀等；偶尔会有胃部不适、胀气、嗳气，出现心跳加快、心慌的症状，常有疲倦的感觉。

强迫症状：重复做的动作明显增多，或反复思考一些想法，虽然感到没有必要，想作抵抗，但无法克制内心的冲动，只能机械地重复，并伴有较明显的焦虑；或者不得不以重复的动作和反复的思考来换取暂时的心理轻松，但过后又为焦虑所支配去重复动作和思考。

人际关系：性格特征是内向、敏感、胆小且易害羞。在陌生人面前不多开口讲话，显得害羞。心理较脆弱，有时会因别人对自己不理解而感到痛苦。对别人讲话比较留心，常担心别人会议论自己，有时对别人有警惕心理，做事小心谨慎。

抑郁：自我评价较低，平时郁郁寡欢、心情欠佳、兴趣也有些下降，偶尔会心情烦躁，不愿意与人交往，有时睡眠质量差、多梦。

焦虑：经常有莫名的担心，有时会有害怕的感觉，但不明白为什么会这样，并伴有心慌、心跳加速的感受，易紧张，偶尔会出汗，也会采取一些掩饰举动。

敌对：偶有怀疑的想法，感到别人不是真心的友好，经常表现为警惕性增高，注意别人的举动是否对自己友好，偶尔发脾气。

恐怖：有时不敢独自一人留在家中，与他人相处时缺少安全感，有的表现为不敢去空旷处，有的则不敢与陌生人交往，经常会采取某些逃避行为，有紧张、焦虑、手足出汗等症状出现，也会有心跳加快、心慌的表现。

偏执：性格固执，即使是错误的观点，亦不大能改变。有时会有敌对性，经常有怀疑心，无法相信别人，偶尔认为会被人跟踪。

精神病性：经常会出现幻听，内容多为批评、责骂，有时与幻听互相对夸、对骂，认为别人要害他，跟踪他，并伴有紧张情绪，有时认为自己的想法被别人知道了，还会散播出去。或有些自责倾向，感到孤独。

四、大学新生团体心理辅导活动部分环节情况总结分析

（一）调查问卷结果总结分析

在每次开展新生团体心理辅导之前都会对所有参加人员开展《目前你最关注的问题是什么》的问卷调查，结果如下：

2006 年新生关注的问题依次是：学习问题 32.3%，生活适应 29%，人际问题 17.7%，现实与期望落差 12.9%，时间分配 8.1%。

2007 年新生关注的问题依次是：学习问题 35.3%，生活适应 19.6%，人际问题 22.7%，现实与期望落差 17.4%，时间分配 5%。

从调查结果中可以看出，大学新生虽然角色从一个中学生变成了一个大学生，但是始终没有改变对学习问题的关注，对大学的学习生活存在很大的盲目性，不能完全从高考的学习压力中走出来，这就要求大学教师必须帮助学生更好地了解大学的学习生活，以适应大学的学习生活。

（二）对 2006、2007 年大学新生团体心理辅导中新老生对话环节的总结分析

新老生对话这个活动环节得到新生的普遍好评，给了他们一个获得情感支持、解决实际问题的机会，而新生主要咨询以下问题：

（1）旧习惯与新伙伴。

新生进入新生活后，不同的地区不同的背景产生不同的习惯，自己的很多旧习惯给自己带来了不少困扰，其他成员的习惯使自己很不舒服，不知应该如何适应、如何处理。

（2）传统教学与自主学习。

在高中，老师是按照考试的内容进行教学的，但是来到大学课堂上，老师

脱离了课本，讲了很多意想不到的东西，不知道该怎么学习。

（3）学生活动与学习的冲突。

大学生活多姿多彩，学生会活动、社团活动以及其他形形色色的活动使新生应接不暇，特别是如果在这些组织中担任了职位的，很多时候活动与学习会产生冲突，虽说大学生应以学习为重，但是责任心仍使其无所适从。

（4）学校纪律与个人自由。

入学前听说大学生活很自由，但是入学后却发现一天的作息时间都被学校安排得满满的，即使没有课，也被安排去听讲座、做额外的作业，就连回家的时间都没有，很想念父母，很苦恼。

（5）新环境与思乡情结。

来到学校很不习惯，不同的天气，不同的人，还有不同的环境，有时候很想念家乡的味道，想听听熟悉的乡音，看看往日的山山水水，但是来到学校好像就要与过去决裂了。

（6）学习期望与成绩落差。

来到学校后本来想用心去学习，抛开了很多活动埋头到学习中，但是为什么我的成绩不升反降，而有的同学平时有那么多活动成绩却总能保持领先，心里真的很不平衡。

（6）投入兴趣与投入专业。

进入大学后才发现我目前的专业并不是我喜欢的专业，想转专业但是很困难，现在到底是坚持原来的专业还是投入到自我兴趣当中呢？

（8）迷失的我。

来到大学，离开了父母的管束、高考的压力，我仿佛自由了很多，但是并没有感到快乐，顿时失去了目标，高考前的那种活力没有了，生活变得颓废。

（9）想爱的我。

来到大学，可以谈恋爱了，过去这是一件被严令禁止的事情，现在在大学的校园里可以看到很多成双成对的男女。

（10）孤单的我。

离开了父母、离开了同学、离开了朋友，独身一人来到大学，虽然会有新的同学、新的朋友，但常常感到十分孤独，不知道抛开面具是否能够得到大家的接受，害怕被抛弃，害怕被伤害。

（三）对 2006、2007 年大学新生团体心理辅导中心理剧环节开展情况的总结分析

心理剧是对生活的模仿，设置这个活动环节的主要目的是为大学新生的情绪宣泄、情绪学习、自我认识、自我发现、行为改变提供一个灵活的机会，帮助新生自由地表现自己的观点、情绪，冲破现实生活中的种种束缚，使自己的自主性、创造性得到发挥，在表演中发现自己的问题，找到问题的症结，发现自己的潜能和力量，有助于最终解决自己的问题，并通过表演加深对自己和他人以及人际关系的了解，改善与他人的关系，使个性和社会性更加成熟。在设置这个活动时要注意：一般在第三或者第四单元进行，学生有了一定的熟悉度后，表演起来才会更容易进入角色；应该在上个单元结束时通知成员以使其有一个充分的准备时间；作为领导者要说明这个活动的目的，对成员演好心理剧应当有充分的信心。

结合 2006 年、2007 年大学新生开展团体心理辅导“心理剧”环节的情况，举例如下：

（1）主题：语言沟通问题。

形式：生活话剧。

内容：在宿舍里，学生 A 好心请学生 B 吃西瓜，但因为 A 普通话说得不好，B 又刚好心情不好，因而产生误会，差点打起来。A 一气之下跑了出去，在校道上碰到同班同学 C，通过诉说，C 帮他做了分析，让他明白原来是由于自己普通话说得不好，沟通出了问题才会这样，并在 C 的帮助下学会怎样正确发音。随后，A 跟 B 道歉，大家又和好如初。

解决方法：倾诉、了解矛盾产生的原因、道歉释嫌。

（2）主题：课堂百态。

形式：课堂现场展示。

内容：课堂上，老师兴致勃勃地评论伊拉克问题，台下学生却发短信、聊天、睡觉、发呆、看小说……没有一点课堂气氛。老师痛斥学生不爱学习之后扬长而去。班长提出班里同学存在的学习问题，引起大家反思。

解决方法：大家反思自己来上大学的目的；同学的话、老师的痛斥引起其思考，重新认识自己，调整学习态度。

（3）主题：游戏人生。

形式：座谈会。

内容：一个晚上经常出去打游戏的男生在一次班会上睡觉，于是，老师和同学们针对这种问题提出了各种见解，引导这个男生改变目前的学习生活状态，对自己的未来有一个清晰详细的规划。

解决方法：确立自我目标（四年规划），把注意力转移到更有意义的事情上来。

（4）主题：团体心理辅导缺席原因。

形式：生活短剧。

内容：新生团体心理辅导已经进行几周了，但是随着时间的推移，大家来参加团辅的积极性开始减弱，组里的成员来得一周比一周少，有些同学没有认识到团体心理辅导的重要性，认为团体心理辅导是浪费时间，于是找各种借口来推辞。

解决方法：加强团体心理辅导宣传的力度，让大家对团体心理辅导形成正确的认识，同学们在团体心理辅导过程中要真诚、坦率地分享，把自己的感想和体会大胆地说出来，让大家都有所感悟和收获。

（5）主题：感情问题。

形式：生活短剧。

内容：在校园里，一对曾经热恋的恋人分手了，因为男方提出了一个很荒谬的理由，女生很伤心地回了宿舍。在宿舍里，她的哭声惊醒了熟睡的舍友。在舍友的开解下，她走出了失恋的痛苦，男生也在其舍友的帮助下重新找到了自己的伴侣。五年后，他们又相遇了，虽然他们最终不能以伴侣的身份度过一生，但却成了一对很要好的朋友。

解决方法：失恋后向朋友倾诉心中的不悦，用友谊的力量来抚慰受伤的心灵，分手的原因很多，或许真的是因为大家不合适，但仍然有机会做朋友。

五、大学新生团体心理辅导效果评估

每次开展大学新生团体心理辅导时，都采用问卷的形式进行相应的效果评估，评估的目的是为了解方案设计实施的情况、新生团体心理辅导是否达到预期目标、团体成员的反应是否满意、团体领导者的工作方法与技巧是否恰当，以便帮助领导者改善领导技巧以及改进自己的专业表现，同时为今后开展同类活动提供有利的经验和支持。

(一)《团体心理辅导自评问卷》结果分析

1. 2006 年新生团体心理辅导《团体心理辅导自评问卷》结果分析

2006 年新生团体心理辅导结束以后对参加团体心理辅导的学生进行了匿名的《团体心理辅导自评问卷》调查，有 430 人参与了调查，回收有效问卷 357 份，其中男生 148 人，女生 209 人。调查结果显示有 52 人（14.6%）表示非常满意，292 人（82%）表示对本次团体心理辅导比较满意，14 人（3.4%）表示不满意。我们对通过团体心理辅导在了解自我、了解他人、关心他人、自信心、开放自己、责任感这 6 个方面的影响作用进行统计分析（见表 7－4）。统计结果显示，在每个维度上都有 80% 以上的学生认为通过团体心理辅导自己获得了不同程度的改变，其中有 95.5% 的学生认为自己在了解他人的能力方面有所提高，在自信心方面获得改变的人数比例相对较小。

表 7－4　2006 年新生团体心理辅导《团体心理辅导自评问卷》结果分析

改变程度	了解自我	了解他人	关心他人	自信心	开放自己	责任感
改变大	125(35%)	197(55.2%)	195(54.6%)	127(35.6%)	158 (44.3%)	18(52.4%)
改变小	189(52.9%)	144(40.3%)	133(37.3%)	172(48.2%)	159(44.5%)	134(37.5%)
无改变	43(12%)	16(4.5%)	29(8.1%)	58(16.2%)	40(11.2%)	36(10.1%)

2. 2007 年新生团体心理辅导《团体心理辅导自评问卷》结果分析

2007 年新生团体心理辅导结束以后对招募组的学生进行了匿名的《团体心理辅导自评问卷》调查，有 83 人参与了调查，回收有效问卷 82 份，其中男生 38 人，女生 44 人。调查结果显示有 43 人（52.5%）表示非常满意，37 人（45.1%）表示对本次团体心理辅导比较满意，2 人（2.4%）表示不满意。我们还对通过团体心理辅导在了解自我、了解他人、关心他人、自信心、开放自己、责任感这 6 个方面的影响作用进行了统计分析（见表 7－5）。通过对比可以得出 2007 年通过招募的形式开展的新生团体心理辅导，其学生在各维度上改变的比例要普遍高于 2006 年。这说明采取招募的形式，其学生可能有更大的参与度，积极性较高，获得的改变也较大。

表 7-5 2007 年新生团体心理辅导《团体心理辅导自评问卷》结果分析

改变程度	了解自我	了解他人	关心他人	自信心	开放自己	责任感
改变大	46(56%)	52(63%)	44(53.7%)	33(40.2%)	38(46.3%)	29(35.4%)
改变小	32(39%)	30(36.6%)	31(37.8%)	40(48.8%)	41(50%)	47(57.3%)
无改变	4(4.9%)	0	7(8.5%)	9(11%)	3(3.7%)	6(7.3%)

（二）SCL90 测查结果分析

1. 2006 年新生团体心理辅导 SCL90 测查结果分析

（1）2006 年新生团体心理辅导前使用 SCL90 对研究对象进行心理测查，把学生分成实验组和对照组，实验组是参加大学新生团体心理辅导的学生，对照组是未参加大学新生团体心理辅导的学生，以下相同。对实验组与对照组的测查结果进行对比分析（见表 7-6），测查结果表明，在团体心理辅导前，实验组和对照组在各因子得分上不存在显著差异，所面临的心理问题基本相同。

表 7-6 2006 年团体心理辅导开始前对照组与实验组 SCL90 测查结果对比分析

因子	实验组（N=510）		对照组（N=1 254）		T	P
	M	SD	M	SD		
躯体化	1.27	0.34	1.26	0.34	0.72	0.47
强迫症状	1.85	0.58	1.87	0.56	-0.55	0.59
人际关系	1.65	0.56	1.67	0.55	-0.75	0.45
抑郁	1.42	0.50	1.42	0.49	0.11	0.91
焦虑	1.47	0.48	1.46	0.44	0.38	0.70
敌对	1.34	0.43	1.38	0.47	-1.40	0.16
恐怖	1.40	0.47	1.38	0.46	0.51	0.61
偏执	1.45	0.46	1.48	0.48	1.22	0.22
精神病性	1.44	0.41	1.46	0.42	-0.83	0.41

注：$P<0.5$ 表示存在显著差异（以下相同）。

（2）为避免成长因素的影响，检验团体心理辅导的作用，在新生团体心理辅导结束后对实验组与对照组又进行了 SCL90 测查，并对测查结果进行统计分析（见表 7-7）。具体结果如下：团体心理辅导结束后，实验组和对照组在人际关系、焦虑、敌对、恐怖因子上的得分存在显著差异，而其他因子的差异不显著。这说明团体心理辅导给了学生一个获得情感支持，提高与人交往能力的机会，可以在一定程度上消除新生的不适应感。

表 7－7　2006 年团体心理辅导结束后对照组与实验组 SCL90 测查结果对比分析

因子	实验组（N＝510）		对照组（N＝1 254）		T	P
	M	SD	M	SD		
躯体化	1.23	0.34	1.21	0.36	1.07	0.29
强迫症状	1.79	0.55	1.76	0.58	0.78	0.44
人际关系	1.54	0.51	1.61	0.57	－2.53	0.01
抑郁	1.41	0.49	1.39	0.49	0.67	0.50
焦虑	1.34	0.36	1.38	0.46	－1.87	0.04
敌对	1.32	0.40	1.38	0.48	－2.52	0.01
恐怖	1.33	0.43	1.38	0.51	－1.91	0.04
偏执	1.41	0.45	1.41	0.47	0.16	0.87
精神病性	1.43	0.43	1.40	0.43	0.98	0.33

2．2007 年新生团体心理辅导 SCL90 测查结果分析

由于 2007 年采用招募的形式开展大学新生团体心理辅导，参加的人数相对减少，所以只对参加得分进行对比分析（见表 7－8），检测新生团体心理辅导的效果。测查结果显示，经过团体心理辅导后学生的心理健康水平有普遍提高，总体效果要好于 2006 年大学新生团体心理辅导开展的情况，这可能跟经过一年的实验，各方面工作都趋于完善，而且学生是主动参加等因素有关。

表 7－8　2007 年大学新生团体心理辅导前后 SCL90 各项因子得分对比分析

因子	团体心理辅导前（N＝83）		团体心理辅导后（N＝83）		T	P
	M	SD	M	SD		
躯体化	1.25	0.32	1.17	0.29	2.68	0.01
强迫症状	1.89	0.57	1.80	0.52	1.70	0.09
人际关系	1.76	0.56	1.56	0.51	3.90	0.00

（续上表）

因子	团体心理辅导前（N=83）		心理团体辅导后（N=83）		T	P
	M	SD	M	SD		
抑郁	1.44	0.51	1.36	0.45	1.74	0.09
焦虑	1.52	0.50	1.35	0.38	3.81	0.00
敌对	1.42	0.50	1.28	0.42	3.40	0.00
恐怖	1.40	0.39	1.31	0.45	1.77	0.08
偏执	1.47	0.44	1.34	0.39	2.95	0.00
精神病性	1.47	0.34	1.37	0.40	2.76	0.01

六、讨论分析

大学新生团体心理辅导的教育、发展、预防以及治疗的具体效果到底如何，这是每一个开展或者准备开展这项工作的人员都比较重视的。我校两年来开展新生团体心理辅导有比较多的经验，取得了一定成效，总结后发现大学新生在以下几个方面有了明显的改善：

（一）团体心理辅导给予大学新生更多的归属感、亲切感

归属感，又称隶属感、隶属，指个人自觉被别人或被团体认可与接纳时的一种感受，是弗洛姆（E. Fromm）理论中的术语，意指心理上的安全感与落实感。归属感作为一种社会心理，是介于外界环境与人的行为之间的一个中间变量。马斯洛在其著名的“需要层次理论”中，就提到人都有归属和爱的需要，这是一种较高层次的需要，而只有满足了这一需要人们才能“自我实现”。心理学家对归属感问题进行了大量研究，认为缺乏归属感的人会对自己从事的工作缺乏激情，责任感不强；社交圈子狭窄，朋友不多；业余生活单调，缺乏兴趣爱好。所以，是否能够形成良好的归属感对大学新生的心理健康状况有较大的影响。对于大学新生而言，他们大多数第一次离开家门来到一个新的学校，第一次过集体生活，第一次处理自己的事务，面对一个全新的环境，该以什么样的心态去认识和接受，这是个很重要的问题。而只有接受、认可（认为自己已成为该团体的一分子）这个学校后，学生才有可能形成比较健全的心理，才能形成乐观向上的精神状态，对学习才能更加投入。所有这些都直接影响到一名大学生在学校及将来毕业后在其工作单位的表现，而在大学新生中开展团体

心理辅导能够给予大学新生获得更多的归属感、亲切感的机会。在团体心理辅导这个模拟的社会情境中，成员之间互相接纳、爱护及认可，同时可以发现大家有许多共同的问题，也有许多共同的话题，发现自己并不孤单，发现自己在异乡同样可以体味家一般的温情。这无形中提高了学生的自尊心，增强学生的归属感，同时，这种归属感还可以向外延伸。他们也可以发现同龄人中许多人自立的意识、能力如此之强，因而更能发现自身存在的差距，找到改进的方向和方法。

（二）团体心理辅导使大学新生交往的主动性更强，人际关系更协调

在处理人际关系问题上，团体心理辅导使大学新生交往的主动性更强，人际关系更协调。大学新生入校后，很快发现他们的人际关系同中学相比变得复杂了，人与人之间的关系变得难以处理了，这实际上是因为大学与中学的人际关系相比增加了许多成人化、社会化的内容。通过团体心理辅导，大学新生可以更加深入地认识到自己的优势与不足，对他人的了解也会增加，从而调整自己对人对事的看法，相互取长补短，改善自己待人接物的能力。发挥交往中更多正面的、积极的作用。同时，通过团体心理辅导的训练，大学新生交往的主动性增强，会主动与人打招呼、主动看望朋友、积极参加社团活动和各种集体活动，人际交往的技巧也会得到提高。

（三）团体心理辅导使大学新生有目标、有计划、有更强烈的成功愿望和成就感

在对待个人的发展问题上，团体心理辅导使大学新生有目标、有计划、有更强烈的成功愿望和成就感。许多同学来到大学后，由于刚刚实现了考上大学的理想，却尚未考虑大学期间乃至今后人生发展的道路，因而会出现对未来成长的困惑与迷茫。团体心理辅导使大学新生更加准确地对自己所处的环境作出准确定位，对自己有了更客观的评价，使他们学会将大学作为新的起点，重新确定新的发展目标，并为目标的实现制订切实可行的计划。

（四）团体心理辅导使大学新生能够树立更强烈的团队意识

团队意识指整体配合意识，包括团队的目标、团队的角色、团队的关系、团队的运作过程四个方面。在处理个人与集体的关系上，团体心理辅导使大学新生能够树立更强烈的团队意识。团体心理辅导始终以“团体”作为活动的主体，以团体性活动作为辅导的有效载体，各项活动的设计使每个学生必须借助于别人的帮助和支持才能完成，使他们深刻体会到“团结就是力量”、“一个好汉三个帮”的道理，从而使学生更容易接纳团体、融入团体，并学会如何发挥自己的能力为集体增光添彩。因此，团体心理辅导是一种加强集体主义教育的有效途径。

由于2006年与2007年是采取不同的方式开展，所以也在此对两年大学新生团体心理辅导开展的效果进行对比分析，总结出以下经验：

（一）大学新生团体心理辅导应该尽量坚持自愿参加的原则

2006年参加团体心理辅导的学生是在我们随机抽取的基础上通过下达行政命令的方式选取的，虽然我们做了大量前期的宣传工作，但是仍有部分新生对心理健康问题还存在很大的认知误区，在团体心理辅导刚开始时存在不同程度的抵触情绪。2007年的团体心理辅导是学生自愿报名参加，学生的抵抗心理没有那么严重，因而各方面的程度要好于2006年。但是2006年团体心理辅导的对象覆盖面相对广一些，受益群体比较大。

（二）大学新生团体心理辅导开展之前的宣传一定要到位

由于在大学之前学生对心理咨询、心理问题等方面的知识是非常欠缺和片面的，所以在开展团体心理辅导之前的宣传工作一定要到位。可以通过报纸、广播、网络、宣传资料等媒体进行宣传，也可以通过培训各班心理健康委员，让他们进入班级进行宣传。宣传的内容应该包括团体心理辅导的意义、其实际能起到的作用、团体心理辅导的形式、包括的环节、每个环节的意义等方面。在宣传的时候应尽量少说团体心理辅导是以游戏的形式进行，因为这样会产生一种误导，会使学生在团体心理辅导过程中只注重游戏环节，而不愿深入参加主要活动部分，从而不愿分享。

（三）充分利用各方面的资源扩大团体心理辅导的覆盖面

由于人员、场地、经费、时间等因素的限制，能够参加团体心理辅导的新生人数还是受到一定限制，覆盖面不是太广。这样虽然起到了一定的效果，但是由于很多有这方面需求的学生不能通过团体心理辅导的形式来帮助他们加快心理适应，这无形当中就加大了后期的工作量，所以大学新生团体心理辅导的工作一定要争取有关领导的大力支持。

（四）重视学生心理辅导员的重要作用

学生心理辅导员是经过我们专门培训的团体心理辅导辅助人员，在大学新生团体心理辅导中，他们可以以体验者的身份进入小组，掌握小组内部成员的基本情况，引导成员分享。但是可能也会出现一些负面的问题，如他们可能会成为组内的焦点，从而影响组内氛围及问题的解决。所以在他们进入小组之前一定要给他们一个准确的定位，即团体心理辅导的参加者。同时，对于一些经验丰富、能力强的学生心理辅导员也可以在适当的时候让他们做领导者，这样既可以使他们得到锻炼，也可以减轻专业教师的工作压力。

（五）大学新生团体心理辅导方案设计一定要结合实际

方案设计的好坏直接影响团体心理辅导的效果，因此，在方案设计之前一定要对新生的心理问题有比较详细的了解，考虑到学生的实际情况（专业课程安排、考试等），团体心理辅导的次数一定要合理，同时两次之间最好不要相隔太长时间，一次活动也不要持续太长时间（1.5～2 小时）。热身活动时间应尽量缩短，把纸笔练习与热座提高到较突出的地位，加大分享力度。在活动开展的过程中还可以加入一些合适的音乐帮助学生进入状态。

（六）明确团体心理辅导的意义，减少人员流动

由于学生对团体心理辅导没有充分的理解，有些学生认为团体心理辅导是很随意的，所以在团体心理辅导进行过程中会出现人员流动的现象，有时候一些组可能只有一半的人，这样就会影响团体心理辅导的效果。为尽量避免这种情况的发生，在团体心理辅导第一单元就要明确说明团体心理辅导是一种相对封闭的活动，请大家尊重彼此的组员，以保证活动正常有序的开展。同时，出现人员流动较大的现象可能跟领导者、活动方案等因素有关，这也是需要思考和注意的。

（七）领导者应注意主持的技巧

领导者的主持技巧和主持风格直接影响到团体心理辅导活动的效果，所以领导者一定要注意主持的技巧。因为作为大一新生，对很多活动是抱着玩一下的态度，所以在每单元开始的时候领导者要明确说明本单元要达到的活动目标，提高学生的积极性。其次，在每个活动环节领导者的讲述应该包括活动目的、活动规则、活动总结三个部分，这要求领导者要有一定的专业基础，深刻理解每个活动的心理学意义和现实意义。在热身活动时表现出外在的一面让成员动起来，在主要活动环节应该表现出内在的一面使成员可以静下来进入角色，以便更加深入地进行分享。

总之，团体心理辅导活动是对新生入学后适应、发展教育的一种有效的教育方式，但还存在效果的追踪、巩固等问题，我们将进一步探索开展团体心理辅导的新形式，并努力在新生中普及开展，使更多的学生通过团体心理辅导受益，为学生在大学期间的心理健康与全面发展打下坚实基础。

七、活动方案

第一单元　有缘千里来相会

一、单元目标

本单元主要目标是形成团体氛围，增进成员间的相互信任与接纳。

（1）通过热身活动打破尴尬沉默的气氛，使气氛融洽活跃，使同学们更快融入团体；“1/N 感觉”将大组分为若干小组，以便于活动的开展与同学间的沟通。

（2）通过主要活动“跑得了，跑不了”使小组同学们尽快互相认识，从而增进团体凝聚力；“建立小组”保证了团体活动的顺利进行，促进良好团体氛围的形成。

二、活动内容

1．开场白

（1）领导者简单地介绍一下自己。

（2）介绍一下团体心理辅导的活动形式和组织这次活动的意义（要介绍得实际一点，不要讲太多的理论）。

团体心理辅导就是模拟一个团体的形式，使各位成员在这个团体中学会如何与人交往，人际沟通等方面的技巧，但是要学会这些技巧必须要有一个前提，就是主动、开放自我。我们这个团体心理辅导的活动形式是通过一些游戏和纸笔练习来使大家投入进去，释放自我的，在游戏的过程中，学会与人沟通，与人交流。团体心理辅导是一种体验式的学习，与传统的教学形式不同的地方在于它是一种主动地，而不是被动地接受知识的过程，所以大家要学会积极地投入，积极地享受这个过程。

（3）再次强调团体心理辅导的小组契约，就是他们在接下来的活动中要遵守的基本规则（承诺）：①守时；②注意力集中在此时；③坦诚、开放；④暂停评价别人（用开放的心态理解别人）；⑤保守秘密（尊重别人的权利）。

2. 热身活动

（1）奇数偶数。

活动规则：所有人围成一个圆圈站着。按照圆中央领导者的口令逐次报数，但是和普通报数不同，以只报奇数或只报偶数的形式进行。如果领导者说“报奇数”，就是1，3，5，7，领导者说“报偶数”，则接着刚才的数字报8，10，12，14……如果说错了，就会被判出局，必须离开圆圈，被判出局的人要以介绍自己作为惩罚，如姓名、班别、兴趣等。玩到最后人越来越少，就可以结束游戏。

注意：被判出局的人要坐到椅子上，没出局的人继续站着玩，同学在介绍自己的同时，可以分享加入团体的动机和对团体心理辅导的期望等。

游戏＋分享时间：15分钟

（2）1/N感觉。

活动规则：大家会领到一张事先准备的卡片，但只是1/N（看人数而定）张卡片，进入会场后，需要去寻找其他N位同学手中的卡片，将其拼合成一幅完整的图片。大家要积极地寻找陌生人，询问、展示、合作，最终才能达成“联盟”，只有找到其他的朋友，才可以找一个位置坐下来。组成图片的N位同学成为一组，这个组也是他们接下来一起活动的小组。

分享：

①你是通过什么方式找到另一个人的？

②找到之后的感觉是什么？

……

活动时间：10分钟

3. 主要活动

（1）分享热身活动的感受：参考辅导员篇。

活动时间：20分钟

（2）跑得了跑不了。

活动规则：小组所有成员各自围成一个圆圈，左手摊开，伸出右手食指放在右边学员左手的虎口处。指定组中一个成员喊：“1，2，……”随机喊出“3”时，所有成员必须左手抓住其左边成员的食指，而同时自己的右手食指也不能被抓到。在没有喊到“4”就松手的成员或任务失败的成员就必须自我介绍或者表演节目。

活动时间：15 分钟

说明：今后各单元的活动，一般都是集体进行热身活动和结束活动，小组内部进行主要活动。

（3）建立组名，确定组歌，产生组长，制定小组契约：参考辅导员篇。

活动时间：50 分钟

（4）写下自己对团体心理辅导小组的期待与感受。

活动时间：10 分钟

4．结束活动

（1）确立小天使：参考辅导员篇。

活动时间：10 分钟

（2）全体齐唱《明天会更好》。

活动时间：5 分钟

第二单元　我的自我我最知

一、单元目标

本单元的主要目标是进一步加深团体成员之间的相互了解及对自我的探索。

（1）通过热身活动（无家可归、松鼠与大树）使团体成员思考个人与集体的关系，体验归属感、被接纳感以及不被接纳的失落感、孤独感；通过盲人与拐杖游戏使团体成员体验信任的重要性，体验丧失的无能、无助感及拥有的幸福感及责任感。

（2）通过主要活动引导团体成员对自我进行深层次的探索，增强自我认识，促进自我成长。

二、活动内容

首先，对第一单元学生活动时拍摄的精彩片段进行回放，提高学生的参与度，同时在以后每单元热身活动开始之前都会对上一单元精彩片段进行回放。

1．热身活动

（1）无家可归：参考辅导员篇。

活动时间：15 分钟

（2）松鼠与大树：参考辅导员篇。

活动时间：15 分钟

（3）盲人与拐杖：参考辅导员篇。

活动时间：50 分钟

2. 主要活动

（1）用“我是”开头造 20 个句子，描述自我。

（2）自画像：可以用任何形式画出自己——抽象的、形象的、写实的、动物的、植物的都可以，并用简练的语言说明、解释自己的画。

活动时间：60 分钟

3. 结束活动

（1）记录小天使的表现。

（2）全体齐唱《祈祷》。

活动时间：5 分钟

第三单元　生命的价值我探寻

一、单元目标

本单元的主要目标是增进团体成员间的深入了解和探索自己的价值观。

（1）通过热身活动培养组员间的相互协作精神，增进成员间的情感，增进组员的团结，并且考验组员在解决困难时的默契程度；体会团队支持对个人的意义和重要性，培养团队的默契程度。

（2）通过主要活动引导成员，促进组员对个人的价值观、人生观作出探索，进一步认识自己，以期在人生种种抉择过程中有较具体的参考。

（3）通过结束活动引导成员懂得感恩，强化奉献意识。

二、活动内容

指导语：现代生活的节奏紧张而快速，我们习惯了行色匆匆地背负着蓝色的梦想奔波于现实的旷野中。霎时间，我们停住飞奔的脚步，仔细端详起我们的成长轨迹，审视内心的心路历程，其中有不得已要作出的某种抉择。在这些压力面前，成长的翅膀是否能承受生命中的种种挑战？千里之行，始于足下。从这里，我们迈出了艰辛探索的第一步——认识自我与生命的价值。

1. 热身活动

（1）同舟共济：参考辅导员篇。
活动时间：15 分钟
（2）解开千千结：参考辅导员篇。
活动时间：15 分钟
（3）唱儿歌找朋友：参考辅导员篇。
活动时间：15 分钟

2. 主要活动

（1）拥有与丧失：参考辅导员篇。
活动时间：50 分钟
（2）画生命线：参考辅导员篇。
活动时间：50 分钟

3. 结束活动

（1）记录自己小天使的表现（回去再写）。
（2）全体齐唱手语歌《感恩的心》。
活动时间：10 分钟
注意：
（1）本单元主要活动分享时间会比较长，所以建议热身游戏不要玩太久。
（2）在主要活动时，可能会出现组员哭泣的情况，拥抱不失为一个给组员力量、安慰的好方法，但是需要注意组员的性别因素。

第四单元　经历风雨，方见彩虹

一、单元目标

本单元的主要目标是帮助新生解决适应阶段出现的问题，增强面对挫折的能力。

（1）通过热身活动引导成员们体验挫折、接纳挫折、战胜挫折，强化成员的互帮互助意识及团队合作精神。

（2）通过主要活动让新生对开学以来生活、学习、人际关系、情感等问题有一种新的认识，能从另一种角度对待自己现在以及以后的大学生活。

二、活动内容

1. 热身活动

（1）成长三部曲：参考辅导员篇。

活动时间：20 分钟

（2）精神欢呼：参考辅导员篇。

活动时间：10 分钟

2. 主要活动

新老生对话。

活动规则：

（1）所有成员围坐在一起。

（2）新生提出开学以来在生活、学习、人际关系、情感等方面存在的问题，由其他知道答案的老生或者组员进行回答。

活动时间：90 分钟

注意：

（1）要组员之间相互讨论解决问题，非必要时，领导者不要提太多意见，而应该把问题留给组员自己。

（2）不要批判别人观点，领导者要中止无关话题以及可能出现的争论。

（3）领导者要及时概括每个问题的结论。

3. 结束活动

（1）记录小天使的表现。

（2）全体跟随视频高唱《真心英雄》。

（3）通知大家下一次的主要活动是通过表演的形式，演出小组的问题和解决方法，各组自己确定主题，各组组长负责。

活动时间：5 分钟

注意：结束时强调保密原则及下次活动的时间、地点。

第五单元　我真的很不错

一、单元目标

本单元主要目标是引导学生肯定自己的能力，学会解决面临的问题，对自己的未来进行有效的规划。

（1）通过热身活动增强学生团队合作的意识。

（2）通过主要活动和结束活动引导成员探讨应对和解决工作困难的办法，乐观地面对自己的大学生活，肯定自己，学会对自己的未来进行规划。

二、活动内容

1. 热身活动

（1）突出重围。

活动规则：

①组内指定一到两个成员做突围者，其他组员手拉手围成一个圈，把突围者围在中间。

②突围者要想方设法突出圆圈，如哄、骗、钻等方法，但前提是不能伤害到围圈者。

③围圈者可以通过调整圈的大小、空间等来阻止突围者突围成功。当突围者突围成功时，游戏结束，换圆圈突破口的两个成员做突围者，这时突围者的任务是突入圆圈。

分享：生活对于所有人来说都不是件容易的事，每天你都要想办法解决这样那样的困难；《围城》里说：城里的人想要出去，城外的人想要进来。很多时候，面对同一种情况而处于不同位置的人，会有截然不同的心态。

游戏＋分享时间：20 分钟

（2）我来做你来猜。

活动规则：组内指定一到三个组员为一组，这一组人要用动作来扮演一种物体，且能抓住要点来表演该物体的特征，让组员可以猜出来。其他组员则要竞赛谁可以最快猜出来。

分享：知道事物是一回事，了解又是另一回事，只有当你对事物达到深刻了解时才能驾轻就熟地将其表现出来。

游戏＋分享时间：20 分钟

2. 主要活动

（1）心理剧演出。

活动规则：

①在上一次活动结束时一定要通知学生。

②由各小组组长负责召集大家进行主题讨论与排练。

③内容应该是在目前适应阶段遇到的问题。

④一个小组演出，其他小组观看。

分享：

①为什么关注点是这个主题？

②其他人是怎样看待这个问题的，有解决方法吗？

演出 + 分享时间：50 分钟

（2）职业生涯规划。

活动规则：

①请组员以预定完成的事情或者目标、必须面对的问题为纵轴，以时间为横轴，描绘出自己未来的人生计划。

②在小组内部进行。

活动 + 分享时间：30 分钟

3．结束活动

全体成员跟随视频做手语操《我真的很不错》。

活动时间：10 分钟

注意：结束时强调保密原则及下次活动的时间、地点。

第六单元　我的未来不是梦

一、单元目标

本单元的主要目标是引导成员思考目前困扰自身的主要问题是什么及解决方法。

（1）通过热身活动使成员认识到自己的优点、魅力所在，同时认识到人际交往中赞美的重要性。

（2）通过主要活动引导成员思考自己真正需要的是什么，目前困扰自身的主要问题是什么，并在组员的帮助下找到解决问题的思路及办法。

（3）通过结束活动引导成员珍惜团体、热爱团体。

二、活动内容

1．热身活动

（1）戴高帽：参考辅导员篇。

活动时间：20 分钟

（2）兔子舞：参考辅导员篇。
活动时间：5 分钟

2．主要活动

（1）热座：参考辅导员篇。
活动时间：50 分钟
（2）礼物大派送：参考辅导员篇。
活动时间：40 分钟
（3）自评团体心得。
活动时间：20 分钟

团体心理辅导自评问卷

系别：　　　　班别：　　　　性别：　　年龄：
籍贯：本省（本地、外地）；外省（　　　）　贫困生：（是 、否）
独生子女：（是 、否）
问题：
a．你对团辅的满意程度：很满意（　　）较满意（　　）不满意（　　）
b．通过团辅，你在以下方面的改变情况：
①了解自我：改变大（　　）　改变小（　　）　无改变（　　）
②了解他人：改变大（　　）　改变小（　　）　无改变（　　）
③关心他人：改变大（　　）　改变小（　　）　无改变（　　）
④自信心：改变大（　　）　改变小（　　）　无改变（　　）
⑤开放自己：改变大（　　）　改变小（　　）　无改变（　　）
⑥责任感：改变大（　　）　改变小（　　）　无改变（　　）
c．你对团辅有何意见和建议？
活动＋分享时间：20 分钟
（4）朗诵人生格言。
全体朗诵：对精神生活的六点忠告。
①这个世界、他人、还有我们自己，总有一些东西是我们所不知道的。
②我们内在精神生活的质量，决定着我们一生的成就和幸福。
③我们对他人的态度，是我们对自己的态度的投射。
④只有保持了恰当的人际距离，才能够拥有和享受高质量的人际关系。
⑤培养细腻的情感。任何简单的情感都可能会是针对自己和他人的暴力。

⑥活在当下。在时间的坐标上，没有过去，也没有将来。好好地活在当下，既可以修复过去，也可以创造美好的将来。

活动时间：5 分钟

3. 结束活动

（1）小天使揭秘：猜猜谁是自己的小天使。

活动时间：5 分钟

（2）放飞机：参考辅导员篇。

活动时间：15 分钟

（3）全体齐唱：全体成员手拉手围成一个大圈，跟随《同一首歌》视频，齐唱《同一首歌》。

活动时间：5 分钟

第一单元　活动计划——有缘千里来相会

主题	活动内容	时间	道具
热身活动	1. 奇数偶数：所有成员围成一个圈，共同报奇数或者偶数，报错的需要介绍自己。 2. 1/N感觉：大家通过各种方式找到跟你来自同一卡片的同学。	15min 10min	卡片
主要活动	1. 分享热身活动的感受。 2. 跑得了跑不了。 3. 建立组名，确定组歌，产生组长，制定小组契约（以海报的形式）。 4. 写下自己对团辅小组的期待与感受。	20min 15min 50min 10min	海报纸、彩笔、蜡笔、A4纸
结束活动	1. 确立小天使：小组内每个人用一张等大的纸张，写上自己的名字，然后叠成同样大小的形状，在地上打乱，然后让每个人随机抽取其中一张，每个人都会抽到一个人的名字（也可能是自己），自己就是那个人（或自己）的小天使。 2. 全体齐唱《明天会更好》。	10min 5min	A4纸、《明天会更好》视频

第二单元　活动计划——我的自我我最知

主题	活动内容	时间	道具
热身活动	1. 无家可归：大家围成一个限定人数的圈，人数由领导老师确定，在一定分开跟组合后会出现未能围成圈的个别组员，让其谈谈感受。	15min	眼罩若干
	2. 松鼠与大树：分别由三个人组成一组大树与松鼠的搭配，听老师口号而变动。	15min	
	3. 盲人与拐杖：团体成员两人一组，一位做“盲人”，另一位做“拐杖”。盲人蒙上眼睛，然后在“拐杖”的搀扶下，沿着指导老师选定的路线活动。期间不能讲话，只能用手势、动作帮助“盲人”体验各种感觉。活动结束后两人坐下交流双方的感受，并在团体内交流。然后互换角色，再来一遍，再互相交流。	50min	
主要活动	纸笔练习： 1. 用“我是”开头造20个句子，描述自我。 2. 自画像：可以用任何形式画出自己——抽象的、形象的、写实的、动物的、植物的都可以。请用简练语言说明、解释自己的画。	60min	A4纸
结束活动	全体齐唱《祈祷》。	5min	《祈祷》视频

第三单元 活动计划——生命的价值我探寻

主题	活动内容	时间	道具
热身活动	1. 同舟共济：给每组分一张报纸，按老师的要求小组成员想方设法都站在报纸上，保持3秒钟，其间各成员双脚不能与地面直接接触。 2. 解开千千结：组员放开手随意走动，老师喊停，脚步即停。各成员之间左右手分别握住原先走动前的彼此，在大家不放开手的情况下，无论用什么方法，将交错的“手链”解开成为一个大圈。 3. 唱儿歌找朋友：唱起小时候的儿歌寻找唱着同样歌曲的组员，手拉手围成圈。	15min 15min 15min	报纸
主要活动	纸笔练习： 1. 拥有与丧失。 （1）拥有：写出你生活中最重要的五样东西及选择的理由。 （2）丧失：将上面所写的五样东西逐一划掉，体验其中的过程和内心的感受。 2. 画生命线：预测自己的死亡年龄，并列出过去影响你最深或令你最难忘的三件事和今后你最想做的三件事或最想实现的三个目标。	50min 50min	A4问卷纸《拥有与丧失》 A4问卷纸《画生命线》
结束活动	齐唱手语歌《感恩的心》。	10min	《感恩的心》视频

第四单元　活动计划——经历风雨，方见彩虹

主题	活动内容	时间	道具
热身活动	1. 成长三部曲：以“蹲着”代表“鸡蛋”,“半蹲着”代表“小鸡”,“站着”代表“大鸡”的方式演示人的三个成长阶段。以与同成长阶段的组员猜拳决胜负的方式来决定成长的阶段，直到从“大鸡”中胜出才可以坐回座位。 2. 精神欢呼：小组里的每个成员都必须想出一个姿势和口号，然后让组里的其他成员跟着一齐做出自己想出来的姿势和口号，然后一个接一个展示出来。	20min 10min	
主要活动	新老生对话：通过与协助人员的交谈，让新生分享开学以来在生活、学习、人际关系、情感等问题上产生的新的认识，能从另一种角度对待自己现在以及以后的大学生活。	90min	
结束活动	所有成员手拉手围成一圈齐唱歌曲《真心英雄》。	5min	《真心英雄》视频

第五单元　活动计划——我真的很不错

主题	活动内容	时间	道具
热身活动	1. 突出重围：小组同学手拉手围成一个圈，这个圈被称为“包围圈”。两到三人位于圈内，突围者必须尽快想出办法冲出包围圈。可采取钻、跳、推、拉、诱等任何方式（以不伤害人为原则），力求挣脱突围，冲出包围圈；其他同学则站立，手挽手围成一个包围圈；外围同学必须要尽最大努力，决不让被围者逃出；若圈内的同学从某两个同学手拉手的缝隙中逃出，则这两个相邻的同学双双进入圈内作为被包围者。 2. 我来做你来猜：每组组员协商出想表演的三种动物，只告知领导者，然后全部组员学三种动物的动作或叫声，让其他组的组员来猜。	20min 20min	
主要活动	1. 心理剧演出：通过表演的形式，再现小组产生的问题和解决方法。 2. 职业生涯规划：谈谈个人四年的生涯规划。	50min 30min	
结束活动	手语操《我真的很不错》。	10min	《我真的很不错》视频

第六单元　活动计划——我的未来不是梦

主题	活动内容	时间	道具
热身活动	1. 戴高帽：每一位成员都要在各位成员面前摆姿势，让每一位成员对她/他进行赞美。 2. 兔子舞：大家围成圈，手搭着前面同学的肩膀，按着节拍一起跳，成员不能让彼此的手脱离，带领者的速度不可以太快。	20min 5min	“兔子舞”的音乐
主要活动	1. 热座：用15分钟的时间想想现在的你最迫切的问题是什么，然后写在小组每个人一份的纸上并分发到小组各成员的各个信封中去，再解答在你信封中的每个问题，并分还给其他组员。 2. 礼物大派送：把你最想送给每个小组成员的礼物写在纸上，并在分享的时候写下你从成员那里获得的礼物，分享你收到礼物后的感受。 3. 自评团体心得。 4. 朗诵人生格言：全体大声地朗诵曾奇峰的“对精神生活的六点忠告”。	50min 40min 20min 5min	A4纸、信封、A4问卷纸《礼物大派送》 自评团体心得问卷
结束活动	1. 小天使揭秘：猜出谁是你的小天使。 2. 放飞机：每个人都在一张纸上写下你的祝福语并折成小飞机，大家同时把飞机放飞出去，在捡起身边的小飞机后，大声读出里面的祝福语，手拉手围成一颗幸运星。 3. 全体齐唱《同一首歌》。	5min 15min 5min	A4纸 《同一首歌》视频

附1：大学新生团体心理辅导心得

（一）2007级新生代表团体心理辅导心得

参加团体心理辅导有感

陈晓倩

我是来自2007级教育学院的陈晓倩，十分荣幸今天能在这里和大家分享参加团体心理辅导的感想。也许，有些同学会问："团体心理辅导是什么？参加了又有什么意义呢?"虽然我不能给你一个标准的答案，但我可以告诉你：经历了团体心理辅导，我获得了什么。

开学几周后，我们在忙碌的日子里对学校渐渐熟悉了起来，但仍有很多的不适应，包括对环境、对学习方式的不适应等等，对未来很迷茫，这时候我们非常渴望有人可以给我们适当的指导。为此，学校开展了各种形式的活动，其中，大学生心理健康教育中心举办的大学新生团体心理辅导给我留下了最深刻的印象。参加为期六周的团体心理辅导，虽然只是每周三晚上短短的两三个小时，但对于我来说，却是受益匪浅！我觉得这是一种非常新颖的解决问题的方式，给了我们一个很好的学习机会！

在团体心理辅导开始的时候，主持人介绍了这次活动的意义，他告诉我们团体心理辅导就是模拟一个团体的形式，让各位成员在这个团体中学会如何与人交往等方面的技巧，但是必须主动地开放自我。而且团体心理辅导是一种体验式的学习，不同于传统的教学形式，是一种主动的接受知识的过程，所以在团体中投入多少，决定着你将得到多少。是的，一分耕耘一分收获，我相信这个道理，所以在接下来的活动中我会努力投入。

接着我们开始了热身运动——奇数偶数。我们都紧张起来了，因为最慢或做错的同学要自我介绍。我并不是怕当场自我介绍，只是不想输而已，这取决于我从小争强好胜的性格。但同时我很羡慕那些可以当场介绍自己的同学，因为我一直觉得自己的外表形象很差劲，不适合在大众面前讲话，尤其是那强壮的身体和宽宽的肩膀。但我仍然认为自己也有这种能力做得更好，我的心里在反复斗争着。我知道每件事既有坏的一面，也有好的一面，但我那小小的自卑心还是在隐隐作怪。

热身活动之后，通过“1/N感觉”这个活动找到了我的组员，那是一张张熟悉的脸，而我却叫不出其中任何一个人的名字！压抑着一颗狂喜的心，我们坐在一起了。然后开始我们“跑得了跑不了”的游戏——小组所有学员各自围成一个圆圈，左手摊开，右手伸出食指放在右边学员左手的虎口处，指定组中一个学员喊：“1，2，……”随机的喊出“3”时，所有学员必须左手抓住其左边学员的食指，而其自己的右手食指也不能被抓到，在没有喊到“4”就松手的学员或任务失败的学员就必须自我介绍或者表演节目。很快我们就记住了组内每一个成员的名字，来自哪里等。这是我们相识的第一步，接着我们在协商下产生了组长、建立了组名、组歌、组训（契约）和口号。

我觉得在这个合作的过程中，我们都很努力，但很少有人真的动手帮忙。理由都是“我不会”、“我做得不够好”，包括我自己在内，不过经过一番努力，我们的海报终于诞生了。虽然那时我却觉得很差劲，有种丢脸的感觉，但现在看来，那根本没什么见不得人，反倒是自己，不努力又凭什么批评大家的结果不好？或者那根本不是你的成果。如果再有一次机会，无论如何我都会去尝试，而且绝不会觉得丢脸！

活动快结束的时候，我们确立了各自的小天使，一个需要你观察关心的小天使。然后我们在全班同学面前说了一下自己对团体心理辅导的感想，而此刻我的感触真的很深，于是我举起手说：“一个人即使你拥有一片森林，你不停下来，也没有一棵树可以让你依靠——同样道理，我们身边有那么多人，但如果我们不停下来便永远没办法相识，而团体心理辅导恰好给了我们这个机会！我觉得很高兴！谢谢！”

隔了一个晚上，我们又高兴地再聚一堂，开始了团体心理辅导的第二单元——我的自我我最知。开始的时候我们做了热身运动“松鼠与大树”，但我们却学会了狡猾，其实失败了也没什么，只是很多人都这么做，我们也只能这么做了。说白了就是自己的自制能力不强，心里没主见，容易受人影响。你也一样吗？我们要做到的是自主思考问题，细心听取别人意见，但仍然要坚持自己的主见！

这个晚上，我有很多感想，尤其是接下来的“盲人与拐杖”的游戏，当我首先被选做“盲人”而蒙上眼睛的时候，周围黑漆漆的。我从没有想过自己是否有一天会变成盲人，但是现在让我来感受一下盲人的感受吧。

我迈出去的脚一开始是试探，有怀疑的感觉，尽管我身后会有人紧紧地保护着我。但有时候我又很倔强，任身后的人怎么跺脚我都不往前走一步，而她又紧紧拉住我，怕我受到什么伤害。“哦”，我突然间明白：我们该下楼梯了。后来一切都走得那么顺利，身后的手让我如此安定。但是前一刻我还正在想着：如果我们真的看不见了，还会如此开心吗？为什么我们体谅不了别人的感受？只因为子非鱼，焉知鱼之“感”吧。“为了看看阳光，我来到了这个世上。”巴尔蒙特说过这句话，但他却连看看阳光的机会都没有……

重新回到明亮的世界里，该换我当“拐杖”了。经过一轮的游戏我们都聪明多了，当上下楼梯的时候我得意地跺脚；当到转弯的时候我用我强有力的手臂帮她扭转方向；当到了平地时我自以为是地拉着她大步走；我跟她并排，我相信我给了她自由，让她尽量感觉不到自己是“盲人”；但这时她突然停住了，说了一句：“我怕。”我愣住了。原来，我顾及的只是自己的感受，并没有给人一种安全感。后来我就放慢了脚步，慢慢的就像刚才我迈出去的脚步。

柏拉图说得没错，他说：“经验使人失去的东西往往超过给人带来的东西。”是的，苹果横着切里面还装着五角星呢！虽然我有了当盲人的经验，可是别人却没有。因此，不要拿你的尺子去衡量别人。而且当你认为你是关爱别人的时候，请问一下他需要你的帮助吗？因为对他来说那也许不是关爱，而是剥夺。

最后一个活动以“我是”开头造20个句子。我以“我是”为开头造了20个句子表达我心里的感想，却不敢说出来，因为我和别人的不同！而且自画像也不敢展示出来，理由是我画画的水平太差。我就是这么一个如此没自信的女生。而大学本来就是一个好好学习，快快长大的地方，可用我们的话来说：大学就是丢脸的地方！

很快又到下一个单元了，我们在一块参加了两个游戏：“同舟共济”（全组人员全部要站在一张折叠的报纸上3秒，报纸最后的面积就是该组的成绩）和“解开千千结”（组员分成两组，手拉手围成圆圈，要求组员记住自己左手右手的伙伴后，然后放手，在圆圈的区域中自由活动，等主持人喊停，每个人都停住，用左手右手分别拉原先站在自己左右两边的伙伴。然后，设法使队形变回原来手拉手的圆圈）。这两个游戏都是利用身体接触来融洽组员之间的情感，培养组员间的相互协作精神，并且检验组员在解决困难时的默契程度。而且真的达到了这样的效果，我们就像小孩子一样玩着，那么单纯而快乐，原本以为长大了，就再也没有那种机会了，其实心情是没有年龄限制的。

接下来我们做了最难选择的事情，因为游戏规则是写下五样你最重要的东西，然后逐样丢弃。刚刚还在开心地玩着，现在就要乘着诺亚方舟逃命去了。发生了什么事情我忘了，但那忧伤的背景音乐还在脑海中回响，最后一次我放弃了“家人”留下了“希望”。我说明了我的缘故，希望别人能够认可我。但我却被别人否定了！她说:“你连家人都抛弃了，还要希望干什么。”感觉好像我就是一个没人性的家伙。难道放弃了家人我能开心吗？我们已经没食物了，我不想他们和我一块受苦，却忘了也许他们情愿跟我一块受苦呢？我还是那样，把自己的思想强加给别人。俗语说的对：“你知道的只是你的思想。”也许我真的该好好学学如何体谅别人和一些说话的技巧。口既能吐芬芳，也能伤人。如果你不能管好你的舌头，那就闭上你的嘴巴！

这一单元是我们情绪的高峰期，因为熟悉也有一段时间了，许多不同的观点也敢说出来了，也许就是说话技巧问题引发了矛盾。我们都该先把情绪整理一下，讨论问题要针对事而不是人，要把问题说清楚（说清楚了问题就等于解决了问题的一半）。这一次我的哭泣使我学到了很多。

第四单元的活动是“经历风雨，方见彩虹”。我们玩了猜拳游戏，也就是赢了就按由“鸡蛋”变“小鸡”、变“凤凰”的规则一直演变直至成功。接着再玩了揉肩捶背这个活动，这段时间我们已经很熟悉了，感觉就像和亲人在一起。我们不舒服希望别人帮你揉揉，别人不舒服也希望你能帮他揉揉。正所谓将心比心，但是我们的父母呢？我们可曾帮他们揉过肩膀？

我们还玩了“心灵相约”这个游戏，你可以提出一个近期你最迫切想解决的问题，然后你的组员给你提一些建议。我们总觉得自己的事情比登天还难，而别人的问题就根本不是问题，那是因为当我们的情感发展的时候理智就被淹没了，那就是旁观者清啊！以后有什么烦恼的事情可以向你身边的亲人好友请教一下，也许会得到想要的结果。

第五单元则很有意思。因为它的主题是：我真的很不错！我们玩了“突出重围”这个游戏：我们围起圈圈不让圈内的组员跑出去，谁知往往错在一刹那间！当我高呼：“小心别让他们跑出去。”谁知却从我这里跑出去了。听说有一个错误定律：“所有错误都是在我们想不到的情况犯下，且都是那些我们认为不会犯这样的错的人犯下。”当初那么严密的围攻，我们几乎都认为他们是不可能跑出去的，原来没到最后一刻真的不知道谁是最后的赢家！接着我们还玩了一些我来做你来猜的游戏，我发觉人的想象力原来可以如此丰富。心理学家说过：“只要你不给自己设限，你的能力就是无可限制。”

到了最后一个单元，我们是既兴奋又有点感伤的，因为期待所以激动，因为别离所以忧伤。即使以后还会在一起上课，但是我们正如聚在一起吃饭，却有各自的房间；我们在一起上课，却总是下课就走。

我们首先玩的游戏是“戴高帽”，请一个成员站在团体中央，然后让大家赞美他。有些同学赞美得很假，感觉像在敷衍，来来回回就几个词。没想到我们都这么熟了还来这一套。对我来说更是煎熬，毕竟在我们中国传统里面，扮演“我不重要”这个角色太久了，这使我们学会了所谓的谦虚。而且为什么我们受到赞美却还要不开心呢？因为那不是真诚的。

我们还跳了兔子舞，一直跳着，累了还一直跳，因为高兴所以不怕累，那种气氛就像朴树的歌谣：“我们就这样抱着笑着还流着泪……”如此温暖而开心的感觉。接着我们开始了最关心的问题：“我的小天使是谁?”所有的猜测一直到秘密揭晓为止。看着守护我的那个人写给我的观察日记，我真的是百感交集。她就是当初和我吵架的那位女生。原来有很多事情都随风而散，只有不想开心的人紧握着。看看你的身边，许多人都有一些苦恼，但只要你的心敞开了，天就亮了，身边的朋友都希望你好！在愉快而又恋恋不舍的氛围中，我们的团体心理辅导活动结束了。

上面是我的每一次心灵触动的真实记录，我为自己能够参加这样的活动感到幸运，它让我为未来树立了一个明确的方向。因为每一单元的团体心理辅导活动都具有十分明确的针对性，每个主题都是围绕着新生现在面临与将要面临的问题而定的。从新环境的适应、人际关系、时间的安排到将来的职业生涯的规划等问题，都做了深入的探讨，并教我们相应的解决方法。通过这些活动，我懂得了“我的未来我做主”，并开始有意识地考虑这类问题，对将来也渐渐有了一个明确的方向。依然记得，当初踏进校门时对大学生活的迷惘与不安，而现在，这种心情已荡然无存，取而代之的是对未来的信心与憧憬。

其次，参加团体心理辅导我收获最大的是学会了如何分析自己，也是第一次如此深入地剖析了自己的内心世界，触摸到了心灵的最深处的角落。我终于知道原来认识和了解自己是如此的重要。难怪有人说:“知己知彼，方能百战不殆!”以前的我，正是缺少了这种反省自己，了解他人的能力。在团体心理辅导中，老师教会了我怎样做到这点。这让我成长了，也收获了！

以上只是我个人对团体心理辅导的一点点感想，团体心理辅导到底是一个怎样的活动，到底有什么样的作用，还必须大家亲身尝试才能体会得到。我希望有更多的人了解团体心理辅导，并参加到这个集体中来，通过团体心理辅导了解自我，发展自我，完善自我。

最后，我还要感谢学校领导，感谢这次活动的辅导老师、师兄师姐们，对他们为这次活动付出的努力，我要衷心地说一声：“谢谢!”

（二）2008级新生代表团体心理辅导心得

团辅心得

余向玉

期待已久的团辅终于轰轰烈烈地来，又轰轰烈烈地结束了。为期三周，共六次的团辅，定格下了许多的欢乐时光，也使我们全班的心走得更近了。

下面，谈谈我感受最深的几点吧。

一、铺垫，真的很重要

就像在玩杀人游戏前，要确定哪一张牌是警察，哪一张牌是杀手，统一的规则使得游戏能顺利地进行。同样，团辅一开始，老师就和同学们讲了参加团辅必须遵守的规则，如“团辅时必须抛开团辅前的一切不愉快及事务，专心地投入到活动中……”、“敞开心扉……”、“为他人保守秘密……”等，这些规则在一定程度上遏制了诸如“大批同学知道”、“在团辅时大张旗鼓地玩手机……”等现象，也使得大家能在团辅中抛下心中的一切包袱，开心、专心地投入到这个过程中，能更好地与他人分享自己的心里话。同时也让同学们能更好地配合老师及助手们的工作，听从指挥，不出大的乱子。在该玩的时候，放开地玩，而在该安静的时候，则静静地敞开自己的心扉，书写自己的心中所想。

我暂且称这些工作为“铺垫”，如果缺少这些工作，团辅就不能很好地进行。

二、学会倾听

在团辅中我学到的其中一项技巧是：倾听。有一个环节是“超级访问”，通过随机搭配，和另一个同学分别交替扮演采访者与受访者的角色。和我搭档的是一位平时和我有略微接触的同学，但是通过倾听她的话语，我发现与我对她的认识有所出入，于是，对她的认识又加深了一步。

学会倾听，最重要的一点是：不要打断他人，认真地听他说。因为这是一种对他人的尊重。其次，永远不要用自己的想法去替换他人的观点，尝试着站在对方的角度去看问题，找出对方话语的关键，而不是靠自己的主观臆断。再者，不要沉迷于对方的话语中，要适当地以旁观者的角度，尽量给对方一些建议，一点精神力量。就像在每次纸笔练习后的分享环节中，学会倾听，你就能发现每个人心中的世界。适当地提问，能加深对彼此的了解。在每个人的日常生活中，学会倾听，绝对能让你受益匪浅。

三、团结就是力量

团体意识需要培养，在一群在彼此看来又熟悉又陌生的同学由于缘分而组合在一起后，我们有一个制定组名、定组歌的活动。大家通过思考和讨论后，最后综合大家的意见，每一组除了设计出精彩的组训和铿锵有力的组名外，掷地有声的组歌更是尽显每一组的风采。由此我初步了解了团体的意义。

“心有千千结”，通过每一组同学的精彩演绎，或搞笑，或深情，把大学生活的困惑、彷徨、迷茫都表现得淋漓尽致。每呈现一个问题，各组的同学经过热烈的讨论后，都争先恐后地举手为有疑惑的同学出谋献策，这就是团体的力量吧，把问题压在心里也许会把一个人压垮了，但是你大胆地把问题提出来，听听他人的看法，适当地听取别人的意见，也许又会是另外一番景况。

人间没有解不开的结，把问题说清楚了，解决了，找到前进的方向，就只顾风雨兼程。

每次团辅结束时，我们都会手拉手合唱经典的一些歌曲，如《祈祷》、《真心英雄》、《感恩的心》等。全班齐声地歌唱，我们手牵着手，心连着心，把很多的声音汇集成爱的海洋，大声地唱出来——我们是一个团体！

四、认识自己、表达自己

在团辅中，我有一个重要的收获：加深了对自我的了解。在“以‘我是……’开头写二十个句子”的活动中，在一片安静中，像剥洋葱般剥开自己层层的外表，挖掘出内在深层的自我。

古老的石碑上还刻着“认识你自己”的字迹，昭告着天下人，这是我们终身必修的课题，只要我们还活着，就需一刻不停地认识自己，剖析自己，有自知之明，不做不自量力的事。

“搭塔游戏”也为认识自我提供了一个很好的平台。在无声的合作中，你到底是扮演一个决策者、谋划者、还是听从者？这就是你在团体中的定位。在我们组的搭塔游戏中，我看不明白他们的指手画脚是在做什么，所以一开始我是找不到事情做的，但后来见他们搭塔过程中需要裁剪好的胶纸，于是我和另一个女同学很自觉地担当起了这一任务……在这次活动中，我是扮演了一个服务者的角色，为人民服务，到人民需要的地方去，这也颇符合我的心志。但我想突破自我，我想让自己有足够的经验和智慧，去做一个决策者！

除此之外，还要学会表达自我，在团辅中，一个女同学跟我说，她很想提高自己的口才，准确地表达自己心中所想，而不是说出来的话总让人误解。在团辅中，每个人都有举手发言的机会，我也看到平时一些不爱说话，略乏自信的同学，在小组的鼓励下，勇敢地拿起了麦克风，在全班面前，袒露自己的看法，热烈的掌声是一种支持，更是一种祝福，能勇敢地踏出第一步，这是一个好的开始。

五、当失去什么，我们才知其可贵

这是我一直在思考的问题。

在“拥有与丧失”活动中，要求写出生命中最重要的五样东西，一开始每个人都写了很多精彩纷呈的东西：眼镜，猫，音乐，尊严，空气，水，网络等等，但随着一刀一刀的割舍，剩下的唯一的东西变得越发弥足珍贵，大部分同学剩下的最后一个是“家庭”，我也是。

虽然我平时电话也不多往家里打几个，一年回家两次也不想家，有的人会认为我没心没肺，但是在这个割舍的过程中，我惊喜地发现，家在我心中还是占据最重要的位置的。

于是，我明白了——对一个人好，最高的标准是把对方当家里人看待。

于是我找到了答案——“爱”。

“爱”推动地球运转。

因为有情有爱有牵挂，这个世界才如此可爱。

唯有“爱”是不能抛弃的。

六、有时候对一个人的了解，往往是误解

有一个男生说：对心爱的女孩，我送了她两年的玫瑰花，她一直没有答应我，直到有一天，她对我说：送我一朵百合吧！

“戴高帽”游戏中，同学甲对同学乙说：“你是‘卡恰卡恰卡恰’的人。”同学乙笑着说：“其实你错了，我不是‘卡恰卡恰卡恰’的人。”

呵呵，了解的误差就会带来这样的后果，同样在团辅中，我也颠覆了对很多人的印象。比如一个平时很文静的女生，其实是很活泼开朗、主动的；一个默默无闻的男生，其实是很有自己的想法的；一个外表粗犷的男生，其实是挺细心、体贴的……

或者说，人性本来就是复杂的，一个人不可能完全了解另一个人，但是，很高兴，通过团辅，我们对每一个人的了解，又加深了一层。

七、谁是你的守护天使

团辅中有一个特殊的角色——小天使。每个人都可能是组内任何一个人的守护天使，甚至是自己。很感谢我的小天使在本次活动中，一直默默地关注着我，相信以后，我们会成为好朋友的。

在“盲人与拐杖”的环节中，拐杖就像是盲人的天使，指引着他前进的方向，为其护航。可以想象，对于真正的盲人而言，在他的世界里，导盲犬就是他的全部。

在“无家可归”的环节中，我也深深体会到了被保护的感觉。首轮删减人数的时候，辅导员很快就“离家出走”，使我们家成为一个符合“国际标准”的家。第二轮，组内仅有的三个男生，也毫无异议地得去另觅新家……

在我看来，这是一个微型的家，辅导员长辈，早年就得离家外出打拼，男生们是家中的男士，为了生活，四处奔波，而我们这些久驻家中的好比妇女儿童，被庇护在“奋斗者”的撑开的遮阳大伞下。这是一种被保护的状态，虽然很安全很舒适，但我更愿意做“开拓者”、“奋斗者”，为一家人的生计打拼，那是一种更幸福的滋味。

其实，每一个人的成长都有赖于天使的眷顾，你很健康地呱呱坠地，又爱你的爸爸妈妈，老师没有虐待你，邻居很疼爱你，陌生人很善待你，环卫工人给了你清洁的道路，园丁给了你林荫茂密的公园。怀着一颗感恩的心，每一个在你生命中走过的人，都是你的天使。

八、每一个人都有自己的道路

世界上没有两片完全相同的叶子，也没有两个长相完全相同的人。同样，每个人走过的路都不尽相同，一个人的成长经历，每个阶段作出的选择，造就了今日的他（她）。

“画生命线”的活动，让我们了解一个站在历史长河中的他（她），说一点自己过去的事，过去的心情。于是霎时间，他（她）变得立体了，丰富了，有血有肉了。于是我们可以尝试着理解现在的他（她），他（她）的性格，他（她）的欢欣，他（她）的彷徨，似乎一切都有根可寻。

“职业生涯规划”活动中，第一次听那么多人在那么认真地规划自己的未来，虽然有些现在听来异想天开，不切实际，但是人贵有志嘛，说一点自己的未来，让我们见证你的理想，希望每一个人都努力吧，然后找到自己的路，就乘风破浪吧。

总之，在我看来，这一次的团辅举办得很成功！感谢辅导老师及众多师兄师姐的悉心准备及全程的守护！相信通过这一次活动，同学们在一定程度上加深了对彼此的了解，解开了困扰自己的心结，提升了我们的班级凝聚力和每一个人的团队意识。

最后，建议可以添加一些组和组之间的互动和锻炼意志力的环节，衷心祝愿明年的团辅活动办得更好！

团体心理辅导心得

黄伟升

时间过得真快！为期三个星期的团体心理辅导就这样落下了帷幕。我们从刚开始对团辅的一无所知、迷茫，到渐渐地了解、进而全身心地投入其中，我们从中收获了友谊，也体味了不舍与留恋。

我有很多话想说、有很多情感想表达！但首先我要说的一句话是：感谢团辅的老师及每一位工作人员！

接下来，就让我带着感怀，再次回味团体心理辅导的过程吧！

一、有缘千里来相会

刚开始的时候，我很迷茫，不知道团辅活动是要干什么，只是傻呆呆地和同学坐在椅子上，但也带着一丝丝的兴奋与期待。

当"刮大风"与"微笑握手"两个热身活动开始时，由于十分有趣，大家都积极地投入，这也让我们开始认识彼此，并拉开了此次活动的序幕。

接下来的分组是随机性的。说实话，我当时不满意那样的结果！因为在这一组中只有一个人是我认识的，所以感到很拘束。大家推举我做了组长，之后我们定组名，定组歌，在一张空白的卡纸上勾勒出我们组的梦想中的蓝图。在大家的齐心协助下,"相诚基地"由此诞生了，我也就成了基地的"头目"了。正如主题"有缘千里来相会"，我们因为缘分，组成了一支让我今后会永远铭记的团队。

在大合唱《明天会更好》的歌声中，我们结束了第一次活动，大家也都在期待着下次的活动会更好。

二、我的自我我最知

到达活动现场时，我忙着张贴海报，组员门各自分散坐着，这令我不免有些失落。在回顾完上期的精彩片段后，有趣的热身活动又开始了。"无家可归"让我们体会到寻找"家"的快乐与被"家"遗弃的痛苦。接下来进行的"盲人与拐杖"游戏是我认为最精彩，最有趣的活动，我在当"盲人"的过程中，体会到了黑暗的可怕，也体会到了道路的坎坷，幸好有我的"拐杖"细心的照顾才让我安全地到达了终点，重获光明。在体验到盲人的艰辛后，当了"拐杖"的我可谓无微不至。由于不能说话，所以我以不同的动作去告诉她接下来遇到的障碍，虽然我竭尽全力，但还是不够细心，让她摔了几次跤。这次活动中，我体会到了“盲人”的无助，也体会到了“拐杖”的责任，让我明白了如何在困难的时候去相信对方，去接受对方给予的援助。

三、生命的价值我探寻

活动开始前，我依旧张贴着海报，这次有组员过来帮忙，而且大家也都坐在了一起，这不免让我有些感动。

“同舟共济”的游戏开始了，我们组十个人从四块砖到两块砖再到一块砖，站稳了脚跟，大家齐心协力使出各种动作，相互支持着，围成了一个越来越小的圈。虽然在挑战二分之一块砖的时候失败了，但我们也无憾了，因为我们都尽力了。

接下来是进行得最为沉重的主要活动，大家分别写出了自己最珍惜的五样东西，然后再一样一样地舍弃，有的人说这只是假设，所以不太投入。可我不是，我把自己处于那种境地，认真地对待。所以，在把每一样东西舍去时我都很心痛。同时，我也会安慰自己：没关系，我还有最重要的东西——我最关心的人的生命与健康。因此，我的心灵也得到了莫大的寄慰。在“拥有与丧失”后，我们画出了自己的“生命线”，思考了过去的我，未来的我，写出了过去最难忘的三件事，今后最想完成的三件事。

在这次主要活动中，我们组的成员都敞开了自己的心扉，把自己最真实的感受表达出来与大家分享，使大家更熟悉了对方，更了解了对方，使整个团队有了更强大的凝聚力。

四、解开千千结

经历了前几次活动后，大家可以说都放开了心扉，全身心地投入了。在“解开千千结”的热身活动中，大家从杂乱无章的手结中，经过团队的合作，先解开容易的，再解开困难的，最终又恢复到原来的大圆圈。这就好比是生活中与别人的矛盾，不管问题再大、再复杂，只要大家坦诚相对，共同合作，没有化不开的矛盾，没有解决不了的问题。

之后进行的“大学新生问题心理剧”的表演活动，可以说是我们组留下的最辉煌的一页！从抽签到编排“面试受挫”主题的迷茫，到大家共同进行讨论，编写剧本，确定演员，进行了数次的修改，多次的排练，最终我们的表演获得了圆满的成功，“观众”们一次又一次的笑声与掌声，代表着对我们组的肯定与鼓励。

这一单元，在每个小组的心理剧表演结束后，全体（共6个小组）就每个小组心理剧中表现出的问题进行讨论，大家群策群力，提出了众多解决新生问题的方案与策略，大家都觉得仿佛得到了许多“锦囊妙计”。

五 、我真的很不错

“突出重围”的热身活动又一次调动起我们的激情。我们在快乐的玩游戏的同时，也收获了一份难能可贵的友谊。接下来的“搭塔”活动，每组从二十张 A4 纸开始，进行创作，构建出我们心目中的宝塔。活动过程中，我们每个组员都努力付出着，即使中间意见出现了分歧，但最终象征我们组十个成员的“神舟十号”诞生了，而且还有幸被评为最佳创作，这也是对我们全体成员的付出的肯定。

在“职业生涯规划”的活动中，老师向我我们阐述了“成长，探索，确立，维持，脱离”的五个职业生涯阶段，并向我们讲解了大学四年中每一年所要确立的大致目标。接下来，我们在小组中谈论了自身的理想与专业，使我们在分享自己感受的同时，也倾听了别人的想法。

这是一堂对我来说受益匪浅的课，它不仅使我认识到了我大学四年该怎么走，该如何为自身的职业生涯进行规划，还让我对自己所学的专业有了更深入的了解，从而为将来的就业做好更充足的准备。

六、我的未来不是梦

到了最后一次活动，我不免有些伤感。不过还好，整个活动都是在温馨的气氛中度过的。

之前，我们做了顶象征毕业的学士帽，我们每个人都戴着它，接受了他人的评价，让别人说出通过这次活动对他（她）的认识，说出他（她）的优缺点，大家毫无顾忌，真心地交谈，从中我也得到了宝贵的意见，认识到了自己的优点与存在的不足。

紧接着，我们写出了自己目前最困惑，最棘手的问题，然后大家互相传阅，提出了对自己这些问题的解决办法，同时也给予了宝贵的建议。在组员写给我的字里行间中，我感受到了大家真诚和智慧。之后，到了最温馨的时刻，大家互相进行礼物大派送，通过三个星期的相处，大家已经彼此相知了。大家把每个人所最需要的东西，以礼物的方式（不管是物质的还是精神的）送上了自己最美好的祝福。

最后，团辅活动在“展示小组风采”的活动中缓缓地落下了帷幕。大家带着无尽的眷恋，大声喊出了我们的口号：“相诚基地，不离不弃。”

会后，我们纷纷进行拍照，想把时间永远定格在这一刻，想把这一刻永远铭记在心里！

虽然团辅活动结束了，但对于我个人，对于我们整个集体来说，这只是我们大学四年生活的开始。相信通过此次活动，我们会更加了解自己，也了解他人。团辅活动给予了我们一个很好的平台，为我们做了一个很好的开端，为我们大学四年的生活，为我们集体间的友谊打下了坚实的基础。

在此，再一次向团辅的所有工作人员表示忠心的感谢！

附2：2006级新生团体心理辅导活动部分照片

第一单元

小组海报

奇数偶数

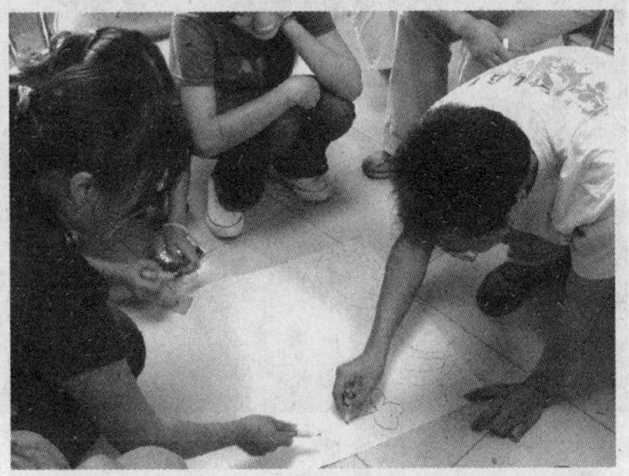

创建小组

齐唱《明天会更好》

跑得了跑不了

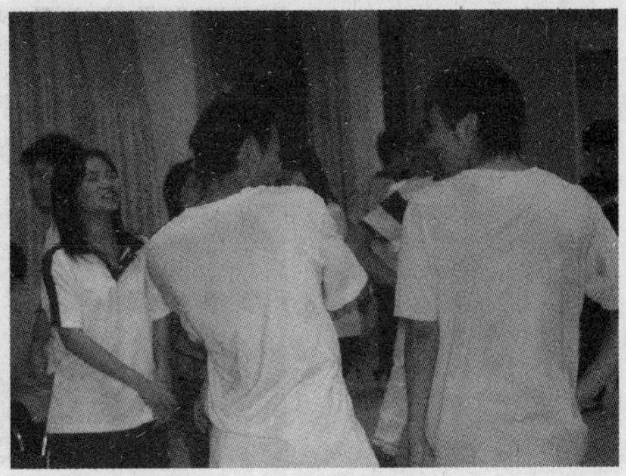

感觉

第二单元

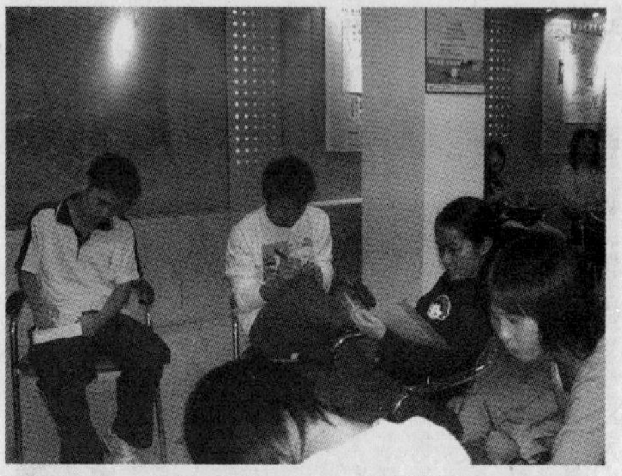

用“我是”开头造20个句子

无家可归

松鼠与大树

全体齐唱《祈祷》

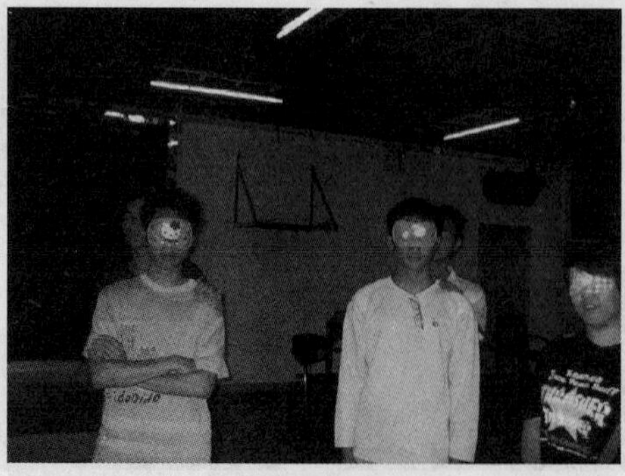

盲人与拐杖

第三单元

拥有与丧失

同舟共济

齐唱《感恩的心》

解开千千结

画生命线

唱儿歌找朋友

第四单元

新老生对话

精神欢呼

合唱《真心英雄》

成长三步曲

第五单元

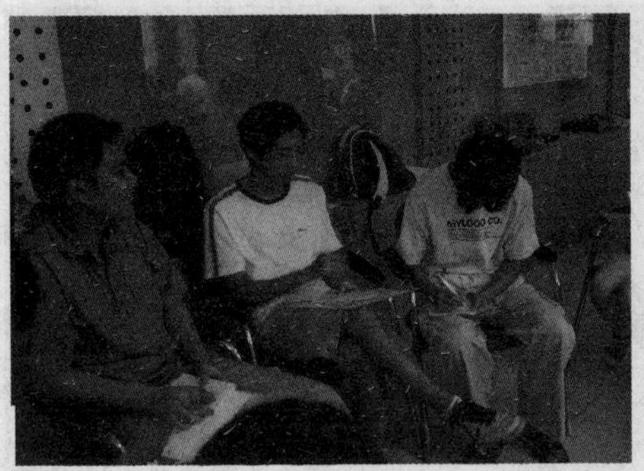

职业生涯规划

突出重围

齐唱《我真的很不错》

我来做你来猜

心理剧

第六单元

兔子舞

热座

齐唱《同一首歌》

戴高帽

礼物大派送

附3：2007、2008级新生团体心理辅导活动部分照片

不用害怕，我来帮助你

成果展示

戴上眼罩，体会一下做盲人的感觉

跟着视频认真学习手语操

共同参与创作

解开这个结不容易啊！

看，我们的心理情景剧表演多么投入

看我们像什么，你猜不到了吧？

看一下自己在上个单元中的表现

老师进入小组倾听我们的声音

齐唱一首歌来结束今天的活动

认真分享和讨论

认真听老师讲解活动规则

认真写下对团体心理辅导的期望和大学生活中出现的问题

商讨如何设计出一张有特色的海报

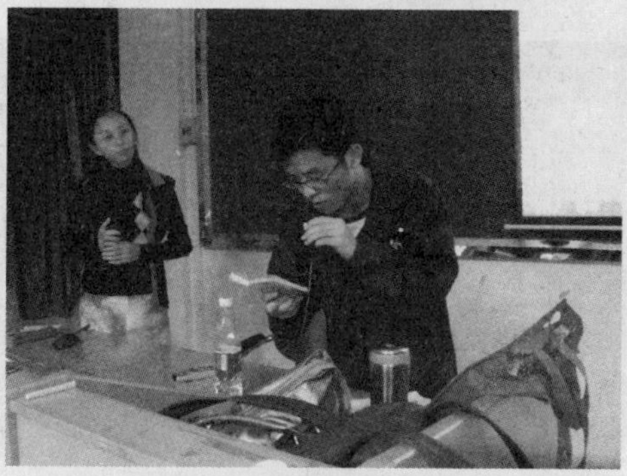

同大家共同分享一下我对生命的理解

团体心理辅导中学生辅导员做自我介绍

我不愿意无家可归

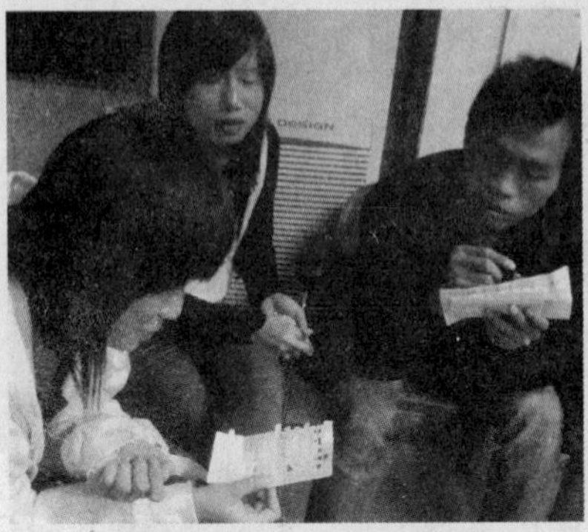

我再体会一下你写的内容

要认真完成主要活动

拥有很幸福，丧失很痛苦

有幸进入同一个小组，相互认识一下

再坚持一下我们就胜利了

这是一个很严肃的话题，要认真对待

第八章　学生团体心理辅导工作室

第一节　学生团体心理辅导工作室概述

学生团体心理辅导工作室是一个学生志愿者团体，成员由具备一定心理学专业知识的，受过团体心理辅导培训的，具有团体心理辅导能力的优秀学生组成。学生团体心理辅导工作室是隶属于学校心理健康教育中心的一个分支机构，接受学校党委、学生处的领导，在若干心理专家的指导和监督下，面向有需求的在校学生开展一系列的团体心理辅导活动。如新生心理适应辅导、毕业生择业心理辅导、学习心理辅导、人际交往（包括爱情）心理辅导、能力与个性心理辅导、智力和创造力心理辅导等，其职能是辅助学校心理健康教育中心工作的开展，普及、推广学校团体心理辅导，让更多的学生能够有机会得到心理辅导，从而提高大学生的心理健康水平。

第二节　为什么要成立学生团体心理辅导工作室

在团体心理辅导工作普及的前提下，团体心理辅导队伍逐渐壮大。为了让辅导工作更加具有程序性，我们需要形成一个组织，一个具有团体心理辅导能力的学生组织，让团体心理辅导工作能够更全面地开展，让大学团体心理辅导走向成熟化。所以，成立学生团体心理辅导工作室是为了让这支具有代表性的队伍更具有凝聚力和执行力，是对大学团体心理辅导工作更好的支持。

成立学生团体心理辅导工作室是开展团体心理辅导工作的需要，也是现代大学生心理健康教育工作发展的需要。成立学生团体心理辅导工作室是让团体心理辅导工作更贴近学生，由学生来操作执行团体心理辅导工作，大大缩短了学生与团体心理辅导工作的距离，让学生辅导学生，更容易收到理想的效果。

成立团体心理辅导工作室，让学生做团体心理辅导的领导者，更容易拉近领导者与团体成员之间的距离，减少他们的防御心理，更大程度地开放自己。

让更多的学生有机会接受心理辅导，从而提高大学生的心理健康水平。

第三节 怎样建立学生团体心理辅导工作室

建立一个为学生开展团体心理辅导的学生组织，是大学广泛开展团体心理辅导工作的必需。在各方面条件都允许的情况下，建立学生团体心理辅导工作室，可以按照以下步骤进行操作：

一、建立学生团体心理辅导工作室章程

建立章程，这是一个组织的成立所必需的软性条件，按章办事，为建立学生团体心理辅导工作室各个方面的工作开展提供了可以参照的依据。

建立章程，确定学生团体心理辅导工作室的组织性质，学生团体心理辅导工作室成员的权力与义务，组织机构的规模以及开展活动的内容与范围。

二、建立学生团体心理辅导工作室组织机构

在确定了工作章程后，就该设计学生团体心理辅导工作室的组织架构了。在这个步骤上，就应该结合实际情况来开展。需要考虑的实际因素有：准备开展的团体心理辅导的规模有多大；希望组成的学生团体心理辅导工作室的成员有多少人；希望设立多少个职能部门来保证实际辅导中的工作运行等，然后再依据本校的实际情况进行设计。越好的组织架构管理层越少，组织越趋向扁平化，这样在下达任务与上下沟通时才能更便捷，效率更高。

学生团体心理辅导工作室的架构最好由三到四个部门组成，部门的数量取决于参与团体心理辅导对象的群体的大小，也取决于组成工作室的总体成员的数量。一般可定为：培训部、方案研发部、资料整理部、招募部。四个部门的工作安排与统筹由总负责人负责。因为各个部门执行的功能不同，所以要分别确立各个部门的职能。关于如何进行学生团体心理辅导工作室成员的招聘与配置，我们会在后面的各节中继续描述。

各部门的职能具体如下：

1．培训部

负责新成员的培训工作；负责收集最新的、经典的资料，整理后与本工作

室全体成员进行分享，并定期开展内部培训活动；协助方案研发部展开新方案的预演工作。

2．方案研发部

负责研发设计新方案；负责修改、完善现有方案；负责新方案的预演工作。

3．资料整理部

负责对辅导效果评估进行调查分析与数据统计，并整理相关资料及建立档案；负责安排每个活动单元所需要的道具、材料及会场、活动场地的布置和秩序的维持。

4．招募部

负责团体心理辅导开展前的宣传工作；负责本工作室新成员及参加团体心理辅导成员的招募工作。

三、确定学生团体心理辅导工作室各岗位职责

在确定了组织架构后，进一步的工作是将各个岗位的职责设定好，这样才能更加明确每个职位的工作范围，为工作的设置与分配做好充分的准备。这样才能做到分工明确、职责清晰，开展起工作才不会混乱与重复。职位设置是与几个工作紧密联系的，所以做好这一步的工作也为下一步的工作打好了基础。

各个岗位的职责具体如下：

1．培训部

（1）培训部部长。

负责制订并实施新成员的培训与发展计划，实施工作室各项培训计划。

（2）培训部委员。

负责协助制订培训计划，开发培训课题，按计划实施培训，达到所拟订的培训目标。

2．方案研发部

（1）方案研发部部长。

负责组织研制、设计、开发新方案及更新修改现有方案，提供技术及理论

支持，实现本工作室的方案开发目标。

（2）方案研发部委员。

负责协助部长完成研制、设计、开发新方案及更新修改现有方案等日常工作。

3. 资料整理部

（1）资料整理部部长。

负责组织文件和方案的整理以及归档工作；负责批准档案的销毁工作；负责核实会议安排、纪要工作。

（2）资料整理部委员。

负责安排会谈、会议并负责到会人员的签到及记录会议纪要工作；负责进行辅导的质量评估与调查工作；负责做好档案入库、分类、保管、销毁等相关工作。

4. 招募部

（1）招募部部长。

负责制订招募、宣传计划，组织并主持招募、宣传等一系列工作，达到所拟订的招募、宣传目标。

（2）招募部委员。

负责围绕主题协助制订招募计划，落实招募、宣传等一系列工作，达到所拟订的目标。

四、招募学生团体心理辅导工作室成员

在设置好组织结构的前提下，就可以招募学生团体心理辅导工作室的成员了。召集的人员应该对团体心理辅导感兴趣并对团体心理辅导的操作流程有一定的了解，最好能掌握一定的团体心理辅导操作经验。

在召集了适当数量的人员后，需要进行一次单独的面对面会谈，从中筛选出能胜任领导工作的人员，然后分别分配在各个管理职位上，以方便对学生团体心理辅导工作室的管理与日常工作的运作统筹。

（一）发出招募信息

招募新成员的对象一般定位在大二与大三这两个阶段的在校学生上，因为

处于此阶段的学生在各方面都比较适合辅导工作的开展。

利用通知或其他形式向各个班级传达招募的信息，最好能附上招募宣传单和报名表，宣传单的内容应以介绍学生团体心理辅导工作室以及招募的职位等相关信息为主。报名表上以收集报名者信息背景资料为主。

（二）面试与筛选

经筛选报名表后，初步确定获得面试资格的人选，在确定了面试时间与安排好面试程序后通知报名者前来面试。

在刚开始组建团队的阶段中，应该设计两到三轮的面试，目的是为了更准确地确定人选，确定能组建一支管理队伍中的核心人选。一般面试程序的设计是从易到难进行，第一轮为初步面试，第二轮为情景模拟测试，第三轮为单独面试。

第一轮的初步面试可以以小组面试为主，在设定的时间里对一到四个报名者进行面试，面试的题目应该是事先准备好的，即采用结构式提问，从而确定进入第二轮的人选，并公布名单与第二轮面试的时间、地点。

第二轮面试采用情景模拟测试，一般可以考虑采用无领导小组，通过这个形式的面试，可以进一步考察报名者倾听、组织等几个方面的能力与技巧。确定学生团体心理辅导工作室管理队伍的人选后，同第一轮一样，公布进入下一轮的名单与第三轮面试的时间、地点。

第三轮面试，这个环节的面试主要考察入选者其他方面的素质，包括领导、协调等其他方面的能力与经验，最后确定各个部门的部长与总负责人的最终人选。

经过三轮面试，逐渐将各个部门各个职位的人选进行配置，初步完成学生团体心理辅导工作室成员的组建工作。

五、培训学生团体心理辅导工作室成员

对刚刚组成的学生团体心理辅导团队进行相关的培训，根据学生团体心理辅导工作室成员们的实际情况，指导老师要做好培训工作，在明确培训目标的前提下，设定培训内容，对学生团体心理辅导工作室的成员进行理论和实际操作能力的培训。

让刚刚进入学生团体心理辅导工作室的成员们参与一次团体心理辅导是必须的，这种体验式的参与方式能让新成员更进一步了解团体心理辅导的过程，

熟悉整个辅导过程的操作流程，并从中摸索出一定的辅导思路，掌握一定的辅导技能。从侧面看，这促进了学生团体心理辅导工作室内部凝聚力的形成，在这种方式的培训中，要求每个成员都了解一个完整的团体心理辅导的操作过程，这样能让每个参与培训的成员形成缜密的辅导思路。

1. 方案设计的培训

在指导老师确定了辅导主题后（如成长型的主题），首先，让成员依据辅导中单元的个数分成若干个小组开展工作；其次，给每个小组分配单元的设计任务，一个小组负责一个单元的设计任务并规定完成的时间，时间一般规定在一周左右；最后，完成任务的小组向总负责人递交其所负责的单元方案，再由指导老师组织方案研发部的成员对方案进行整理与修改，并确定最终使用的辅导方案。

2. 辅导的开展

按照确定的方案对成员进行团体心理辅导。与其他的辅导不同的是，在每个单元辅导活动结束后，还应该开个小会（小会的时间一般定在半个小时左右），开小会主要是为了讲解本单元所运用的操作技巧，每个活动与本单元主题，甚至是整个方案主题的联结点。特别是在一定程度上让培训部的成员得到培训方面的相关启发。

在培训过程中，可以让总负责人尝试按部门职能进行相关工作的分配，再由各个部门的部长执行并完成任务，比如让资料整理部安排每个单元所需要的道具、材料及会场、活动场地的布置等工作。通过工作任务的开展来形成常规的运作方式，逐渐形成工作关系中协作与分工的团队意识。

3. 辅导结束后的总结

在辅导结束后召开总结大会，通过总结会，让成员总结自己的感受与自己在培训过程中掌握的操作技巧，以及在完成部门工作任务中的不足之处。

在总结会上，先由每个成员提出自己所遇到的难题，如操作上对某个环节不明白的地方，以及对团体心理辅导工作室的工作运作的建议与意见等。在问题提出后，让对该问题有意见的成员发表一下建议，最后再由指导老师做总结与答疑解惑。通过互相对彼此在体验中所遇到的问题与不解之处进行讨论分析，各抒己见，以增加彼此对问题的认识与解决能力。

第四节　学生团体心理辅导工作室的工作开展

一、团体心理辅导前的准备工作

辅导前开展的准备工作安排，是在指导老师根据计划确定辅导的主题后，由总负责人下达任务到各个部门，同时让各部门为本次辅导开展相应的工作。

（一）方案研发部的工作

在方案的选择上，假如资料整理部没有合适的方案可供选择的话，则需要由方案研发部依照辅导的主题重新设计一个方案。在方案的设计上，方案研发部必须有计划地开展方案设计的工作。

1. 各单元的设计

首先围绕主题收集各个单元活动需要的活动游戏，然后以部门讨论的形式进行筛选与安排，包括各单元中的热身活动、主要活动与结束活动三个部分，并进行修改，最终初步形成一个辅导方案。

2. 演练与完善

对初步形成的方案初稿还需要进行演练，以此来检验三个环节的活动是否衔接得上以及衔接是否合理，也可以通过演练来对各个单元的小目标与大主题相关程度进行检验并做出适当的调整。演练的进行是需要多次重复的，特别是在每个活动的规则上，该怎样才能让参与者更准确地理解，在这一点上往往需要重复演练好多次。对一个初步形成的方案初稿进行演练是需要耐心的，只有在进行多次的修改后才能让它成为一个可以应用于实际辅导的方案。

3. 确定方案

经过多次演练的方案，在修改后需要递交给指导老师，由指导老师审核通过后才能成为一个合格的辅导方案。

（二）招募部的工作

宣传团体与招募团体成员的工作。宣传团体与招募成员是开展团体心理辅导工作的先决条件。假如宣传与招募工作进行得不到位，则会对下一步的甄别与筛选团体成员的进度产生影响。一般可以根据团体心理辅导活动在学校开展的影响程度来确定开展宣传与报名的方式。

假如在学校里开展团体心理辅导还是第一次或者是处于刚开始阶段，除了要宣传本次的团体心理辅导外，还需要简单地介绍什么是团体心理辅导，以及参与团体心理辅导的意义等相关资讯，让学生对团体心理辅导有一个正确的认识，也为以后的团体心理辅导工作打下基础、铺好道路。

1. 宣传工作

结合校园自身的情况，确定宣传与报名的方式后，就由宣传部门组织成员开展宣传与报名，在人员的调动上，可以从其他部门抽出相应的人员协助本次宣传与报名工作。宣传的方式除了在宣传栏张贴海报公示外，还可以派发宣传单。派发宣传单可以以班级为单位集体派发，也可以在校道中进行。

2. 招募工作

招募的工作可以与宣传的工作同时进行，一般的形式有：设立现场报名咨询点、电话咨询点和网上报名等，报名途径的选择以能在校园广泛普及为主要考虑因素。在此建议运用多种形式结合的方式在人流量相对较大的校道上开展宣传与报名。

现在详细说明一下设立现场报名咨询点的招募方式。

首先，需要选择一个人流量比较大的位置，一般可以选择在学校食堂附近、学生宿舍门口或者其他的人员流动量大的地方，然后选择人流量比较大的时间段进行摆设咨询与报名摊点；其次，安排好团体心理辅导工作室的成员轮班开展工作（因为一般的招募时间为一周左右，轮班是为了更好地分配工作，也为使更多的工作室成员得到锻炼）；最后，开始进行招募工作。

在此需要补充的是，在报名点，除了让来报名的同学做简单的登记外，还需要准备一份问卷，问卷的目的主要是为了能在下一个环节——甄别与筛选时得到报名者更多的信息，以便更准确地对报名者进行甄别与筛选。所以，这份问卷的设计要以获得更多报名者的信息为目的。在报名者上交这份问卷时，最好能将下一步与其面谈的时间告诉他（她），假如当时确定不了的话，可以以发短信或打电话的方式另行通知。最好是能给每个报名者一次面谈的机会，毕竟问卷上提供的信息有时会因文字表达或理解的不同而出现一些意想不到的问题。从报名者上交问卷并被通知在某个时间段过来参与面谈时开始，他（她）

就是我们本次团体心理辅导的预期团体成员了。

此外，以班级为宣传单位的宣传方式也是一个不错的选择，但这种宣传方式往往会给学生带来或多或少的抗拒心理。不过，在非自愿的团体心理辅导中这是最便捷的宣传与招募方式。

3. 准备工作

甄别和筛选团体成员的过程有点类似于面试招聘后的甄别与筛选过程，但我们此时的甄别与筛选是一个双向选择的过程。在招募到预期的团体成员后，团体领导者必须筛选出与团体心理辅导目标不符合的成员，仔细的筛选将减少由于不适合人员参与所造成的风险与影响。

此项环节应由培训部（或工作室其他部门）中比较资深的成员组成的面谈小组来负责（假如没有合适人选的话可以由指导老师亲自负责）。以安排单个团体成员进行面谈的形式进行。每次最佳的面谈人数为三人，由两名培训部的成员与一名报名者进行面谈，设置两名培训部的成员主要是为了工作的搭配：一位负责与预期团体成员交谈，另一位负责观察、记录面谈内容与对本次团体心理辅导进行补充。这样可减少因在与多名预期团体成员面谈后，产生混杂等记忆误差，避免给筛选带来不必要的影响。

4. 面谈环节

与每个预期团体成员的面谈时间一般可设为 15 分钟，如果招募到的团体成员较多，可分多个小组在不同地点进行。面谈地点最好能接近进行团体心理辅导的地点，避免因环境因素对预期团体成员造成影响，从而影响即将开展的团体心理辅导。

面谈的目的除了以提问的方式让我们了解预期团体成员外，还要让预期团体成员提问，以便决定本次团体心理辅导是否适合他们自己。我们的面谈组员应该鼓励报名者从参与团体心理辅导是否适合自己的角度进行考虑，然后作出是否参与本次团体心理辅导的决定。

筛选的面谈中，报名者对他们期望从团体中获得什么是很含糊的，他们可能会害怕、紧张、自我防卫并且可能会把这样的一种面谈当作是工作面试，特别是当他们渴望被吸收到团体中时。

筛选面谈对于我们而言是一次机会，通过面谈，我们可以对招募到的预期团体成员进行评价并且判断他们想在团体心理辅导体验中获得什么。同样，筛选面谈对于预期团体成员而言也是一个机会，他们可以了解我们并对我们建立信任感。在面谈中，强调的是一种双向沟通的过程，希望预期团体成员能自由地提问，这样有助于他们决定是否想在某一时间参与到团体中。

5. 面谈后的工作

面谈后，决定接纳还是拒绝一个预期团体成员与团体心理辅导的效果有很大关系。我们有责任去判断该预期团体成员是否适合于这一主题类型的团体，这不仅会保护所有的预期团体成员，也将保护团体本身。如果认定某类型的成员不适合于这一主题的团体，那么务必告诉他们我们得出此结论的根据，并且向他们介绍或推荐适合他们的团体。

（三）培训部的工作

这是针对一个主题的辅导所开展的培训工作，不同于其他学生团体心理辅导工作室成员一起进行的培训。

1. 学生团体心理辅导工作室成员的培训

由指导老师从学生团体心理辅导工作室各个部门中选定本次的主要辅导员、协助辅导员和场务人员。其中，主要辅导员是充当一个领导者的角色，从头到尾推动着这个团体的进程，包括控制每个单元中的各个环节的游戏进程、游戏活动后的大组分享和每个单元的总结语；协助辅导员的职责是在协助团体进程的前提下，在所在的小组中参与该组的活动与分享，在小组中不充当主导作用；而场务人员的职责是负责各单元中游戏活动道具的派发，负责音响、话筒等多媒体设备的正常运作，并负责拍摄照片。

（1）培训的内容与方式。

本项工作是在方案确定的时候开始的，这样将方便三个角色的辅导人员根据方案进行预演。由培训部负责确定预演部分是否能够达标。一般的预演工作包括各个单元三大环节的活动部分的规则、各个单元主题的理论知识和主要辅导员需要掌握与运用的辅导技巧。

（2）培训的目标。

预演工作的三个部门，需要达到的目标有所不同。对各个单元三大环节的活动部分的规则的目标要求是能让被辅导者准确清晰地理解活动的规则，简单地说，就是使规则更具有操作化；对各个单元主题的理论知识的培训目标是让主要辅导员和协助辅导员能掌握辅导主题所需要运用的心理学方面的理论知识点，能做到融会贯通，并将知识运用到实际辅导中；对主要辅导员的辅导技巧的培训目标是要求能掌握一定的辅导技巧，对于一般的问题能采取一定的方式解决。

2. 预期团体成员的培训

在经过甄选后，确定了参加团体心理辅导的成员（被辅导者）之后，应及时组织、开展团体辅导活动前的培训工作。培训的主要目的是让预期的团体成员了解什么是团体心理辅导以及本次团体心理辅导活动的大致流程和开展计划，一般可以采用讲座与交流会的操作形式。

这一阶段的操作可以由培训部负责。现以采用讲座的形式为例，描述一下工作的进程。培训部在方案研发部设计好本次主题的团体心理辅导方案的时候，就开始着手本项工作的开展。一般是从确定本项培训的负责人开始的，经过内部推荐，由指导老师确定合适人选，并确定符合本次团体心理辅导主题的课件。

在准备讲座的过程中，重复的试讲及修改课件是重中之重，因为这个过程进展得是否达标关系到讲座的效果，最后关系到预期团体成员对这次团体心理辅导的最初印象。最初印象从一定程度上会影响到预期团体成员对本次团体心理辅导的参与度，也从侧面反映学生团体心理辅导工作室这个组织的整体综合实力，从而影响日后学生团体心理辅导工作室在开展团体心理辅导等活动中的号召力。

在讲座的主持人、主讲者与讲授内容确定下来后，由宣传部负责通知各位预期团体成员、布置会场和会场其他事务。讲座的内容应包括一个互相交流甚至是给预期团体成员提问及说出对团体心理辅导的感受的时间。预留出这一段时间，主要是让他们明白一个要点，即只有当他们愿意去表达自己在团体中的所想和所感时，团体才能真正地起到作用，也让他们明白愿意彼此分享此时此地在团体中所感受到的一切是很重要的。事实上，他们的反应也为我们提供了团体今后的发展方向。

讲座结束后，总负责人应及时利用团体心理辅导活动的第一单元开展前的这段时间对前期工作进行一次总结与评估，并为接下来各单元的辅导活动对各部门进行工作安排。这将有助于大家及时对自己近期工作有一个正面的了解，并得到及时的反馈，有助于为下一阶段工作开展提供宝贵的经验。

（四）资料整理部的工作

1．辅导前的资料准备工作

从辅导方案的确定开始，资料整理部的工作就需要及时跟进，为了能跟进另外三个部门的工作进程，建议将部门的工作分成四大块（对每个部门的资料收集各为一块），并分成专门的四个小组跟进收集及整理，特别是辅导方案、培训课件等资料，更要进行及时存档，形成电子档并建立一个资料共享平台，为其他三个部门的工作提供便捷的资料查询。

2．辅导后的资料整理工作

每一次辅导的经验都可以为下一次辅导提供借鉴，为此应做好每一次辅导的各种记录，并妥善保存下来。在这一环节上，需要负责这项工作任务的成员具有缜密的思维能力与良好的文字驾驭能力。从前期的准备工作到完成辅导后的总结会议，都需要对每个环节的各种资料与会议等进行记录，并妥善保存。

二、团体心理辅导中的工作安排

相对辅导前的准备工作来说，在团体心理辅导开展中的工作量比较少，一般由每个辅导中的场务协助人员与资料整理部的成员来完成，按照工作场地可以分为两类：场内工作与场外工作。

（一）场内的工作安排

在前面提到的每个辅导中的三个角色工作的安排中，场务协助人员除需要完成本身工作外，还需要与资料整理部的成员合作，完成对辅导中道具的回收保管和对多媒体等维护的工作任务。

（二）场外的工作安排

将下面的工作定义为场外的工作安排是因为这部分工作是在各个单元辅导开展的前后过程中进行的。

1．各单元辅导开展前

这部分工作一般需要在辅导开始的前半个小时完成，工作内容包括场地的布置、道具的准备与检查等。如摆放供成员坐的椅子（假如辅导活动室不需要椅子的话，尽量不用椅子，这样可以减少大家的空间距离，增加团体的亲密程度）；播放一些轻松的音乐；调整好场地的光线等等。

2. 各单元辅导结束后

在辅导结束后，需要对场地进行维护，除保持清洁外，还需要保养好多媒体等电子设备，场务协助人员需要将每个单元的活动照片与辅导所用的课件整理后递交资料整理部。

第五节　对学生团体心理辅导工作室的评价

我们以肇庆学院学生团体心理辅导工作室成立一年来的工作为例对其进行评价。学生团体辅导工作室组织结构在运行中暴露出来的问题主要有以下两个方面：

（一）工作室结构过于简单

学生团体辅导工作室在最初组织结构的设计上，是以职能式结构作为参照模型的。职能式结构是一种以工作为中心进行组织分解的结构，组织从上至下按照相同的职能将各种活动组合起来。

笔者认为，团辅工作室的组织结构设置应该相对简单，其目的是为了能更好更快地为学院心理健康教育服务，力求为学校心理健康教育的工作作出应有的贡献。“平底快船”般的结构主要通过个人权威实行集权控制，由总负责人直接指挥，权力高度集中，具有维持组织的灵活性和快速作出决策的特殊能力。

随着工作室辅导对象的不断增加，在相同工作的环境与条件下，原先的组织结构已不能满足工作室的日常运作。在面对不同程度的新挑战时，不时暴露出它的不足与缺陷，笔者概括其不足与缺陷，大概可以归纳为以下两点：

1. 部门之间的协作效率低

在面对团体心理辅导的对象增加的情况下，学生团体辅导工作室组织内部需要完成大量的工作任务。四个职能部门的任务量也在逐渐增加，各个部门的工作量与承受的压力也在逐级上升。在有限的工作时间下，四个部门几乎都在完成本部门需要负责的工作任务，这在一定程度上造成了部门之间的沟通与交流的减少，最后导致了四个部门之间的协作未能达到应有的效果。

2. 及时应变的能力差

简单的部门职能结构在一定程度上限制了工作室对外界环境变化作出的应变。金字塔形的结构，在面对外界变化时，一般需要由处于金字塔塔尖的上层管理者对变化做出相应的决策，再逐层下达执行应对变化的命令。而这一过程所需要的时间过长，往往不能跟上外界的变化节奏。

（二）工作室组织文化过于浅显

新创建的组织机构多数存在着组织文化底蕴不足，文化氛围过于浅显等问题。学生团体心理辅导工作室也不例外，工作室成员在忙于完成辅导的工作任务的同时，不能更好地得到组织文化的熏陶。

1. 未能达到导向作用

工作室的组织文化是与组织的目标相互融合的，组织的目标代表着组织发展的方向，没有正确的目标就等于迷失了方向。在缺乏相对完善的组织文化的情况下，工作室的成员都处于为了完成任务而工作的状态，并不了解现在的工作任务对学生团体心理辅导工作室将来的发展起到什么样的作用。

2. 未能起到约束作用

在创建工作室时建立的管理制度，随着工作室运行步伐的加快，自身的漏洞逐渐表现了出来。随着辅导对象的增加，工作量的不断加大，在制度的漏洞与不足中慢慢滋生了个别人员的怠倦心理，消极的心态与行为对内部的凝聚力造成了很大的影响，使工作室的凝聚力在一定程度上有所削弱。

3. 未能起到激励的作用

共同的价值观念能使每个工作室成员都感到自己的存在和行为的价值，自我价值的实现是人的最高精神需求的一种满足，这种满足必将形成强大的激励。在较为浅显的组织文化氛围中，工作室成员未能感受到文化氛围的鼓舞，工作起来自然也不能感受到激励的效果。

4. 未能起到调适的作用

调适指的是调整和适应。工作室各部门之间、成员之间，由于各种原因难免会产生一些矛盾，解决这些矛盾需要各自进行自我调节。工作室与环境、与辅导群体之间都会存在不协调、不适应之处，这也需要进行调整和适应。然而在现阶段的组织文化下，各自的自我调节与适应均达不到现阶段工作的需要。

第六节　营造学生团体心理辅导工作室的组织文化

围绕“团起星火，体验翱翔”的学生团体心理辅导工作室的组织宗旨，塑造出“分工不分家”的组织文化氛围。

“团起星火，体验翱翔”的组织宗旨，是对学生参与团体心理辅导的最适合的阐释。团体心理辅导是一个超越自我的过程，这不仅是对于被辅导成员而言的，对于辅导者来说，也具有相同的意义。

塑造“分工不分家”的组织文化氛围，是解决学生团体心理辅导工作室组织文化氛围浅显的最适合方式。避免了工作室先前运作时出现的弊端，减少由浅显的组织文化氛围产生的负面影响，使工作室能走上持续发展的道路。

通过“分工不分家”的组织文化氛围的熏陶，在总的方向上为工作室成员提供明确的目标，在执行辅导工作任务的基础上，从另一个角度理解辅导工作对工作室发展的积极意义，从而对自己的存在与行为的价值有了一定的积极认识，满足了自我的价值感，给工作室成员以强大的激励作用，在精神层面对工作室成员起到很大的鼓舞与调动作用。塑造组织文化并完善组织内部的制度，对工作室成员的工作行为规范与工作道德规范起了很大的约束作用，让个别具有倦怠心态的成员自觉遵守工作室的相关制度，从而增强了内部的凝聚力。在逐渐形成的文化氛围下，对矛盾甚至冲突都能起到一定的调适作用，从而减少了内部的自我损耗。

第七节　学生团体心理辅导工作室的发展

随着学生团体心理辅导的日趋成熟，对学生团体心理辅导工作室这个组织的发展要求也逐渐提高。具体表现为两个层次要求：一是体现在对学生团体心理辅导工作室成员的要求上，一是体现在对学生团体心理辅导工作室这个组织的要求上。

一、对学生团体心理辅导成员的要求

随着辅导工作的不断正规化，在操作上更需要的是能接受各环节工作任务指令的成员，所以在未来的发展中，对成员的要求体现在：

（一）专业性

在不同理论体系支持下的各主题的团体心理辅导，更需要成员具有心理学理论知识背景。只有这样，在开展辅导时才不会因为跨专业而产生术语理解不到位的现象。这就要求成员在开展团体心理辅导的实际操作过程中，不断地、及时地提高自身知识储备及素养。

（二）综合性

在不同主题的辅导中，需要成员经过培训即可胜任辅导工作，达到进行辅导的要求，并能随着主题的不同展现自身不同的知识模块。在了解甚至掌握各个理论模块的同时增加自身的生活历练，开阔视野，这样更能与不同成长背景的团体成员在辅导过程中产生共鸣，继而更好地进行有效的辅导。

（三）全能性

一名学生团体心理辅导工作室成员应具备充当多面手的能力，除了能够完整地准备一次团体心理辅导的前期工作外，还需要具备带组、辅导后评估工作的能力。这关系到学生团体心理辅导工作室能否走向专业化的发展进程。面对需求愈来愈多的团体心理辅导工作，能否更及时、更准确、更大范围地开展辅导，取决于成员自身的全能性，这也是学生团体心理辅导工作室建立的初衷之一——提升成员自身全面的技能。

二、对学生团体心理辅导工作室的要求

在未来的发展中，大学生心理健康教育工作更趋普及性，辅导的需求量也在逐渐增加，如何在大工作量中照常展开有效的辅导工作，如何有效地解决突发集体性心理问题等，都是学生团体心理辅导工作室在以后的发展中应该认真思考的问题。在这样的大前提下，对团体心理辅导工作室的要求体现在：

（一）灵活性

在突发性事件频繁发生的时期，更需要团体心理辅导工作室在面对突发的集体性心理问题时能灵活及时地作出正确的反应。这就要求学生团体心理辅导工作室在组织结构上要能体现出这种灵活性。在这种发展方向的指引下，学生团体心理辅导工作室的组织结构将趋于扁平化，管理层次将逐渐减少，在人员精减的基础上改变以部门为单位的工作运作模式。更简单的组织结构能对外界环境的变化作出更准确、更快速的反应。

（二）专业性

一个在大学有标志性的学生组织，应不断地发展其自身在专业方面的能力，这是一个成熟的组织应该具备的品质。在心理健康辅导需求量逐渐变大的背景下，团体心理辅导工作室向更专业的辅导路线发展是必须的，在普及的辅导模式下，向团体心理治疗发展，让组织在服务能力上更上一层楼。

（三）社会性

一个大学的影响力度在于它能否将自身的文化与周边的城市文化融为一体，将校区与外界接轨。学生团体心理辅导工作室也应该向社会发展，在不满足于校内服务的思想指导下，对外展开不定期的团体心理辅导，以扩大影响力度，扩大服务区域。这是对一个组织能否在更复杂的环境下健康成长的考验，因为一个想要长期发展的学生组织，应该能与生活中的实际应用相接轨。

附1：团体心理辅导工作室章程

学生团体心理辅导工作室章程

第一章　总则

第一条　为加强大学生心理健康教育工作，结合我校实际，根据我校大学生心理健康教育中心（以下简称中心）指导思想制定本章程。

第二条　学生团体心理辅导工作室是中心的一个分支机构，是接受学校党委、学生处的领导，受中心负责人与若干心理专家、教授的指导的一个志愿组织机构，学生团体心理辅导工作室通过在本校开设新生心理适应辅导、毕业生择业心理辅导、学习心理辅导、人际交往（包括爱情）心理辅导、能力与个性心理辅导、智力和创造心理辅导等，引导学生树立正确的世界观、人生观、价值观，塑造健全的人格，预防心理疾病和提高完善心理素质。

第三条　学生团体心理辅导工作室的成员是通过自愿报名、招募、考核而产生的。

第二章　组织机构

第四条　本组织是在中心的指导下开展工作，由督导组下达工作指示并进行督导，由总负责人传达督导组的指示，分配任务到各个组，由副负责人组织各组落实工作任务。（组织结构图另附）

第五条　每个工作室成员均有选举与被选举权，总、副负责人由督导组指定，各个小组组长由每一年的组长会议民主选举产生，并报督导组通过。

第六条　由组长主持本工作室的日常工作事务；组长会由总负责人、两位副负责人、各个小组长组成；组长会成员定期向督导组汇报工作。

第七条　督导组主要负责本工作室的总体规划与长远发展，传达中心的指导思想。总负责人主要负责指导两位副负责人及各个小组组长工作，解决工作室内部的重要问题，并担任本工作室的对外学生代表。（具体职务职能另附）

第八条　工作室内部有关文件、证明需要经总负责人签名，督导组组长签名后才有效；经费的支出由督导组组长签名后才有效。

第九条　工作室实行财务公开制度，每学期公布一次。经费报销单需督导组签名后才能生效，才能实现报销。

第十条　工作室成员条件：符合团体心理辅导成员资格条件（另附），有意向从事团体心理辅导工作，承认本工作室章程。

第三章　活动内容

第十一条　活动形式：在学校对大学生开展团体辅导。

第十二条　活动内容设计除了针对新生外，还可以视具体情况而定，在督导的允许下，针对其他群体，围绕个别主题设计方案，在督导的审核及指导下开展活动。

第四章　附则

第十三条　本工作室开展辅导活动的初期建设由中心负责投入。

第十四条　本工作室运作所需资金由中心专项拨款和社会资助等组成。

第十五条　本章程解释权属于中心及本工作室组长会。

第十六条　本章程自中心通过之日起生效。

附2：首届学生团体心理辅导工作室机构图

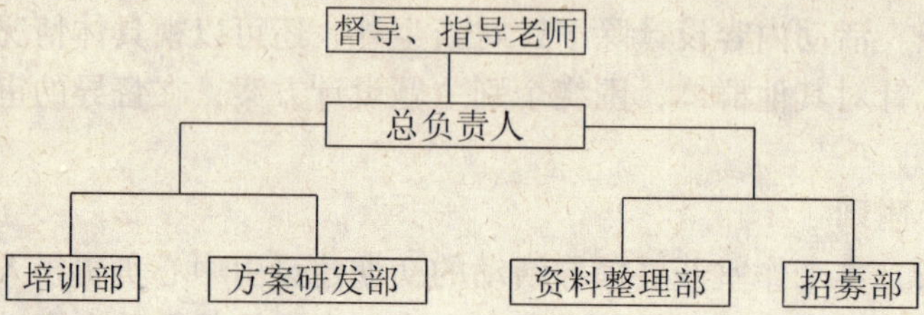

各部门的职责：

1. 培训部门

负责新成员的培训工作；负责收集最新的、经典的资料，整理后与本工作室全体成员进行分享，并定期开展内部培训活动；协助方案研发部进行新方案的预演工作。

2. 方案研发部门

负责研发、设计、开发新方案；负责修改、完善已有方案；负责新方案的预演工作。

3. 资料整理部门

负责对辅导效果评估进行调查分析与数据统计，并整理相关资料及建立档案；负责安排每个单元所需要的道具、材料及会场、活动场地的布置和秩序的维持。

4. 招募部门

负责团体心理辅导开展的宣传工作；负责本工作室新成员及参加团体心理辅导的学员的招募工作。

各个职位的职责：

1. 培训部

（1）培训部部长。

负责制订并实施新成员培训与发展计划，实施工作室各项培训目标。

（2）培训部委员。

负责协助制订培训计划，开发培训课题，按计划实施培训，达到所拟订的培训目标。

2. 方案研发部

（1）方案研发部部长。

负责组织研制、设计、开发新方案及更新修改现有方案，提供技术及理论支持，实现本工作室的方案开发目标。

（2）方案研发部委员。

负责协助部长完成研制、设计、开发新方案及更新修改现有方案等日常工作。

3. 资料整理部

（1）资料整理部部长。

负责组织文件和方案的整理以及归档工作；负责批准档案的销毁工作；负责核实会议安排、纪要工作。

（2）资料整理部委员。

负责安排会谈、会议并负责到会人员签到及记录会议纪要工作；负责进行辅导的质量评估的调查工作；负责做好档案入库、分类、保管、销毁等相关工作。

4. 招募部

（1）招募部部长。

负责制订招募、宣传计划，组织并主持招募、宣传等一系列工作，达到所拟订的招募、宣传目标。

（2）招募部委员。

负责围绕主题协助制订招募计划，落实招募、宣传等一系列工作，达到所拟订的目标。

工作室成员的行为守则：

1. 准时、保密、开放、专注、主动学习。
2. 接受组织的任务分配及活动安排。

3. 三次迟到或早退算一次无故缺席，两次无故缺席当作自动退出本组织，不予颁发聘书。

工作室成员的权力与义务：

1. 团体心理辅导室的义务是面向全校师生以团辅的形式开展心理健康教育工作。

2. 工作室只对团体心理辅导有兴趣的同学进行招募。

3. 参加活动期满两年并考核合格者，可获得学校心理健康教育中心颁发的聘书。

4. 各小部门部长由组内产生，部长人选名单选定后上交给督导与指导老师审核、批准。

5. 总负责人的任期为一年。年满换届，以竞选加权重的方式任命。

附3：学生团体心理辅导工作室成员之工作心得

展翅高飞
——浅谈团体心理辅导心得

梁铭根

我对团体心理辅导既有爱也有恨。爱的是在团体心理辅导的过程中发生了许多的故事，这些故事使我得到了许多启发和成长，恨在于这些故事使我遇到了许多困难和挫折，但也正因为这些困难和挫折才加快了我成长的步伐，在这篇感想中我会从四个方面和大家分享一下我对团体心理辅导的体会和见解。

一、团体心理辅导与拓展培训的区别

在大学期间我参加了许多的课外活动，其中有两种活动使我的价值观和人生观发生了很大改变，这两种活动就是拓展培训和团体心理辅导。从时间跨度来划分的话，大二和大三我主要参与了拓展培训，培训的对象主要是学院里面的一些学生组织。而在大三和大四，团体心理辅导进入了我的生活，于是在大三的时候，这两种活动交叉地影响着我，同时我也对这两种活动有了自己的体会和见解。

以我个人的体会来说，做团体心理辅导（以下简称团辅）就像是在做心理分析，但不同的是这种分析是在团体的基础上进行的，在团体的基础上大家敞开心扉说出心里话，从而突破自我做出改变。而拓展培训（以下简称拓展）也同样是在团队的基础上进行的，但拓展的活动形式比较激烈，通过激烈的活动使个体产生突破，而团辅运用的是一种比较平和的方法使个体产生改变。就拿两个活动来比较一下吧！团辅中有一个活动叫“拥有与丧失”，这个活动的组织形式主要是以纸笔练习和分享为主的，整个过程中组员不用经历激烈的体育运动，而是通过分享和分析，引导组员要珍惜眼前的人和事，学会感恩，从而引导大家活在当下。而“胜利墙”是拓展培训中很经典的一个活动，这个活动是通过组员的团结合作，共同穿越一道四米高的墙，在穿越的过程中大家要体现出智慧和魄力，从而通过这种剧烈的运动，来增强大家的沟通能力和团队精神。

团辅的整个过程就像是在进行心灵的沟通，彼此在互信的情况下说出更多的心里话，去面对一些平时不敢面对的东西，面对很多压抑已久的记忆。而拓展培训展现的是一种激昂的氛围，成员间互相激励，激发起大家对未来的憧憬和激情，倾向于成员的自我挑战。两种活动都是挑战自我，但拓展培训是挑战潜力，其面对的难度是不同的。团辅就像是一条涓涓细流，而拓展培训就像是一条湍急的江河，前者使你慢慢地敞开心扉，而后者则立竿见影。这种活动形式的差别决定了团辅的活动时间要比拓展的长，而且其维持的效果也比拓展要长久。以上是本人对团体心理辅导和拓展培训的一些见解。

二、自己在团体心理辅导中的成长

如果要用一句话总结我参加团辅的感受，我会这样描述：我在帮助别人的同时，也帮助了自己（别人也在不断地帮助我成长）。其实在经历了几次的团辅后，我重新面对了许多以前我不敢去面对的东西，比如在那么多人面前发表自己的意见，说出自己的心里话等等。这种在众人面前说话的方式不同于以前曾经做过的拓展培训，因为拓展培训活动中要说的是一些激励大家的语言，而团辅活动中要说出的是自己的心里话，只有大家都说出心里话才能营造出一种气氛，一种适合于大家敞开心扉、畅所欲言的环境，才有利于大家的共同成长。

我一共参与了四次团辅，接下来让我逐次介绍这四次团辅吧。

第一次团辅对于我们来说基本上是一种培训，通过亲身的体验来初步了解团辅，体验团辅的组织形式和操作特点，为我们以后的团辅奠定基础，这种体验式的培训对于团辅的辅导员来说是十分重要的。

第二次团辅我们面对的对象是06级新生，主题是提高大一新生的适应能力。这是我们第一次做团辅，因为没有经验，所以有很多问题不知如何去正确处理。譬如不懂如何处理一些不愿加入小组和中途退出小组的同学等等。我们的处理方法是使用行政的手段去强迫这些同学每个星期都按时参加团辅，强迫的结果是使许多同学产生了抵触情绪，在面对这些负面的情绪时我们又使用了行政的手段去解决，结果就进入了一个循环的怪圈。其实，对待团辅活动中遇到的问题时，我们需要更多的耐性和人性化，不然的话就违背团辅的初衷了。团辅应该是一种很纯洁的东西，不应该加入太多额外的元素，就像毕淑敏《拯救乳房》中的那个小组一样，不应掺杂太多的形式化和政治化因素，而我觉得我们所采取的措施已经使这次的团辅变质了，幸好这次团辅基本上达到了预期的效果，也使部分的同学得到了帮助，其中一部分同学还继续参与了第三次的团辅，这些都为以后的团辅工作奠定了基础。

第三次团辅跟第二次团辅的主题是一样的，也是提高大一新生的适应能力，由于有了第二次团辅的经验，所以我觉得这一次的团辅是做得最好的一次。做得好的原因有很多，经历了两次团辅后，我们学到了很多，其中很重要的一点是我们发挥了团队精神，大家有了一定的经验后都开始追求一定的效果了，但还有一个很重要的原因是学院团辅工作室成立了。工作室设立了四个职能部门，分别是培训组、方案组、招募组和资料管理组。各个组分工合作，权限下分使各自的职责得到了确立，较有效地避免了责任分散，因此工作起来顺利了很多。同时我们还专门举行了几次经验交流会，会上大家提出了团辅过程中遇到的问题，同时还针对角色定位的问题进行了一次讨论，最终决定在这次的团辅中，我们将以纯粹的引导者角色出现，不参与每一项活动的分享，而转为专门引导大家发言。结果表明，这种定位是行之有效的。

在第三次团辅中，我们做了很多的前期工作。比如在第一次团辅中，当我们接过原始的方案时，基本上是对这份方案一无所知的，通过两次的团辅后我们对团辅的方案有了一定的了解，但是由于了解得还不够，难以形成一个体系，于是我们就尝试从这一点进行突破。而我所在的方案组的工作正是通过精细化这份方案，使每一位带组的辅导员对这份方案都有一个系统的了解和熟悉，同时尽量找出每一个活动背后的理论意义，使每一个活动在理论的指导下进行，从而做到心中有数。

在每一次团辅之前我们都会把这个单元的每一个活动的规则和流程先确定下来，通过组内的研究和讨论以使每个活动的规则和流程精细化，通过这个过程使每一个单元的方案尽量详细，从而方便各个带组辅导员的工作。有了一个详细的方案后，我们就会要求每一位带组辅导员熟记这些流程，以使每一个小组的辅导流程趋于一致，要分享的一些内容也尽量提前准备好，以预防出现冷场的现象。虽然我们的工作量也大大增加了，但反而觉得踏实了许多，可以把握的东西也多了很多，我也相信很多组员跟我有同样的感觉。经过两次团辅的锻炼大家对团辅也有了一定的认识，引导起来也连贯了许多，再加上参加第三次团辅的成员都是自愿报名，通过面试招募进来的，因而这些同学都有着共同的成长愿望，动机很强，从而相对减少了辅导难度。

除了在每次团辅前进行活动规则的细化和规范外，这次的团辅还采用了一种十分独特的辅导方式，就是一个小组单独在一间独立的房间内进行团辅，虽然有的老师说这样的方式不好，因为各个小组分开辅导，很难使团辅的效果一体化，可能会使好的小组越来越好，而不好的小组就越来越差，但以我个人意见来说，我认为分开来做的效果会比较好，因为这样可以到一个独立的空间里面去营造出一种安全感。

三、我在团体心理辅导工作室的工作心得

通过这几次的团辅，我深深地感觉到环境对于团辅来说真的会产生很大的影响，也许真的像弗洛伊德说的那样吧，方框的房间就像母亲的生殖器，给人以一种原始的安全感，但在有安全感的房间中还需要有感到安全的人和同伴，在太大的空间和太多人的环境下，团辅就像是在游乐场玩游戏一样，我相信大部分人都不会喜欢自己在诉说秘密的时候无意中被陌生人听到，而陌生人也不想被迫听到别人的秘密，所以在什么样的环境中组员会更容易放开自己，按怎样的一个顺序去安排每一个组员的座位会使组员们感到更安全？这些都很值得大家去研究和讨论。

其次我对第三次团辅印象较深的还有“情绪在团辅中的作用”。人都是情感的动物，任何一个微小的表情、动作、情绪都会引起其他人的反应，特别是引导者的情绪反应。记得我在做某一个单元时心情不是很好，结果被组员看出来了，作为引导者的我却被组员所引导，那时候真的是有点尴尬，但同时我也感到很欣慰，因为组员们都成长了，可以从别人的角度去思考问题和鼓励别人了，幸好那时候我还可以及时调整心态，顺利完成了那次团辅，因此我觉得做团辅最大的难处之一就是无论你的心情怎样，在自己的组员面前都要用一种积极的心态去面对，因为作为一个引导者也要勇敢地去面对自己的弱点，从而不断成长。

四、做团体心理辅导工作室的领导者

经历了第三次的团辅工作后我们都成长了，无论是从组织上还是经验上我们都学到了不少东西。作为方案组的组长，我除了学到许多关于组织和策划团辅的东西外，还学到了许多关于与组员沟通和培训组员、辅导员的知识。在每一次团辅前，我们都会对方案细化和对辅导员演示细化，确保每一位辅导员都熟悉活动的规则，防止因为游戏规则的不明确而使团辅效果产生差异。在每一次团辅之前我们都会开一个全体会议，目的就是对大家进行一个简短的培训，通过具体的演示，让大家说出自己的看法，各抒己见，就像头脑风暴那样。通过这样的讨论，我们彼此增进了了解，同时也得到了思想上的交流，但美中不足的是我们每次的讨论都用去了大量的时间，占用了大家很多的私人空间，这一点仍是需要改进的。

而最后一次团辅，是面向心理委员的团辅。这次团辅我们运用了一个新的方案，这个方案是由我们方案组组织和策划的，在写方案的过程中最难的是怎样去确定一个主题以及每个单元要开展什么活动。在经历了几轮的头脑风暴之后，我们收集了每一个组员的想法，进行了一次汇总和分析，终于得出了第四

次团辅工作的主题：心理委员的成长——心理委员所需要的素质，面对的成员是各个班级的心理委员。确定了主题之后，后面的问题就迎刃而解了。但由于我们的能力有限，所有的活动规则基本上是从网上和图书馆的资料中借用来的，但这些活动都是通过我们组内和组外的讨论，在别人方案的基础上进行修改而创造出来的。改掉一些不是很合理的规则和操作方式，最终第四次的团辅方案——“心理委员团辅方案”，在经历了几轮的讨论和修改后，终于在老师和同学们的期盼之下诞生了。这是我们经历了三次团辅后积累下来的经验所创造出来的第一个团辅方案，看着这份方案，大家都有一种无形的成就感，即使其中还有很多不足的地方。在即将完笔之前，我真的希望能再有一次机会和大家一起做一次团辅，但这次团辅和以前的有所不同，因为这次团辅是针对所有辅导员的，说真的做团辅很累，但累完之后总会有很多的收获，我就是希望能组织一次团辅，通过这个团辅能帮助大家总结一下在做团辅工作过程中遇到的挫折和困难，因为大家真的很需要一个机会去释放内心的压力，借以舒缓心理倦怠。

以上就是我在做团辅过程中的感受，最后衷心地感谢在我们做团辅的过程中给予我们帮助的人，其中特别感谢罗京滨老师、黄华老师和黄伟伟老师在团辅过程中给予我们的支持和帮助，衷心地祝愿在团辅过程中得到帮助的同学健康快乐！谢谢！

团体心理辅导与我同行

黄辉胜

大学生团体心理辅导是我们每一位参与者的一笔重要财富，它的价值可以让我们享用一生。

大三，人生的第一次洗礼。

那年夏天，天气虽然很热，但我们的课室内不时传来欢笑声、呐喊助威声以及哭声，很多路过的老师和同学不知所以，但我们每位同学们都知道，我们那时似乎已经忘掉了时间、忘记了自己、忘却了悲伤和痛苦。

这是几位心理学老师为本专业学生专门设计的心灵成长之旅——团体心理辅导。作为心理学专业的一分子，我也有幸参与到心灵成长当中。

我们也许不知道，我们竟然有着如此相似或迥异的过去；我们也许不知道，在我们开心的背后隐藏着如此多的痛苦和悲伤；我们也许不知道，我们是如此需要理解和支持；我们也许不知道……

但通过这次团体心理辅导，我们从有点了解自己、了解别人，到基本了解自己、了解别人，再到比较了解自己、了解别人。这其中，我们每个人都能清晰地感受到自己的心灵有着明显的质的飞跃。而这种飞跃主要体现在以下几点：

1. 更愿意在别人面前展示自己的能力和特长。

2. 更有连理心，学会换位思考。

3. 心里更坦然、更豁达，更愿意去倾听。

4. 个人的认知、情感、意志更加协调。

我们是渴望成长的，我们希望自己能再成长。大学新生团体心理辅导给了我再一次成长的机会。

大四，人生的第二次洗礼。

步入大四的我，为了锻炼自己的能力，为了认识更多的师弟师妹，为了感悟人生，我主动加入到大一新生团体心理辅导当中，成为团体心理辅导小组的一名辅导员。在这个过程中，我又有了别样的人生体验。

茫然、不适应、逃避、抗拒是师弟师妹们给我的第一印象。作为已经经历成长的我，很理解他们当时的感受，所以我采取了先融入，再引导的方式来接近我们既可爱又聪敏的师弟师妹们。

一、相识之旅，起于真诚

“刮大风”这个游戏把我们从天涯海角刮到了“团体心理辅导”这个大家庭里，并且当“风”吹得越大，我们越能发现原来在这世界上有那么多自己熟悉的身影。例如：大风吹、大风吹，吹到住广州天河的同学们站起来。我们可以发现站起来的同学就只有2、3个，但是当吹到住广州的同学们站起来的时候，我们会发现至少有7、8个。而这一游戏的重点就是要让尽量多的同学们认识到在这世上跟自己相似的除了你跟我外，还有他（指团体心理辅导小组的队员），明白我们并不是孤独地存在着。也因为这个游戏，我们消除了自我防卫的界限，使诚心交友有了依托。

人们常说：“微笑可以看到真诚，握手能给人信任。”那么“微笑握手”就是我们建立友谊的第一座桥梁。我们可以在短短的3分钟内，跟尽量多的同学们相互握手，微妙的变化也从此而生，平时不怎么大胆的同学们在这种环境的影响下也积极主动起来，身边的朋友也因此多起来了。

成为普通朋友后，我们需要进一步的认识。“超级访问”和“滚雪球”给了我们增进认识的机会，我们开始了解到刚刚认识的朋友姓什么、是从哪里来的、哪里毕业的、喜欢什么运动等信息。

有不少同学在回顾上述游戏的时候，经常惊讶地发现，原来交一个朋友是那么的简单，并没有自己想象中的那么难。其实，人与人之间的距离并没有那么远，只是我们习惯于用自己的思维来思考别人的立场才使我们之间的距离拉大，使自己永远也迈不过那道鸿沟。

我们最终的目标是获得心灵的成长，而心灵的成长则需要在团队中获得能量，所以在相知之前，我们必须要建立一个属于自己的团队，一个有话敢说的团队、一个能让我们自由展现才能的团队、一个能让我们有归属感的团队。按老师们的安排，我们每一个团队一般都是由双数组成的，而且人数在10～12人，男女各半。我们充分发挥了自己的无限创意，在短短的40分钟内就定了自己的队名、队训、队歌，还制作了队旗，选出了自己的队长，并决定在以后的团体辅导中充分表现自己团队的特色。（在这期间，作为辅导员可以有意地回避一下，等他们把基本的工作完成后，再回到队伍当中去，与他们共同分享成功的喜悦。）

二、相知之路，生于理解和信任

“盲行”、20个以“我是”开头造句、“画自画像”是相知之路的必修课。

“盲行”——盲人，在完全失去掌控的情况下，刚刚才认识的朋友是否值得我去信任？哑巴，我是否能在失去语言能力的情况下，把他或者她安然无恙地送回来？在平时只需走10分钟的路程里，我们足足花了半小时才走完，并且每走一步都给我们带来心灵的震撼。我们在这半小时里面奇迹般地产生了信任，并学会了如何跟别人沟通。其实里面的一个最关键的因素是：我们学会了理解他人、容纳他人。盲人知道哑巴不会说话，他只能通过身体动作传递自己所需要的信息，而自己也只能正确判断他发出的信息后才能作出反应。哑巴知道盲人判断不了方向，判断不了高低，行动缓慢，也知道自己只有尽可能地表达出准确的信息，盲人才能做出正确的反应。“盲行”活动结束后，相信我们的师弟师妹们肯定感慨万千，因此作为辅导员一定要在这阶段作出及时的引导，让师弟师妹们感受到人生中有很多事情并不是自己能掌握的，我们必须依靠别人的力量才能完成，因此必须信任自己身边的亲人、朋友和同学。另外，也要让他们学会感谢父母赐予自己那么健康的身体，并引导他们珍惜自己现在拥有的一切。

20个以“我是”开头的造句，把现实的我完全地展现在我信任的队友面前，“画自画像”又把真实的我或内心最深处的我告诉给理解我、信任我的队友们。从那一刻起，我们的心紧紧地连在一起。在这期间，我觉得作为一名优秀的辅导员，应该在队员们写句子或画自画像之前就做好思想的引导，让他们尽可能地记下对方所说的每一句话。这样，我们的师弟师妹们就会认认真真地聆听别人讲话，从而会给我们的讲话者很大的鼓舞，会把自己的内心所想更多地倾诉出来。

三、相处之道，源于了解和支持

“突出重围”：这个游戏很简单，就是选出1～2名突击队员后，剩下的队员们手拉手围成圆圈，然后让突击队员在1分钟的时间内，从圈子外面突围到圈子里或者是从圈子里突围到外面去。这个活动对围圈的队员们要求很高，他们必须合作无间，必须在必要的时候给予其他队员支援，我们还必须对队员们的身高、体力、体重有一定的了解，尤其要清楚紧握着自己手的队员们有多大的抗冲击的能力。这样才能很好地完成团队的任务。

“画生命线”：这项活动将我们人生中经历的成功和失败、痛苦和愉快，完完全全地展现在大家面前。优秀的辅导员在前几次成功的引导下，几乎没有花力气就把队员们带进一种预先设计好的情境中，那就是让队员们把自己人生已经经历的种种痛苦、悲哀或者学习、生活上的成功通过口头表达的形式说出来，当然作为辅导员还要非常注意聆听者的行为，引导他们认认真真地听好别人的故事，在叙述者描述自己的痛苦和悲哀时，我们要给予他们安慰与支持，当描述成功与幸福时，我们也要给予他们肯定和祝福。

四、成长之途，成于珍惜和责任

“生命中的五样”是挑战辅导员辅导能力的一个活动。人生有很多不能抛弃的东西，如健康、亲人、能力、朋友、事业等等。但是由于某种特殊的情况，我们必须逐一舍去时，你会如何抉择？此时，我们要引导队员们积极地触及自己内心深处的东西，引导他们勇敢地去面对多重趋避冲突，认真思考什么是自己最珍惜、最不能舍弃的东西，从而确立自己的价值观。

活动始终会结束的，正如天下没有不散之宴席一样，我们也要经历分别的痛苦。短短的几个星期我们由相识变成了相知，再由相知发展到更深入地了解以及探索、掌握与人沟通、相处的方法和技巧，这使得我这个不成熟的辅导员再一次地成长了一大步。

现在，我的师弟师妹们不但把我的相貌记到了脑海里，而且每次无意中碰到，跟他们闲聊起来的时候，他们总会提到我在团体辅导中说到的某些话对他们的影响。其实我说的很多话都是从他们那里得来的，我只是帮助他们归纳了他们所说过的话的要点，真正使他们记忆深刻的还是自身在活动中形成的情感记忆。

现在有空回想一下，自己能成为一名还算不错的辅导员，最主要是做到了以下几个方面：

1. 对自己所掌握的专业知识和在生活上积累的经验很有信心，确信自己多多少少能使师弟师妹们明白一些人生的道理。

2. 我以师兄的身份作为辅导员，本身就是一个很好的优势，这给了师弟师妹们一种比较平等的感觉，又多了一份尊重和信任。

3. 自我的控场能力比较强。

4. 在适当的时候对团体成员的情绪予以引导和调控，让师弟师妹们在感受到悲伤、痛苦的同时也感受到同伴们给予的信任和希望。

5. 在适当时候进行适宜的自我暴露，引领师弟师妹们探究深层次的自我。

6. 能运用好团队中的激励机制，帮助师弟师妹们敢于开放自我。

现在，作为一名肇庆工商职业技术学院经济系的辅导员，作为一名大学生心理健康教育者，我对团体心理辅导有了更深的理解和认识。团体心理辅导的基础源于队员们的相互理解和信任，而我们作为辅导员则要深入到队员们心灵的深处，并协助他们挖掘隐藏在潜意识中的东西，再通过团体的力量（理解、关爱、支持等）使其进入到队员的意识当中，通过语言表达或哭泣的方式把潜藏在心灵深处的消极情绪释放出来。最后，辅导人员可以简单扼要地协助队员们把他们在团辅中的感想归纳出来，并让他们明白自己是运用哪些心理技巧渡过难关的，最终使队员们达到心灵成长的目的。这种形式我现在在工作中也不时地运用到学生干部当中，尤其是当干部们做了成功或失败的事情后，在一种固定的氛围内进行恰当的团体辅导，引导他们积极探索人生的价值。

其实我们还处在人生的成长过程当中，我们还将面对无数的风风雨雨，我们真的希望团体心理辅导技术能更加完善，不断地指引我们度过人生的挫折和困难。最后我要衷心地说一句："团体心理辅导，给了我不一样的人生。"

面朝大家　春暖花开

陈浩冲

怎样做一个幸福的人呢？海子有一首诗叫《面朝大海，春暖花开》，海子说他的房子面朝大海，所以春暖花开。我想也许每个人的心灵就像一所房子，只要面朝大家，也会春暖花开吧！当我们感到困惑、心结缠绕，或者对现状无所适从的时候，往往需要一个心理调节和适应的过程，参加团体心理辅导（以下简称团辅）在我看来就像经历了一段打开心灵的房间，面朝大家，心情愉快，春暖花开的心灵旅程。

大学几年里我参加并辅导过数次团辅，走上工作岗位后也接触过一些团辅的知识，这次终于有机会借着这本书谈几点心得，写得不好的地方还望读者指正。

第一，如何让成员做到坦诚开放。走进团辅的大门，无论对团辅的成员还是指导者来说，最关键、最艰难的一步就是要把我们的“房子”打开，面朝大家。开放自己说来容易，其实做起来很难。因为真正的痛苦往往如影随形，而我们在生活中却看不到它的所在，因为我们总在下意识地保护自己，因为我们面对一些问题或创伤时可能是习惯于一个人去面对或者是没有足够的经验、足够的勇气、足够的眼界去应对。所以对于领导者来说，如何努力使团辅的成员在自愿和保密的原则下更大限度地开放自己就成为团辅的难题之一。我觉得要使团辅成员坦诚开放，领导者有三点是应当做到的：

1. 领导者首先应该适度开放自己。领导者的坦诚开放会对成员起到鼓舞作用，会在不经意间触动成员的那根心弦，与成员形成共鸣，同时领导者的坦诚开放也是自我成长的过程，但领导者的坦诚开放要准确把握方向，针对要解决的核心问题来做，切忌一味说教、东拉西扯，或者沦为自我宣泄，言语要简洁，切中要害。

2. 通过肯定先坦诚开放的成员来激励其他成员做到坦诚开放。一个成员是否开放，小组中的其他成员是有感觉的，问题是当某个成员在坦诚开放的态度下说出自己的创伤性经验或者现在的不幸境遇时，其他成员即使有类似经历的体验要表达，但在看到先坦诚开放者说出心里话的痛苦后，可能会没有自我表达的勇气。这时如果领导者以中立的态度对先坦诚开放者以往或现在的遭遇做一个小结，并对先坦诚开放者给予肯定和鼓励，同时请求其他成员能够给予先坦诚开放者支持时，一定程度上会激发成员们坦诚开放的欲望，因为成员们看到了团体就是他们的坚强后盾。其实团辅就是一个一加一大于二的过程，但只有成员凝聚在一起时才会有聚合的效果，而聚合则有赖于每个成员的坦诚开放。

3. 创造一个坦诚开放的辅导环境包括两个方面：一个是硬环境，团辅的空间要足够宽阔、安静、干净，温度和光线要适宜；一个是软环境，团体成员在参与团辅过程中要抛弃自己的许多外壳，比如班级、专业、种族血统、社会地位、荣誉等，要认识到他们是为了共同的目标而集结的，必须放下隔阂才能共同成长。领导者可以在订立小组规则时对坦诚开放原则给予说明（但要特别注意语气），或者是在团辅过程中适时地强调坦诚开放原则。在每一次团辅开始和结束时努力营造一种轻松愉悦的氛围会有利于成员间形成坦诚开放的交流环境。

第二，团辅效果检验的问题。第一次做领导者的咨询师往往很想知道自己做完团辅后效果如何，我这里有两个方法检验。一个是问卷测试法，在招募团辅成员时可以先针对团辅的总目标对成员施测相应的问卷，并在团辅结束后再施测同一问卷，通过前后问卷结果的统计比较对团辅的效果和过程做出评估。第二个方法是访谈法，即在团辅结束时随机抽取团辅成员进行访谈，要求成员对类似于“这次辅导是否使你成长了”，“你有没有在团辅中学到什么”等一些问题谈自己的直观感受。访谈法虽然自由度比较大，但领导者提出的问题必须是事先设计好的、有针对性的、脉络清楚的、有一定结构的，而且在得到访谈结果后要认真思考，总结规律，对该次团辅不足的一些方面要加以改善。这两种方法在量化程度和时效性上各有优劣，选择时要考虑适用性，比如一些团辅在施测前无法找到与团辅目标相适的测量问卷，就很难采用问卷法。对于初次接触团辅的领导者而言，采用问卷法是比较可行的。例如，本人在一次针对肇庆市某小学有孤独感的学生所做的团体辅导活动中，先对该校三至六年级自愿报名和老师推荐参加团辅的学生施测了《儿童孤独问卷》，并针对施测的结果筛选成员参加团辅，在所有团辅活动结束后再对全体成员施测《儿童孤独问卷》，结果显示两次测试结果差异显著，从中我们归纳出在针对孤独感儿童的团辅中运用一些个体辅导的技巧十分有效，例如我们在该次团辅中就采用了冥想的方法，充分发挥小学生想象力丰富的特点，收到了很好的效果。

第三，领导者如何明确和善用自己在团体中地位的问题。有些领导者往往为自己是加入团辅活动成为参与活动的一员，还是独立在外领导活动的进行而困惑，本人认为领导者是否参与活动是要为领导者确定在团体中的地位而服务的。虽然理论上一个领导者在地位上和成员应该是平等的，但作为一个活动的领导人，领导者（在学校，领导者一般是成员的师兄、师姐）拥有专业的知识和一定的辅导经验，他的判断与引领往往会在成员心目中形成一个类似于权威的地位，这种权威的形成有时是不可避免的，如果领导者在咨询中感觉到其权威已经形成了，最好的做法是放低自己的位置，更多地倾听，更注意自己语言的表达方式和语气，将更多的空间留给成员，而非利用权威强加引导。如果领导者无意间放大自己的权威，就可能会打击到成员投入的积极性，导致影响咨询效果。诚然，投入活动可以更快地拉近领导者和成员的距离，但是成员对领导者会产生“很熟”的感觉，在一些活动中可能不配合领导者的指导；领导者不投入活动可能会和成员产生一定的距离感，但领导者在活动结束后的分享时，作为一个旁观者对于咨询目标的引导可能更为有利，而且在分享时领导者的坦诚开放可以缩小因没有参加活动而产生的距离感。所以领导者是否投入，一方面是领导者对自己的引导能力要有充分的认识，同时对所面对的团体的服从性、配合性、可引导性也要有充分的认识。

第四，参与团辅成员人数多少为宜的问题。一般来说团辅成员在十个人左右为宜，但在实际操作中我觉得3~5人的小团体也是可以的。一方面小团体使指导者更容易控制活动场面，另一方面人数的减少使得成员有了更多的分享和交流时间，有利于团辅效果的加强。特别是对一些接受能力较低的团辅成员，比如低年级的小学生、教育程度较低的人，如果人数太多的话往往由于成员理解能力的有限，团辅效果可能会降低。例如，本人有一次在某小学做个体咨询时就遇到这样的问题。当时有一个班主任将班里的4个比较孤僻的学生交给我，要我帮他们一一做个体辅导，我一一跟他们接触之后认为采取团辅的形式会更好，结果证明，在对他们实行团辅之后他们的行为有了明显改变，在班级里和同学有了更多的沟通交流，后来我再试着在这个团体里加入一些他们同班性格比较孤僻的人，却发现辅导的效果反而下降，经过询问才发现，低年级学生往往只能集中关注到3~5个跟自己一起参加辅导的同学，其他同学的参加反而干扰了其对团辅的投入程度。

第五，如何解决成员间个性差异可能造成的冲突问题。在团辅中，成员是千差万别的，往往由于一言不慎就产生误解，这时团体的包容与牵制可以起到很大的作用。团体的包容可以让一些偏激的成员试着换位思考，同时理解别人个性的存在，缓解紧张气氛，促进互动与信任。如果两个成员之间对于某些问题的认识有分歧，甚至发生矛盾，领导者可以通过调动其他人进行规劝，从而使矛盾双方达成和解，这往往比领导者直接介入更为有效，而且有误解的双方在矛盾解决后由于对问题有了共同的理解，反而增进了相互了解，从而更有利于团辅的开展。

第六，如何应对团辅中不投入或抵触团辅活动的成员。因为这些人有时甚至会对团辅效果起到反作用，本人觉得我们一方面可以用团辅开始时大家订立的契约对这些人加以约束，一方面是私下找其谈话，以了解其不积极参与团辅活动的原因，虚心听取其建议，鼓励其积极投入到活动之中。

最后，无论您是一个对团体辅导有兴趣的人还是一个立志成为优秀领导者的咨询师，我觉得首先您要做一个分享精神世界的倡导者、一个团体中的积极卷入者，然后是在明确咨询目标的前提下仔细倾听，鼓励成员去理解、感受他们曾经经历或者正在经历的烦恼，通过集体的力量帮助其找到解决的途径、发现自身的潜力，并且始终关注其学习与成长，这就是我理解的团辅的意义所在。但我们不要忘记，团辅之所以称之为团辅，在于我们不是一个人面对问题，我们之所以不是一个人面对问题，前提是我们心灵是面向大家的，这才是团辅能解决心理问题的希望所在。

附4：学生团体心理辅导工作室活动照片

在星湖校区做团辅

要高标准、严要求

小组讨论中

我真的很不错

我们要出奇制胜

我的自画像

我的竞选演说

我参加团辅的期望是……

团辅工作室主要领导在交换意见

团辅工作室新成员招募中

团辅工作室年度总结大会

思考方案组下一步的工作

手语操《感恩的心》

脑筋急转弯

明天会更好

盲人与拐杖

快乐团辅中

精神欢呼

解开千千结

接受培训中

工作室成员带领新生做手语操

给新生做团辅

大家要齐心协力

2008 年团辅工作室全家福

第九章　大学心理委员团体心理辅导

第一节　大学心理委员概述

一、班级心理委员设置的意义

近年来，在高等院校时有发生的恶性校园危机事件，为每一位高校心理健康教育工作者敲响了警钟。探索一条切实可行的学校心理健康教育的途径，一直是心理健康教育者不断思考和努力实践的目标。长期以来，班级中设有各种各样的班干部，如生活委员、文娱委员、体育委员等，但唯独缺少关于学生心理健康的角色。因此，心理委员的设立是势在必行的举措。

1. 设立班级心理委员是开展大学生心理健康教育的需要

高校心理健康教育工作以“面向全体、重在发展”为基本观念，关心广大学生的心理健康发展、提高心理素质、促进成才是高校心理健康教育工作的着眼点。因此，高校心理健康教育工作要摆脱医疗部门“防病治病”的固定模式，突出教育和发展的特色和核心——即以教育和培养学生的有利于其成才和发展的心理素质为主题；高校心理健康教育和研究要把广大学生作为工作对象，而不是只关注少数有心理障碍的学生；高校心理健康教育工作者在做好接待来访者个别咨询工作的同时，还要根据学校特点和学生实际，探索更加积极、主动、全面的心理健康教育的途径和方法。心理健康教育只有更多的学生参与其中，才会更有活力，才会有更好的效果。

2. 设立班级心理委员是大学生心理健康现实的呼唤

据最近的研究发现，在近 3 000 名大、中学生中，42.73% 的学生“做事容易紧张”，55.92% 的学生“对一些小事情过分担忧”，47.41% 的学生“感觉人与人之间的关系太冷漠”，67.26% 的学生“在心情不舒畅时找不到朋友倾诉”，48.63%的学生“对考试过分紧张，感到有些吃不消”……

目前，大学生因心理障碍休学、退学的比例呈上升趋势。一项调查显示，因心理障碍或精神病导致的休学、退学的人数，在休学、退学大学生中占到了30%左右，而全体在校大学生中，出现心理障碍倾向者的比例也高达30%左右。另一调查显示：北京高校大学生中有16.5%存在着中度以上心理问题，其中女生多于男生，低年级多于高年级，农村学生多于城市学生。

残酷的事实和令人担忧的数字暴露出我国教育工作中长期被忽视的问题——大学生心理健康状况欠佳。大学生存在的心理问题越来越受到有关方面的重视，因此，高校开展心理健康教育必须尝试新途径，以应对各种复杂的心理问题。

3. 朋辈辅导有助于缓解当前我国高校心理咨询专职教师缺乏的困境

当今中国高等教育已进入国际公认的大众化教育阶段，而目前高校咨询专职教师人数却非常有限，远远满足不了当代大学生获得心理帮助的需求。在这种情况下，建立以大学生为主体的心理自助组织，形成一种运行良好的心理自助和互助机制，构建全过程、全方位的大学生心理健康教育和监护系统，显得尤为重要和迫切。

“朋辈辅导”是指同学之间或年龄相仿的朋友之间进行心理开导、安慰和支持等心理帮助。当助人者拥有一定的心理健康知识和心理辅导技巧时，这种互助的功能将发挥得更好。

在大学生中开展朋辈心理互助活动是很有意义的。首先，同学之间共同学习和生活，容易相互交流和沟通，而且学生也喜欢向同龄人敞开心扉、交流感情、倾诉烦恼。如果能具备一定的心理健康知识，在相互交流沟通的过程中，同学之间就能得到更好的心理帮助；“朋辈辅导”者也可以鼓励或介绍有心理问题的学生到心理咨询专业机构寻求帮助。因此，朋辈心理互助是高校专业心理咨询的重要补充。

其次，助人与自助是内在联系、相互影响的，朋辈心理互助活动有助于提高广大学生心理卫生的意识和能力，在助人的同时也能提高自身的心理调节能力，提高人际沟通、情感交流的能力，学会关心别人、接纳别人，学会共处、学会做人，当自己碰到心理问题时，也可以自己帮助自己，从而达到助人者自助的效果。因此，朋辈心理互助活动，是学校心理健康教育的重要途径和形式。

再次，朋辈心理互助活动有助于提高学生心理互助、自助的意识和能力，这种意识和能力正是当代大学生应该培养和具备的基本素质，将会在他们未来的事业和生活中起到十分重要的作用。

二、班级心理委员的作用

班级心理委员是高校心理健康教育体系中一个非常重要的环节。学校的各种心理健康教育工作要想贴近每一个学生，使学生切实受益，可以通过心理委员这个纽带把心理健康教育中心与学生联系起来。学校各项工作一般是以班为单位开展的，班干部的作用十分明显，由心理委员带领全班同学开展心理健康教育工作，更容易深入学生个体。班级心理委员对开展心理健康教育能发挥重要作用，主要表现在以下三个方面：

（1）通过班级心理委员的工作，提高学生对自身心理健康教育的关注。学生是教育过程的主体，教育者只能起到引导、促进的作用，心理教育的成功与否取决于能否让学生主动地、自觉地去改变自己的心理品质。要想促使学生的心理品质发生改变，就要使学生的自我意向改变。它需要学生个体自我发起、主动进行。通过这种形式，才能调动学生的积极性和主动性，发挥其主观能动性，培养学生进行自我心理健康教育的能力，使学生主动监控自我，培养其自强、自立、自律、自护等心理素质。

（2）通过朋辈交流、辅导，发挥同伴效应。心理委员和班级同学接触频率较高，互相了解，加之相近的价值观念、经验、生活方式，使心理委员更容易和同学沟通，可以利用朋辈辅导这种特殊的心理咨询形式，使接受过专门培训的心理委员为班级同学提供心理安慰、鼓励、劝导和支持。所挑选的心理委员应具备一定的心理辅导能力、热情开朗、乐于助人、责任心强，可以在同学中起到榜样的作用，发挥心理健康对同伴的影响力。

（3）把心理危机干预系统渗透到学生中，完善快速预警系统。由于许多学生的心理问题在宿舍表现得最突出，通过心理委员的工作，可以及时发现有严重心理问题的学生并且快速作出反应，配合学校有关各部门及时进行心理危机干预。

三、班级心理委员的工作内容和职责

心理健康教育的最终目标是帮助学生获得心灵成长、人格完善，使其能够逐步走向独立，能够对自己负责，敢于面对生活，善于处理人生的各种问题。

学校的心理健康教育要从学生的实际需要出发，为了全校一切学生的心理健康而努力。心理委员要围绕这样的工作目标积极地开展工作。

（一）心理委员的工作内容

心理委员既是一个学习者，也是一个实践者；既是一个心理健康的自助者，也是一个心理上的助人者；既是一个静悄悄的信息传递员，也是一个十分活跃的宣传员。班级心理委员是校园的心理卫生使者。具体而言，班级心理委员的主要工作内容如下：

（1）大力宣传大学生心理健康知识，帮助全班同学培养良好的心理素质。

（2）积极配合学院心理咨询研究中心、大学生心理健康教育协会和系部开展工作，并组织形式多样的班级心理健康教育活动。

（3）心理委员应以满腔的热情、真诚的态度对待每一位同学。尊重科学，实事求是，摒弃个人好恶，禁止宣扬迷信、虚幻、神灵等一切非科学的理论。

（4）心理委员负责全班学生的心理健康教育。

（5）维护本班学生的心理健康，当发现有同学出现以下不良情况时，应准确、迅速地上报班主任、辅导员：①有明显的精神障碍；②因心理问题不能坚持正常的学习；③因心理问题离校出走、离家出走；④因心理问题出现自残、自杀、杀人或实施其他过激行为，或有实施这些行为的倾向。此外，在工作过程中，应严格恪守保密原则。

（6）心理健康知识的宣传与普及。

（7）协助心理教师完成建立学生心理档案的工作；协助心理教师做好学生心理健康状况的调查。

（8）组织学生开展心理健康教育的研究，探索学生心理健康教育的有效途径和方法。

（9）探索培养和提高本班学生心理素质及创新能力的途径和方法。

（10）定期参加心理健康知识培训、专题学习和交流活动。

（11）注意工作方法，能够与老师、同学保持良好的关系。加强与其他班干部尤其是寝室长的联系，及时发现和帮助有心理困惑和烦恼的同学，并有效地开展朋辈心理辅导。

（12）在学有余力的情况下，可以协助心理教师做好其他工作。

（二）心理委员的工作职责

近年来，大学生心理危机事件常常见于报端，引起社会的广泛关注。而心理委员在大学生心理危机的处理中，扮演着重要的角色。

大学生的心理危机的形成分为危机形成、危机处理和危机重估三个阶段。作为处于心理危机中的同学的朋友、伙伴，心理委员在危机处理的各个阶段都能发挥重要的作用。

危机的形成阶段：心理委员的作用是对危机中的同学进行朋辈心理咨询，以预防危机的产生。朋辈心理咨询是利用学生本身的相互信任关系，在朋辈之间进行心理咨询。人本主义心理学派指出，心理咨询是建立在他助自助基础上的积极的人际互动过程。信任和良好的人际关系是有效的心理咨询的基础，同伴之间由于年龄相近，彼此之间会有比较接近的价值观念、人生经验、共同的生活方式、生活理念，因而更容易形成彼此的信任关系。在有关调查中发现，遇到心理问题时，大部分大学生更愿意向同伴倾诉。在生活中，很多心理危机是由一些小事导致的心理波动长期得不到排解而造成的。假如在危机形成的早期，能有心理委员这样的同龄人，利用朋辈辅导的特殊优势，对同学的心理波动进行适时的心理疏导，就能够有效地预防一些心理问题的恶性发展。

危机处理阶段：心理委员的最重要的作用是及时收集相关的信息，保持信息畅通。很多危机事件，常常由于相关部门的信息不畅通，错过了危机处理的最佳时期，从而导致了自杀等恶性事件的发生。为了保持信息通畅，学校可以建立三级网络监控模型。在这个三级网络中，各班级的心理委员为第一级，各院系建立的心理辅导站为第二级，心理健康教育中心和学校相关部门为最高一级。

以班级为基本单位的心理委员制度，由于深入到了班级，从而保证了相关信息的流畅性。需要指出的是，心理委员需要向心理健康教育中心反馈的是危机事件而不是一般的生活事件。对于一般的，不会对本人心理状况有重大影响的生活事件，如果本人认为是个人隐私并不想寻求心理咨询的，心理委员并不需要向咨询中心汇报。而咨询中心也需要对心理委员进行相关的培训，以便让心理委员能够区分一般的生活事件和重要的危机事件。对于一般的生活事件，心理委员应该发挥朋辈心理咨询者的作用，对其进行相应的心理帮助。而对于严重的心理危机事件，超出了自己处理能力范围的，则应该立即向上级部门汇报，以便及时对危机事件进行及时合理的处理。

危机重估阶段：危机重估阶段，是对危机处理的效果进行评估，以确定下一步的处理方式。在这个阶段中，同样需要心理委员的参与。一方面，在经历心理危机以后，学生常常仍然存在着一定的心理波动，这时候更加需要一定的心理支持。另一方面，心理委员能够对相关的信息进行及时的反馈，从而有利于更好地评价危机处理的效果。

通过以上内容可以看出，心理委员在工作中承担着较多的工作职责，而且相对而言，工作范围和内容都比较特殊，主要涉及班级成员的心理健康方面。因此，在心理委员的选拔和培训方面有着特殊的要求。

四、班级心理委员的工作方法

（一）心理委员的工作特点

如前所述，心理委员由于职责的特殊性，因此其工作表现出与其他班委成员不同的地方。具体而言，包括如下几个特点：

（1）自发、义务性。心理委员首先要做到主动助人，在班级生活中承担同学心理健康建设的责任，而不要把自己只看成一个普通的班干部。

（2）亲情、友谊性。在班级心理委员的工作过程中，要充分发挥作为同学这一关键角色的意义，做到与同班同学广交朋友，并对他们（尤其是需要帮助的同学）多关心和同情，因此，必须强调彼此之间的友谊性。

（3）简便、有效性。班级心理委员不是心理专家，难以对个案进行系统而有效的辅导。他们更重要的工作是建设班级心理健康的环境，因此，需要着力于预防，负责处理日常工作、学习、生活中常见的心理矛盾和心理困惑。

（4）直接干预性。班级心理委员需要密切关注周围同学的心理健康状况，如果出现异样情况，需要有足够的敏感性，并能适当采取措施，进行干预或者协助学校专职心理咨询教师进行心理辅导。

（二）具体的工作方法和要求

心理委员的工作需要讲究方法，才能有效地开展工作。在履行职责的过程中，心理委员应该遵循以下工作方法和要求：

（1）起到良好的“桥梁”作用。留心观察班级同学中存在的心理问题，及时向辅导员、心理教育中心教师汇报，并配合其工作。防止心理问题加重和防止恶性事件的发生，有效地加固学校心理卫生预防系统。心理委员还可以通过他们与班级中的各寝室长建立制度性的联系，以及时地发现问题，并帮助解决问题。

（2）积极学习助人心理学方法，帮助自己的同学。鼓励班级里的同学正视心理教育的重要性，解除对心理咨询的误解与顾虑，宣传科学排除心理压力的方法，鼓励同学前来心理咨询，解决心理问题。向心理学教师求教对策，运用到实际工作中。采取生动活泼的方式开展工作，如心理片放映、心理游戏活动等。

（3）学工部和心理健康中心要加强对心理委员工作的领导，负责组织各班级心理委员开展工作。在心理委员队伍内部采取负责制，开展网页制作与技术维护、信息收集与宣传、心理测试与调查、热线服务和日常工作组等工作。各心理委员可根据自己的兴趣和特长自愿选择进入各组，共同参与学校心理健康教育工作。

五、如何选拔和培训心理委员

（一）心理委员的选拔

由于工作性质的需要，心理委员必须具备一些特殊的条件。首先，在意愿上，心理委员必须具备为同学服务的意愿。同时，心理委员必须了解心理学和心理咨询的基础知识，具备较强的沟通能力和亲和力。只有这样，同学才愿意在有心理问题时向心理委员求助。另外，心理委员需要具备一定的学习能力，能够用学习到的心理知识来为同学排忧解惑。还要承担班级一些心理方面的活动，需要心理委员有一定组织能力。在个性特点上，心理委员必须是性格活泼，善于交流，喜欢和人打交道的人，只有这样，才能赢得同学们的信任，也才能及时获悉同学中可能引发危机事件的心理波动，并及时向老师反映。

综上所述，要使心理委员真正发挥作用，心理委员本身的素质是一个重要因素。因此，如何选拔挑选合适的心理委员是心理委员有效发挥作用的关键。因为意愿是心理委员的基本条件，我们首先通过自愿报名的方式确定候选者，各个班级再根据具体要求进行严格筛选，然后需要对候选者进行心理知识的初步培训，并对培训结果进行考察，以考察候选者的心理知识和学习能力。如果时间和条件允许，还应该对候选者进行面试等更加详细的选拔过程。

选拔学生担任心理委员的过程可以从以下几个环节着手开展，层层把关：

第一是组织考察，利用为每名学生建立心理档案的契机，用 UPI（心理测试）分析班上每个学生的心理素质，在辅导员（班主任）的协同下科学确定心理委员候选人；

第二是征求候选人本人和学生意见，确保心理委员对心理健康教育工作有热情和责任心；

第三是发扬民主，进行差额选举，确保当选的心理委员有较好的群众基础，为即将开展的心理健康教育工作打好基础。

班级心理委员应该具备的基本素质有以下几个方面：

（1）在同学中有较好的群众基础，乐于助人。

（2）对心理学感兴趣，具备一定的心理学知识和技能。

（3）热心班级心理健康工作，有较强的服务意识。

（4）能严格遵循心理健康教育工作中的保密原则。

（5）热爱生活，为人乐观开朗、热情诚恳，心理健康状况良好。

（6）善于与人沟通，具有良好的语言表达能力。

（二）如何培训心理委员

心理委员必须参加岗前培训，获得结业证书后方可正式成为班级心理委员。心理委员培训要求基础扎实、大胆开拓思维，同时学习借鉴其他高校的有益经验。开课教师以我校心理咨询中心教师为主。主讲内容涉及心理教育与学生工作、沟通的技巧与训练、心理疾患的识别与处理、从心理学角度理解学生个体差异等方面。各心理委员需初步掌握心理咨询相关知识，以便今后更好地开展心理辅导工作。

1. 培训目的

通过学习和培训，使心理委员能理解和掌握心理辅导的一般理论和操作技能，掌握大学生常见心理问题的表现和应对措施，明确心理委员的工作职责。对他们进行选拔培训，使他们自觉开展朋辈心理辅导工作，观察并及时报告同学中存在的异常心理现象，协助学校开展心理危机的预防与干预工作。

2. 培训方式

针对心理委员的培训内容包括座谈、讲座、团体心理辅导等。培训主要是为了让心理委员了解相关的心理知识，在实际工作中提高自己的专业能力，从而达到设立心理委员的预期效果。在培训中，尤其强调团体心理辅导形式的运用。

（三）心理委员培训：朋辈心理辅导的要素与技术

对心理委员进行培训，首先应该是着手于基础的助人理论知识。因此，可以从以下几个方面对新任的心理委员进行培训：

1. 朋辈心理辅导的要素

（1）建立信任关系。

友谊与信任，可以使双方之间的关系有以下优势：鸿沟小、防御性低、共通性大、互动性高。罗杰斯指出：“心理辅导是一个过程，其间辅导者与求助者的关系能给予后者一种安全感，使其可以从容地开放自己，甚至可以正视自己过去曾经否定的经验，然后把那些经验融合于已经转变了的自己，作出统合。”

（2）一定的心理辅导知识。

由于双方已具有较为可靠的信赖关系，沟通上较为容易，再加上较专业的辅导，可以收到相辅相成、事半功倍的效果。

（3）以宽容、接纳的心态面对求助者。

这是基本要求之一，要求辅导者以宽容、真诚的心去面对以求助者身份出现的朋友、同辈。

（4）理智地进行分析和判断。

在辅导过程中，辅导者要学会运用理智的头脑进行分析和判断。

2. 朋辈心理辅导的主要技术

（1）耐心而积极地倾听。直接表达积极倾听的方式可以分为两种：语言和非语言方式。语言方式主要包括补充说明、提问、提出共同点、简单重述对方谈话的内容、表明自己的见解、尝试性地以完全符合或相似的语言反映对方的陈述内容。非语言方式包括点头、手势、目光接触、身体前倾，以及非语词性的“嗯”、“哦”、“噢”等。

（2）情感反映。辅导者理解并反馈求助者所表达的情绪情感，是一项重要的参与技术。在求助过程中，求助者的情绪情感以言语或非言语的方式来表达。言语方式是指通过词语、语气语调等方式表达的情绪情感，如“美好”、“可爱”、“伟大”、“向往”、“战斗”、“伤害”、“厌恶”等。在助人过程中，辅导者对求助者表达的情绪情感作出反馈，有助于增长共情和促进双方感情沟通，有助于求助者对情感的自我理解和对问题的深入探索，有助于辅导者对求助者情感表达的准确理解。

（3）总结和探索。简单总结谈话要点，引导对方的注意力，保证谈话按一定的方向进行，同时也有利于从更深层次、更新角度分析对方所处的环境。

（4）自我表露。从对方需要出发，与之分享自己的个人情感、态度、观念、经历等，即心理学上所说的“自我暴露”。它可以使求助者感到晤谈中双方地位的平等；可以使求助者感到辅导者的真诚、坦率，从而增强对辅导者的信任；可以提高求助者的自我开放程度。

（5）解释。辅导者运用某种咨询理论或自身的经验，观察、描述、分析求助者心理问题的实质、原因和发展过程。运用解释时要注意适度，解释方式要因人而异，这样有助于求助者对解释的理解和认同。

（6）对质。它是指辅导者对求助者的感觉、经验与行为深刻了解后所作出的反应。辅导者就求助者言行中的矛盾、歪曲及逃避的部分，通过询问技术，向其提出问题，协助求助者觉察出自己的感觉、态度、信念和行为上不一致或欠协调的地方。对质技术强调适时、适度、适当的原则。辅导者采用对质式询问时，应注意以下几点：①对质应在高度共情（一种感同身受的能力）的基础上进行；②对质应该用投入的态度；③对质应该是试验性的，即要用假设的态度，用和缓且具有弹性的语气来提问；④对质要用渐进的方法，从求助者能接受的层面开始，再缓慢导入更深的层面。

第二节　如何培训心理委员：团体心理辅导方案

第一单元　第一印象

一、单元目标

本单元的主要目标是形成团体氛围，增进成员间的相互信任与接纳。

（1）通过热身活动“奇数偶数”打破尴尬沉默的气氛，使气氛融洽活跃，使同学们更快融入团体；“1/N 感觉”将大组分为若干小组，便于活动的开展和同学间的沟通。

（2）通过主要活动“跑得了跑不了”使小组同学尽快相识，增进团体凝聚力；“建立小组”保证了团体活动的顺利进行，促进良好团体氛围的形成。

二、活动内容

1．开场白（五分钟）

（1）组长们简单地介绍一下自己。

（2）介绍一下团体辅导的活动形式和组织这次活动的意义（要介绍得实际一点，不要讲太多的理论）。

团体心理辅导就是模拟一个团体的形式，使各位成员在这个团体中学会如何与人交往、人际沟通等方面的技巧，但是要学会这些技巧必须要有一个前提，就是主动地开放自我。我们这个团体心理辅导的活动形式是通过一些游戏来使大家投入进去并释放自我，在游戏的过程中，要学会与人沟通，与人交流。团体心理辅导是一种体验式的学习，与传统的教学形式不同的地方在于它是一种主动的，而不是被动地接受知识的过程，所以大家要学会积极地投入，积极地享受这个过程。在团体中投入多少，决定着你将得到多少。

(3) 再次强调团体心理辅导的小组契约，就是当时他们签订的规则。具体内容如下：①守时；②注意力集中在此时；③坦诚、开放；④暂停评价别人(用开放的心态理解别人)；⑤保守秘密（尊重别人的权利）。

开场白结束之后，让组员们互相介绍一下自己（要求同学们尽量记住别人的名字）。然后，在进行活动之前要进行一段简单的交流，使大家的心情平静下来，以减少组员间的紧张感。

2. 热身活动

活动一　奇数偶数

游戏规则：

(1) 所有人围成一个圆圈站着。

(2) 然后依圆中央的领导者的口令逐次报数，但是和普通报数不同，以只报奇数或只报偶数的不规则的形态进行。

(3) 如果领导者说“报奇数”，就是1，3，5，7，领导者说“报偶数”，则接在刚才的数字报8，10，12，14……

(4) 如果说错了，就被判出局，必须离开圆圈。被判出局的人要以介绍自己作为惩罚，如姓名、班别、兴趣等。

(5) 玩到最后人越来越少，就可以结束游戏。

游戏+分享时间：15分钟

注意事项：被判出局的人坐到椅子上，没出局的人继续站着玩；在同学介绍自己的同时，可以让他分享加入团体辅导的动机和对团辅的期望等。

活动二　1/N感觉

游戏规则：

(1) 大家会领到一张事先准备的卡片，但只是1/N（看人数而定）张卡片，进入会场后，需要去寻找其他N位成员手中的卡片，将其拼合成一幅完整的图片。

(2) 大家要积极地寻找陌生人，通过询问、展示、合作，最终才能达成

"联盟"，只有找到其他几位朋友，才可以找一个位置坐下来。

(3) 把组合成的图片放置到桌面前方。组成图片的N位同学成为一组。

游戏+分享时间：10分钟

3. 主要活动

活动一　跑得了跑不了

游戏规则：

(1) 小组所有成员各自围成一个圆圈，左手摊开，右手伸出食指放在右边成员左手的虎口处。

(2) 指定组中一个成员喊："1，2，……"随机喊出"3"时，所有成员必须左手抓住其左边成员的食指，而同时自己的右手食指也不能被抓到。

(3) 在没有喊到"3"时就松手的成员或任务失败的成员就必须自我介绍或者表演节目。

游戏+分享时间：15分钟

活动二　建立小组

游戏规则：

(1) 推选组长，确定组名、组歌、组训（契约）、口号。

(2) 把大家的结果演示给我们看。

游戏+分享时间：40分钟

注意事项：这个活动辅导员可以适时地离开，要避免给组员意见，以免起到反向的作用。

4. 结束活动

合唱。

活动时间：5分钟

附：第一单元活动列表

主题	内容	时间	道具
热身活动	1. 奇数偶数。 2. 1/N感觉。	15min 10min	卡片
主要活动	1. 跑得了跑不了。 2. 建立小组。	15min 40min	海报纸、彩笔、蜡笔、A4纸
结束活动	全体齐唱《启程》。	5min	《启程》视频

第二单元　自我觉察

一、单元目标

提高大家的观察能力，认识他人，认识自己，使大家对自我有一个更全面的定位。

(1) 通过热身活动（“指指点点”和“猜猜哪里变了”）考验成员的反应，提高成员的观察力，通过挑战左右脑的冲突，端正思维差异。

(2) 通过主要活动（“自我写真”和“以人为镜”），使成员学会认识自己以及在他人的评价中对自己有一个更加全面的认识。

二、活动内容

1. 热身活动

活动一　指指点点

游戏规则：

(1) 小组进行活动，活动分“指点者”与“参与者”两个角色。小组内部决定由谁来做“指点者”，且决定“参与者”的先后顺序。

(2) 由“指点者”对“参与者”指出图片中的任意一字，让对方说出是什么颜色。

(3) 每个成员大概可以玩一分钟，为了增加活动刺激性，“指点者”须在对方说出颜色之后立即指出下一个字，对方也须在“指点者”指出某字时立即回答出该字的颜色。

(4)“指点者”对所有“参与者”进行活动完毕后，可以进行角色对换，让“指点者”也尝试“参与者”的感觉。

游戏 + 分享时间：10 分钟

注意该游戏可以进行以下方面的分享：①你想过你的犯错与什么有关吗？②你知道为何会有这种冲突吗？③什么是思维定势？由思维定势引出的心理定势。④引出心理委员看问题时不要按照习惯式思维对事情下定义。

工具：如图所示，为每个小组作出以下的一幅图。

请看列表并且说出颜色而不是汉字

黄	蓝	橙
黑	红	绿
紫	黄	红
橙	绿	黑
蓝	红	紫
绿	蓝	橙

活动二　猜猜哪里变了

游戏规则：

（1）在大组里面进行活动，主持人先按一二三四的顺序把各组分好顺序，然后以两个小组为单位进行游戏，两组人面对面，进行竞争式的游戏。

（2）每组各自选出一位担保人。

（3）两队同时观察每位组员的外表（担保人除外），时间1分钟。

（4）观察结束后两队人背对背组内商量，两队人运用创造力，在外表上做一些变动（担保人除外），每个人至少变一样东西，可以是卷袖子、换衣服等，数量是每人一样。同时，带组组长要跟随一队人到外面去观察有什么变化并记录下来以示公正，时间5分钟。

（5）两队人逐一猜对方组员哪里变了，然后把答案写在纸上交给组长，再开始互相讲出对方组哪里变了（要按纸上写的说，时间5分钟），先后顺序由组员们决定（或猜拳），或由带组组长决定，被猜对一项，该队的担保人就要被贴上一样东西或以其他方式作为惩罚也行，如果担保人不能再贴或者被猜的数量较多那么该组就输了，要接受整组惩罚，所以担保人的开放程度决定该组的变换数量，也决定该组的输赢。

游戏+分享：50分钟

注意该游戏可进行以下方面的分享：①赢的组的经验是什么？②团队合作精神，担保人的心情怎样？③组员的心情又怎样？④训练成员的观察能力，引申到作为一名心理委员，懂得观察是很重要的。

2．主要活动

活动一　自我写真

游戏规则：

（1）同学画一简单的自我人体图像，并从头到脚标示自己拥有的特质、优点、特殊才能、优势、自己最满意的及为什么、自己最不满意的及为什么、有什么让自己觉得很自豪的，等等。

（2）其中这个人体图像要包括自己的每一个部分：头、头发、脖子、身体、手等等，包括的部分要尽量详细，但图像可以画得简单一点。

活动时间：20 分钟

注意该游戏可进行以下方面的分享：①介绍自己的画像。②此人体自画像类似于以前做过的自画像，但进一步加强了组员的个体特征，所以可以分两部分分享，自画像的复杂与简单和所描写的特征。③可以先从自画像的外表特征开始分享，如自己的哪一部分是自己最满意的等，然后再从内涵上进行分享，如自己的特质、优点等等。④引申到一名心理委员要懂得自我观察、自我反省，并简单地讲一下自我觉察的作用。

活动二　以人为镜

游戏规则：

（1）由工作人员派发事先准备好的纸，主持人发问或以 PPT 的形式提出一些问题：你认为自己最大的优点和最突出的弱点是什么？如果用一句话来概括自己的性格，你会怎么样描述？然后将各自的答案写在纸上。

（2）写完之后让他们在纸上画一幅能够代表自己的画像，可以简单勾勒自己的轮廓或者用动植物代表。

（3）把画交给组长，让组长打乱，随机抽取一张，把里面所写内容给大家看，然后让大家猜猜这是谁。

活动时间：20 分钟

注意该游戏可进行以下方面的分享：①在这其中你对自己有什么新的发现？②在这其中你对其他组员有什么新的发现？在猜人或被猜时的感想。

3. 结束活动

合唱。

活动时间：5 分钟

附：第二单元活动列表

主题	活动内容	时间	道具
热身活动	1. 指指点点。 2. 猜猜哪里变了。	10min 50min	卡片
主要活动	1. 自我写真。 2. 以人为镜。	20min 20min	A4 纸
结束活动	全体齐唱《隐形的翅膀》。	5min	《隐形的翅膀》视频

第三单元　沟通无限

一、单元目标

本单元的主要目标是进一步加强小组成员间的相互信任、促进沟通与交流，进而使大家增进对作为班级心理委员应该如何做好与同学间的沟通的认识。

（1）通过热身活动（红黄牌和地雷阵）调动气氛以吸引同学们的注意力，同时使组员建立小组成员间的相互信任，促进沟通与交流，使小组充满活力。

（2）通过主要活动引导团体成员思考，并讨论在与人沟通的过程中应该注意哪些问题，怎样才能进行有效的沟通，从而使他们进一步认识到倾听等技巧的重要性。

二、活动内容

1. 第二单元活动回放

将事先编辑好的带有音乐和情节的第二单元活动的视频以及照片回放给团体成员们看，其目的是回顾、总结，承上启下。

2. 热身活动

活动一　红黄牌

游戏规则：

主持人发出指令，同学们跟着指令举起红牌或者黄牌。例如，主持人说举起红牌，大家则举起红牌；说不要放下黄牌，则举起黄牌；说不要不举起黄牌，则举起黄牌。

参考例子：
主持人说：举起红牌 ——举起红牌；
主持人说：放下黄牌 ——放下黄牌；
主持人说：不要放下黄牌 —— 举起黄牌；
主持人说：放下红牌 ——放下红牌；
主持人说：不要不放下红牌 —— 放下红牌；
主持人说：不要不举起黄牌 ——举起黄牌；
……

注意该游戏可进行以下方面的分享：请同学谈谈对红黄牌这个游戏的感受，以及怎样做才能做得既快又准等等。

游戏 + 分享时间：15 分钟

活动二　地雷阵

游戏规则：

此活动在大组进行，让每个队员找一个搭档（可以是组内的也可以是组外的），给每对搭档发一个眼罩，每对搭档中有一个人要被蒙上眼睛。眼睛蒙好之后，就可以开始布置地雷阵了。把两根绳子平行放在地上，绳距约为 10 米（这两根绳子标志着地雷阵的起点和终点）。在两绳之间尽量多地铺上一些报纸（或是硬纸板、胶合板等）。被蒙上了眼睛的队员在同伴的牵引下，走到地雷阵的起点处，挨着起点站好。他的同伴后退到他身后两米处。

致游戏开场白，开场白示例如下：

几天前，你和你的同伴因叛乱而被捕，一起被关在一间牢房里。黎明前，你和同伴侥幸逃了出去。可糟糕的是，他不熟悉牢房外面的情况。这是一个没有月亮的夜晚，外面一片漆黑，伸手不见五指。为了逃离危险，你的同伴必须穿过一个地雷阵。你很清楚地雷阵的布局和每个地雷的位置，可是你的同伴不知道，所以你需要以喊话的方式，在他穿越地雷阵的时候为他指引方向。如果你的同伴在穿越的过程中碰到或撞到了地雷阵中的其他人，必须静止 30 秒后方可移动。如果他不小心碰了“地雷”，那么一切就都结束了，你们的小组将被淘汰出局。天很快就要亮了，你的同伴必须尽快穿过地雷阵。一旦天亮，哨兵就会发现地雷阵中的人，并开枪将他们击毙。赶快行动吧！祝你们好运！

分享内容：

哪个小组率先通过了地雷阵？做完了这个游戏，大家感受如何？你的同伴能做到指令清晰吗？游戏过程中遇到了什么问题？如何将这个游戏和我们的实际工作联系起来？

道具：①每对参赛者一个眼罩。②两根约 10 米长的绳子（30 英尺），或者使用胶带来标记地雷阵的起点和终点。③一些报纸，用对角线约 60 厘米（2 英尺）的硬纸板、胶合板代替亦可，用来代表游戏中的“地雷”。

游戏 + 分享时间：45 分钟

3. 主要活动

活动名称：沟通百分百。

（1）你在与人沟通的过程中曾经遇到过什么问题吗？你是怎么解决这些问题的？请把它写下来，并在小组内与大家一起分享。如果还有没有处理好的问题，小组其他成员可以提供一些建议，不过要注意表达的方式（如不能单凭个人主观意志，完全否定当事人的做法，要留有余地，以充分尊重当事人。这一点主持人要适当强调）。

（2）你觉得在与人沟通的过程中什么技巧最重要呢？（大组进行，大家自由发言，谈谈各自的想法）请同学发言，然后主持人进行适当总结并引导：“大家对沟通过程中什么技巧最重要有各自的看法，这一点非常好。而我认为在沟通过程中还有一点也是非常重要的，那就是倾听。只有认真地倾听他人，才能做出适当的回应。有句话说得好：‘雄辩是银，倾听是金’。上天赋予我们人类‘两只耳朵一张嘴’，就是想让我们更好地发挥倾听的作用，大家说是吗？那么大家认为可以运用哪些言语技巧和非言语技巧来表达你在认真倾听呢？”（言语指的是语言方面的，而非言语指的是动作行为等方面）

这个部分有以下内容可供参考：①倾听的言语技巧，如避免沉默不语；变换回答的方式，不要总是回答“嗯、嗯、嗯”，“对、对、对”等；适当地插入提问，或要求对方进一步补充说明，表达对对方所说内容的兴趣；指出共同的经历和感受；用自己的话简要复述对方所说的内容，表达对对方所说内容的理解等。②倾听的非言语技巧，如身体面向对方，并适当地前倾，使对方感觉你在认真倾听；保持目光接触，表示对对方所说的话感兴趣；停下手中正在做的事；面部表情随对方所说内容而发生变化；利用积极的面部表情和头部运动，如微笑、点头、扬眉等；避免双手交叉在胸前，保持开放的姿势，表达对对方话题的接纳态度等。

活动 + 分享时间：40 分钟

4. 结束活动

合唱。

活动时间：10 分钟

附：第三单元活动列表

主题	活动内容	时间	道具
热身活动	1. 红黄牌。 2. 地雷阵。	15min 45min	彩色卡纸 塑料障碍物
主要活动	沟通百分百。	40min	
结束活动	全体齐唱《明天会更好》	10min	《明天会更好》视频

第四单元　归因方式

一、单元目标

本单元的主要目标是进一步增进团体成员之间的相互了解及对自我归因方式的探讨。

（1）通过热身活动（10 好邻居、扫把情人）使团体成员思考个人与集体的关系，打破彼此间的距离感，增进亲密度，激发活力。

（2）通过主要活动引导团体成员对自我归因方式进行深层次的探索，增强自我认识，促进自我成长。

二、活动内容

1. 第三单元活动回放

将事先编辑好的带有音乐和情节的第三单元活动的视频以及照片回放给团体成员们看，其目的是回顾、总结、承上启下。

2. 热身活动

活动一　10 好邻居

游戏规则：

所有人围成一个圆圈，找一人站在圆心。主持人宣布规则：由站在圆心的人随机问圆圈里的人（比如问小明），你喜欢我吗？如果小明回答喜欢，则小明周围相邻的两个人就要互换位置，在互换位置的时候，站在圆心的人就迅速地插到小明周围相邻的两个位置之间，这样小明周围相邻的两个人有一个就没有位置，那么就由他表演一个节目或作自我介绍，之后则由他站在圆心，游戏开始下一轮。如果小明回答不喜欢，则站在圆心的人将会继续问小明："那你喜欢什么？"如果小明回答我喜欢戴眼镜的人，则场上所有戴眼镜的人都必须离开自己的座位去寻找空位，而站在圆心的人需要迅速找一个位置，这样没有找到位置的人就需要由他表演一个节目或作自我介绍，然后就由他站在圆心，游戏开始下一轮。小明如果回答不喜欢之后，还可以回答例如我喜欢男人，那么全场的男人必须全部换位，如果小明是男的，他自己也要换位。为了增加难度和趣味性，还可以回答，我喜欢穿白袜子等不会被人马上发现的细节。

游戏+分享时间：15 分钟

活动二　扫把情人

游戏规则：

几个人围成圆圈并确定号码，一个人站在圆圈中间，将扫把立在中间，中间的人说出一个号码，同时把手中倒立的扫把放开。被叫到号码的人立刻跑过去在扫把倒地前抓住扫把，如果在扫把倒地前没能抓住扫把就要受罚。

道具：长柄扫把

游戏+分享时间：15 分钟

注意："10 好邻居"与"扫把情人"这两个游戏，其性质是一样的，如果时间不充分的话，可只进行一个游戏。主持人要充分理解该游戏，用简易通俗的语言介绍游戏规则。

活动三　谁的错？

游戏规则：主持人说出第一个故事，组员根据自己的理解选择 A 或 B，A 的站左边，B 的站右边，这时主持人站到 AB 中间；主持人说出第二个故事，组员在原来的基础上再做出选择，A 或 B，如此分下去，直到有人单独一组时就宣布游戏结束！

注意要事先准备好材料：十个两难故事，A 和 B 两个没有对错之分的选择。以下是一些可用的两难故事：①海恩茨偷不偷药；②高考失败，复读还是读大专 B 线；③这天你知道，你考研成功了，但同时你又被某发展前景不错的公司录取了；④本年度你的业绩很好，公司决定奖励你，你要同等价值的现金还是去旅游；⑤家里破产欠债，嫁给/娶 A 的话，A 可以帮你家还清债务，B 又是自己心中所爱的，该选谁；⑥你的工作要派你到国外的总公司学习一年，你会选择去还是留在家人（丈夫，妻子，子女）身边踏实地在国内工作；

⑦你打烂了你同学家里最贵的东西，可没人知道，你会选择坦白赔偿（还不起），还是当什么也没有发生；⑧减肥中的你，肚子饿得要命，但是你的减肥期就差这一天就结束，而且你只有朋友留下的一小块蛋糕，你会选择吃还是不吃；⑨你是中央情报员，这天你终于得到了一个很有价值的情报，但是你的对手用你女朋友的生命威胁你，你会把情报给他吗；⑩在结婚两年之后，你才遇上真爱，你会选择放弃这个凑合着过的家庭，还是追求真爱，但以女儿没有完整家庭做代价；⑪一个大四的学生，最后一次统考中，如果他不作弊就不会通过此考试，并且没有重考机会了，如果作弊就有失去学位的危险，该作何选择；⑫如果你是项羽，你会选择轰轰烈烈地死还是到江东做个小国君主？必须强调这只是每个人的价值观体现，没有对错之分，不能对他人的选择进行批判或评价。并且留意有没有人是和自己一直持有同样观点，即相同选择的。

游戏＋分享时间：15分钟

3. 主要活动

成功树上的内归因训练。

活动指导如下：

请在纸上画一棵大树。

把你能够想起来的所有自认为成功的事——小到学会打字，大到取得一个业绩——以苹果的方式画在树上，有多少成功就画多少苹果，小成功用小苹果，大成功用大苹果。

现在，与朋友共同欣赏自己和别人的苹果树，体验一下自己的感受，是否快乐、喜悦、满足、幸福、自豪？是不是还有惊喜？

然后，请大声说："我们真棒，我们真的很棒！"

在每个苹果下连一树根，在树根处写上你认为的造就这个成功果实的原因。

例如：你学会了打字，你认为这个成功是由于你的努力或者是由于教师教得很好。再如：你取得很大的业绩，是由于你个人的多重努力或者是由于你的运气比别人都好。

全部做完后，将你所罗列的原因从内外归因的角度进行分类。

和朋友分享彼此的归因，看自己的归因风格属于哪一种。

如果你把自己的成功更多地归因为努力、勤奋和自己的性格，那么，你就是一个内归因的人。这样很好，因为以后你会继续非常积极、主动地为各种成功创造条件并最终获得成功。

如果你把自己的大部分成功都归结为运气、环境、条件，那么，你显然更倾向于做外归因。这样的归因风格有可能导致的问题是，会使你成为一个被动的人，会使你在无形中与许多机会擦肩而过。当然，这也可以说明你是个比较谦虚的人。

请重新从努力、勤奋和性格角度对自己的各种成功做内归因。

待大家完成活动之后，分享自己的感受和发现。

思考+分享时间：60 分钟

注意："谁的错"这个游戏是在大组内进行的，主持人要注意不要对成员的选择作任何的价值批判。每次作出的选择要分享一下成员的看法。成功树上的内归因训练要注意引导成员进行深度的思考，总结出自己的归因方式。

4. 结束活动

找一两个小组出来唱组歌。

活动时间：5 分钟

注意：结束活动时主持人要强调下一次活动的时间、地点及准时、保密原则。

附：第四单元活动列表

主题	活动内容	时间	道具
热身活动	1. 10 好邻居。 2. 扫把情人。 3. 谁的错？	15min 15min 15min	长柄扫把
主要活动	成功树上的内归因训练。	60min	A4 纸
结束活动	唱组歌。	5min	

第五单元　情绪喜怒哀乐

一、单元目标

本单元的主要目标是让团体成员了解到自己和他人情绪的变化，并认识到如何了解、控制与调节情绪。

（1）通过热身活动“镜子与主人”使团体成员了解到人的喜怒哀乐等情绪的变化，通过镜子与主人角色的变化，体会并思考在日常生活中该如何体验自己与别人的情绪；通过“猜猜我是谁”让组员更加了解彼此，并且能从他人的反馈中认识自己，并体会被他人理解的感受。

（2）主要活动通过纸笔练习和分享，增强团体成员在别人有需要时候的敏感度，再换位思考，理解他人，关心他人，学会如何更好地做一位心理委员。

二、活动内容

1. 第四单元活动回放

将事先编辑好的带有音乐和情节的第四单元活动的视频以及照片回放给团体成员们看，让成员们回忆上次团辅活动的情景。

2. 热身活动

活动一　镜子与主人

游戏规则：

（1）每个小组的成员分成两人一组面对面，两个成员协商决定谁先当主人，谁先当镜子。

（2）先由做主人的成员做动作，而做镜子的成员要相应做出镜中人的动作（即左右颠倒）。

（3）在进行了一轮之后，成员的角色互换，再按之前的规则反过来做一轮。

（4）请部分成员分享当镜子、主人的心得。

游戏 + 分享时间：10 分钟

在这个活动中，应该注意以下几点：①主持人可以提示团体成员放开尝试做一些动作，以防止出现有人做主人的时候不知道要做什么动作的情况；②在分享的时候可以以观察力与反应能力作为一个方向，或者与现实中的照镜子比较，做主人时自由度怎样？某些动作或者表情会不会受某些因素影响而不敢大胆地表现出来？为什么？

活动二　猜猜我是谁

游戏规则：

（1）每人发一张白纸，写下 3～5 句描述自己的句子，如“我是……”等，不写姓名。

（2）写完后将纸折叠好，放在团体中央。

（3）每人随机抽取一张，读出纸中的内容，让大家猜一猜这张纸是谁写的，并说出理由。

游戏＋分享时间：20 分钟

注意以下两点：①被猜者要掩饰好自己的表情。②分享：指导者引导团体成员猜测别人的过程中的感受，被猜中、猜不中以及被人误猜时的感受分别是怎样的。

3．主要活动

纸笔练习：讨论与人相处的技巧。

活动一　培养对人需要的敏感度

活动指导如下：

请大家用纸写下以下问题的答案：

（1）当人需要帮助时通常有哪些言语和表现？

（2）当人需要理解时通常有哪些言语和表现？

（3）人需要关心时通常有哪些言语和表现？

……

对于这个活动，可以进行以下分享：①一个眼神、一声叹息、一个欲言又止的表情、一次嘴角的牵动、一次稍纵即逝的皱眉等都能反映出人的需要，学习从这些细微的表情变化中迅速察觉别人的感受。②需要帮助、理解和关心三者之间有什么区别？③假如你遇到这样的情景，你会怎样做？④平时你是否很注意他人的言语和表现的变化，猜测他人是否需要帮助？

活动二　用换位思考提高对他人的理解力（该部分打印出来人手一份）

通过提供一些案例来学习尽可能地替他人的行为寻找理由。如：平时总是一副咄咄逼人的样子，是什么使他这样的？学习尽可能从资源取向的角度理解他人，如：为什么总是怀疑别人？为什么总喜欢背后议论别人？为什么总看不惯我？为什么总那样斤斤计较以及学会站在别人的角度去体察他人的需要。

如：假如你是一个领导，你最需要你的下级做什么？假如你是一对父母，你们最需要孩子做什么？（问题可以再想多一点，视具体情况而定。）

活动时间：60 分钟

对于这个学习活动，可以进行以下分享：①在日常生活中，你评价一个人是否建立在理解的基础上，如果是，你是怎样做到的；如果不是，原因是什么？②当被人误解时，你的心情会怎样？

4. 结束活动

播放音乐《朋友》，让团体成员写下对这次团体成员的祝福和自己将来的愿望等，然后放进事先准备好的愿望箱中，并在音乐声中结束本次团辅。

活动时间：5 分钟

道具：结束活动事先准备愿望箱的制作，建议最好能准备一些现成的心型愿望纸。

附：第五单元活动列表

主题	活动内容	时间	道具
热身活动	1. 镜子与主人。 2. 猜猜我是谁。	10min 20min	A4 纸
主要活动	纸笔练习：讨论与人相处的技巧。	60min	纸笔
结束活动	全体齐唱《朋友》。	5min	《朋友》视频

附1：心理委员培训反馈表

日期：____年____月____日

亲爱的同学：

这次的活动已经结束，我们很想了解你对这次心理委员培训的感受和意见，以便更好地开设下次课程，好让未来的活动更加精彩丰富。现在，请就下列每个叙述选出符合你感受的程度，把适当的数字圈起来。

系别：　　班别：　　性别： 独生子女：（是、否）　贫困生：（是、否）	极不符合	不符合	一般	还算符合	极其符合
1. 我喜欢这些培训课程的内容。	1	2	3	4	5
2. 我觉得团体辅导中主持人表现得很好。	1	2	3	4	5
3. 我认为这次团辅的工作准备得很充分。	1	2	3	4	5
4. 我觉得这次聚会中大家互相信任而且坦诚。	1	2	3	4	5
5. 这次团体活动中，我乐于与其他人分享我的感受。	1	2	3	4	5
6. 此次活动使我了解该如何有效处理人际关系。	1	2	3	4	5
7. 我觉得此次的经验很有意义。	1	2	3	4	5
8. 如果一个人表现出情绪，我能理解他或她的感受。	1	2	3	4	5
9. 通过这次团体辅导，我对自己今后的工作越来越有信心。	1	2	3	4	5

10. 这次团体辅导中，你印象最深的是：

11. 你对这次培训还有什么建议或还有什么想说的吗？

12. 你认为培训应该是以讲座为主还是以团辅为主呢？为什么？

附2：心理委员培训感言

时光飞逝，来到大学学习转眼间已经快一年了。入学以来，在我自己的亲身体验和与同学交往的过程中，我发现我们在适应大学生活中主要有以下几个方面的困难：①学习方式由被动学习变为研究性的自主学习，因而好像一下子失去了航标，比较盲目。②课余时间一下子多了许多，成为时间的主人后有时反而有空虚的感觉。③个别同学性格稍内向，集体活动中有点胆怯害羞，不愿表现自己。④许多同学在中学阶段都是班里的佼佼者，对自己定位比较高，而面对天外有天，人外有人的新环境，不能很好地调整自己的心态去面对现实，接受挑战，以取得更大的进步。

为此，我认真听了黄伟伟老师有关大学生心理辅导的讲座，接受了学校专业的培训，更是社科文献室B架的“常客”，因为在那里我可以找到一些专业的书籍。我想这样可以多积累和学习一些心理方面的专业知识吧。

这些日子以来我深切地感受到，要想干好心理辅导委员的工作，至少要具备四心，即：细心；爱心；真心；热心。我给自己设定了这个工作态度，就需要朝着这方面努力。

大家都是大学生了，都有自己的想法和思维方式，所以心理辅导委员的工作就需要有较好的工作方式才行。有一次，咨询中心黄伟伟老师给我们开会，我给她讲了工作中遇到的困难，她说：“心理辅导委员要做到真正关心集体里的每一位成员，工作方式上要做到‘润物细无声’才是最高的境界。”感觉黄伟伟老师说得很对，我要在无形中提高大家的心理素质，帮助大家共同成长才能成为一名合格的心理辅导委员。

接受了专业的心理委员的培训后，我就开始策划一次和其他班级的联谊活动，预备做一些能够调动大家情绪，活跃气氛的心理游戏，准备让大家认识更多的朋友，更好地展示自己的风采。

这些日子以来，同学们在互相学习中共同进步，在克服困难中体会着成长的乐趣，在互相影响中丰富着自己的内心世界，不少困难已经得到了很好的解决。

但不可否认的是我的工作也有不少问题，总感觉自己没有真正做到关心每位同学，很多工作都还没有到位。但是，我想我会继续努力的！

附 3：心理委员的乐趣

高中时同学给我起了个雅号叫“安慰天使”，原因是我特爱管闲事，看到有同学不开心我总忍不住要传个纸条问候问候，看自己能不能给予帮助。令人颇有成就感的是，在我技术含量相当高的心理辅导下，多数同学都能够破涕为笑。为此，我越来越喜欢帮助别人排解烦恼所带来的快乐的感觉，我享受着交换烦恼、交换快乐、分享心情、分享生活点滴的过程，它让我收获到了很大一笔财富。

到了大三，我加入了学院的心理委员队伍。整整一年，与很多同班同学谈过心，他们或低落、或焦躁、或伤心、或迷茫……但他们更多的是朴实、渴望改变、心存希望。而我看到的正是这些，因为我相信只要用心去倾听，让他们感受到他人的关爱，他们就一定能改变，一定可以走出困境。作为一个心理委员，或许不需要太多华丽的语言，不需要太多的心理学技巧，我们需要的是真实的感情，设身处地站在对方的角度考虑事情，以及一颗平等看待世界的爱心。

如今，虽然有人跟我说大三了还忙那么多事情干什么，但是我并不这么想。大学里得到的和失去的，对自己有利或者有弊的事情很多很多，主要看我们是以什么样的态度对待。人生轨迹各有不同，能让自己感到快乐的事就要尽力去做，不要考虑太多所谓的值不值得。我想，只要同学们需要我，需要我这个倾听者，我会一直坚持下去。

附 4：大学心理委员团体心理辅导活动部分照片

第一单元

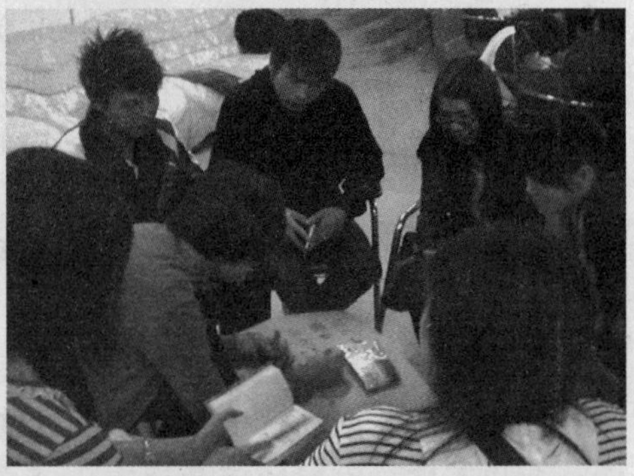

第二单元

第三单元

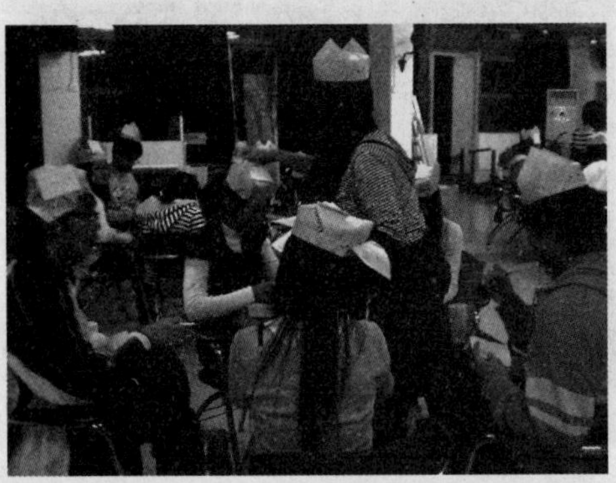

第四单元

第五单元

主要参考文献

[1] 樊富珉．团体心理咨询．北京：高等教育出版社，2005

[2] 樊富珉．团体咨询的理论与实践．北京：清华大学出版社，1996

[3] Ed E. Jacobs. Robert L. Masson, Riley L. Harvill. 团体咨询的策略与方法．洪炜等译．北京：中国轻工业出版社，2000

[4] 王军．团体辅导提高大学生人际交往能力的研究．中国行为医学科学，2005（8）

[5] 刘佰桥，隋耀伟．我国高校团体心理辅导研究现状综述．长春师范学院学报（自然科学版），2005（6）

[6] 钟思嘉．开拓学校心理辅导工作的新视野——读《学校发展性辅导》有感．中小学心理健康教育，2005（6）

[7] 王国良．运用团体辅导改善当前大学生低成就动机水平的探索．学校党建与思想教育，2005（8）

[8] 李英，刘爱书，张守臣．团体心理辅导对大学生人际交往焦虑的影响．中国健康心理学杂志，2005（4）

[9] 彭贤，姜晓芳，张凤华．两性交往团体辅导对大学生心理健康的影响．中国健康心理学杂志，2005（6）

[10] 沈永江．考试焦虑学生团体心理辅导研究．阜阳师范学院学报（社会科学版），2005（5）

[11] 纪忠红．团体心理辅导在学生素质教育中的应用．中华护理教育，2005（3）

[12] 张冬梅．关于职业学校团体心理辅导的几点思考．心理健康教育，2004（12）

[13] 俞少华，张亚林．我国大学生心理辅导现状．中国心理卫生杂志，2002（2）

[14] 裴海艳．谈高校辅导员如何做好学生心理健康教育工作．教育与职业，2007（17）

[15] 张冬梅．大学班级心理辅导活动的设计与评价．教育探索，2006（4）

[16] 卢文洁，吴俊志．团体辅导中的情感变化与引导．中小学心理健康教育，2004（2）

[17] 童三红．团体心理辅导的分享技术．沙洋师范高等专科学校学报，2005（5）

[18] 陈晓娟．团体心理辅导中角色扮演模式的运用．常州师范专科学校学报，

2003（1）
[19] 陈延民．团体辅导过程中的情感变化与控制．乌鲁木齐职业大学学报，2006（1）
[20] 吴薇莉，王政书，章红等．高校辅导员职业枯竭与心理管理．西华大学学报，2006（4）
[21] 敬芸仪，白源媛．高校政治辅导员心理健康问题探讨．中国科技创新导刊，2007（20）
[22] 王国良．高校政治辅导员心理压力及其调适探析．理论导刊，2007（3）
[23] 晏苹．中美高校辅导员工作比较．湖南大众传媒职业技术学院学报，2006（4）
[24] 梅娇．高校辅导员心理健康问题成因及对策分析．西北医学教育，2007（3）
[25] 李德芝，邱瑞婵．关注高校辅导员的心理健康．思想教育研究，2004（7）
[26] 陈晶，王海萍．团体辅导对高校德育的启示．高教探索，2005（6）
[27] 陆恒．高校辅导员对大学生心理危机的干预．江苏工业学院学报，2007（3）
[28] 倪亚红．高校辅导员心理健康现状及其相关问题研究．南京师范大学硕士学位论文，2005
[29] 文婷．高校辅导员专业素质研究．河海大学硕士学位论文，2007
[30] 童玉玲．高校辅导员职业倦怠现象透视：成因及干预措施．四川教育学院学报，2007（6）
[31] 赵春霞，童政权，李有林．民办高校新生存在问题及对策研究．市场周刊，2007（9）
[32] 张殿玉．大学新生自我意识的矛盾及解决途径．河南大学学报（社会科学版），1999（4）
[33] 向守俊．大学新生的心理适应与教育．教育探索，2004（9）
[34] 赵银河．大学新生适应期的心理障碍及调适．红河学院学报，2005（10）
[35] 黄惠惠．团体心理辅导工作概论．成都：四川大学出版社，2006
[36] 杰拉尔德·柯瑞. 团体咨询的理论与实践. 刘铎等译. 上海：上海社会科学院出版社，2006
[37] 朱宁兴. 学习团体理论与技术. 台北：桂冠图书公司，1982
[38] Kim Paleg，Arthur E. Jongsma，Jr.. 团体治疗指导计划. 王海芳等译. 北京：中国轻工业出版社，2005
[39] Camille Helkowski，Chris E. Stout，Arthur E. Jongsma，Jr.. 大学生心理咨询指导计划. 卢建平等译. 北京：中国轻工业出版社．2006

[40] 丁美乐．非营利组织及其价格机制研究．北京：中国财政经济出版社，2004
[41] 戈仑比威斯基，史蒂文森．非营利组织管理案例与应用．北京：中国人民大学出版社，2004
[42] 钱铭怡．心理咨询与心理治疗．北京：北京大学出版社，2000
[43] 樊富珉．香港高校心理辅导及其对内地高校心理健康教育的启示．思想理论教育导刊，2005（7）
[44] 樊富珉．我国团体心理咨询的发展：回顾与展望．清华大学学报（哲学社会科学版），2005（6）
[45] 杜巍．团体心理咨询在高校心理咨询中的应用．商业经济，2007（6）
[46] 林少真，何少颖．团体咨询在大学生心理素质发展中的应用．健康心理学杂志，2004（3）
[47] 徐锐．浅论高校学生社团的组织结构设计．高教探索，2005（2）
[48] 孙睦优．企业组织结构的设计与选择．冶金经济与管理，2006（3）
[49] 赵国祥．管理心理学．开封：河南大学出版社，2001
[50] 关培兰．组织行为学．北京：中国人民大学出版社，2003
[51] 徐西森．团体动力与团体辅导．广州：广东世界图书出版公司，2003
[52] 刘勇．团体咨询治疗与团体训练．广州：广东高等教育出版社，2003